轨道交通结构长效服役研究系列丛书

几何本征骨料混凝土细观模型及轨道工程应用

金　浩　周瑜亮　等著

国家自然科学基金项目(51908428、52378443)
江苏省自然科学基金项目(BK20211173)
上海市自然科学基金项目(19ZR1460400)
城市地下工程教育部重点实验室开放研究基金项目(TUL2020－02)

东南大学出版社
SOUTHEAST UNIVERSITY PRESS
·南京·

内 容 提 要

本书内容基于国家自然科学基金项目(51908428、52378443)、江苏省自然科学基金项目(BK20211173)、上海市自然科学基金项目(19ZR1460400)、城市地下工程教育部重点实验室开放研究基金项目(TUL2020－02)以及金浩团队长期的研究积累。针对金浩提出的几何本征骨料混凝土细观模型(Mesoscale Concrete Model with Real Aggregate Geometry, MCM－RAG),系统阐述了有限单元法和虚拟单元法的构建方法,详细介绍了几何本征骨料混凝土细观模型在轨道工程中的应用,包括混凝土细观模型计算参数的反演、混凝土宏观力学指标的获取、细观尺度下混凝土性能研究、细观尺度下新老混凝土界面性能研究、细观尺度下承轨台锈裂研究、细观尺度下橡胶混凝土浮置板减振性能研究。

本书适合土木工程、材料科学与工程、交通运输工程的科研人员、工程技术人员参考,也可以作为相关专业的研究生教材。

图书在版编目(CIP)数据

几何本征骨料混凝土细观模型及轨道工程应用 / 金浩等著. — 南京 : 东南大学出版社, 2024.4

(轨道交通结构长效服役研究系列丛书)

ISBN 978-7-5766-1320-9

Ⅰ. ①几… Ⅱ. ①金… Ⅲ. ①混凝土－骨料－研究 Ⅳ. ①TU528.041

中国国家版本馆 CIP 数据核字(2024)第 039510 号

责任编辑:宋华莉 **责任校对:**咸玉芳 **封面设计:**小舍得 **责任印制:**周荣虎

几何本征骨料混凝土细观模型及轨道工程应用

Jihe Benzheng Guliao Hunningtu Xiguan Moxing Ji Guidao Gongcheng Yingyong

著　　者 金 浩 周瑜亮 等
出版发行 东南大学出版社
出 版 人 白云飞
社　　址 南京市四牌楼 2 号(邮编:210096)
经　　销 全国各地新华书店
印　　刷 南京玉河印刷厂
开　　本 700 mm×1000 mm 1/16
印　　张 17
字　　数 314 千字
版　　次 2024 年 4 月第 1 版
印　　次 2024 年 4 月第 1 次印刷
书　　号 ISBN 978－7－5766－1320－9
定　　价 68.00 元

前　言 PREFACE

混凝土是以水泥为主要胶结材料，拌和一定比例的砂、石、水，经过搅拌、振捣、养护等工序后，逐渐凝固硬化而成的复合材料。作为一种常见的土木工程材料，混凝土被广泛应用于轨道工程建设中。

随着服役时间的增长，轨道工程所涉混凝土结构会不同程度地产生病害问题，导致混凝土结构性能下降，对列车安全运行产生影响。针对混凝土结构病害问题，传统的研究方法主要基于宏观尺度，在病害发生及治理方面存在研究局限性。混凝土宏细观尺度模型能够交互传递宏观结构与细观材料的计算信息，耦合宏观性能与细观属性，更加系统地研究混凝土结构的病害问题。其中，混凝土细观模型是混凝土宏细观尺度模型的核心。我们针对轨道工程所涉混凝土结构的自身特点及服役环境，提出了几何本征骨料混凝土细观模型（Mesoscale Concrete Model with Real Aggregate Geometry，MCM－RAG）。

本书系统阐述了几何本征骨料混凝土细观模型的构建方法，详细介绍了几何本征骨料混凝土细观模型在轨道工程中的应用。全书共分为9章，研究内容包括几何本征骨料混凝土细观有限单元法模型、几何本征骨料混凝土细观虚拟单元法模型、混凝土细观模型计算参数的反演、混凝土宏观力学指标的获取、细观尺度下混凝土性能研究、细观尺度下新老混凝土界面性能研究、细观尺度下承轨台锈裂研究、细观尺度下橡胶混凝土浮置板减振性能研究。

本书由东南大学金浩及其研究生们共同完成，具体分工如下：金浩制定全书大纲、确定章节内容、统筹定稿工作，负责第1、9章的内容；周瑜亮负责完成第2～3章、第6章第1、2、3节以及第7章的内容；赵晨负责完成第4章的内容，协助完成第9章的内容；田清荣负责完成第5章的内容；李政负责完成第6章第4节的内容；殷东昊负责完成第6章第5、6节的内容；余朔协助完成第6章第5、6节的内容；王智弘负责完成第8章的内容，协助完成第1章的内容；孙博旭协助完成第5章的内容。另外，李泽和刘一帆负责全书的编校工作。

本书是“轨道交通结构长效服役研究丛书”之一，得到了国家自然科学基金项目

（51908428、52378443）、江苏省自然科学基金项目（BK20211173）、上海市自然科学基金项目（19ZR1460400）以及城市地下工程教育部重点实验室开放研究基金项目（TUL2020－02）的资助。

鉴于作者认知的局限性，书中难免存在不足之处，敬请读者批评指正。

金　浩

2023年12月

目　录 CONTENTS

第 7 章 细观尺度下新老混凝土界面性能研究 / 169

第1章　绪　论

1.1 研究背景

混凝土材料是以水泥为主要胶结材料，拌和一定比例的砂、石和水，经过搅拌、振捣、养护等工序后，逐渐凝固硬化而成的复合材料。混凝土作为一种常见的土木工程材料，被广泛应用于轨道工程建设中，如图 1.1 所示。

（a）预制长轨枕

（b）现浇道床

（c）预制轨道板

（d）盾构管片

图 1.1　混凝土在轨道工程建设中的应用

在研究混凝土结构的力学行为时，通常将混凝土材料简化为均匀连续介质材料。随着计算机处理能力的提升，混凝土结构分析过程中可以将混凝土材料细观特征考虑进来。混凝土材料细观特征主要指混凝土材料的非均匀性，认为混凝土材料是由骨料、砂浆及骨料-砂浆界面过渡区、微裂纹或孔隙等组成的多相复合材料[1]。围绕该基本思想，国内外学者进行了大量研究工作，在混凝土细观模型方面取得了丰富的研究成果。

1.2 混凝土细观模型

混凝土细观模型是研究混凝土细观材料特征和宏观力学性能的数学模型，能够揭示混凝土的本构关系、损伤演化、裂缝扩展和断裂机理等方面的内在规律，为混凝土的宏观力学分析提供理论依据。自 Roelfstra 等[2]于 1985 年提出“数值混凝土(Numerical Concrete)”以来，根据对混凝土细观结构的认识，国内外研究者发展提出了很多细观力学模型。最典型的有格构模型（Lattice Model）、随机力学特性模型、随机骨料模型及细观单元等效化分析模型等。这些细观力学模型均认为混凝土是由骨料颗粒、砂浆及界面过渡区等多相介质组成的复合材料，以材料空间分布的非均匀性来体现混凝土材料的非线性。

1.2.1 格构模型

20 世纪 80 年代，Schlangen 等[3]基于物理学的概念提出了混凝土格构模型。格构模型将连续介质在细观尺度上离散成由杆单元或梁单元连接而成的格构系统，如图 1.2 所示。

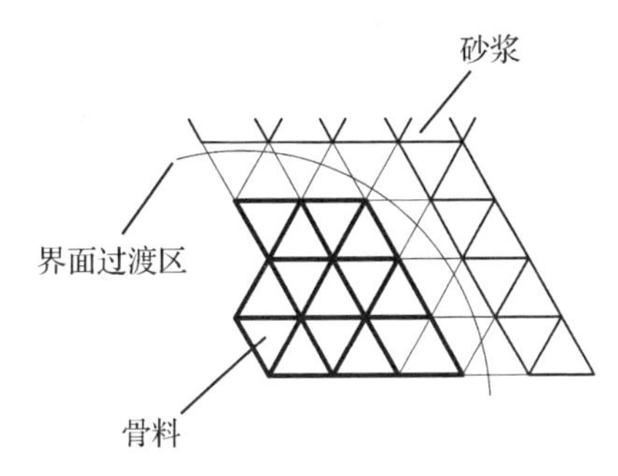

图 1.2 格构模型

格构模型的网格一般采用规则的三角形或四边形，也可以是随机形态的不规则网格。其网格由杆件或者梁单元组成，各单元代表材料的一小部分。各单元采用简单的本构关系和破坏准则，并考虑了骨料分布及其力学参数分布的随机性。当然，杆单元只能传递轴力。梁单元不仅可以传递轴力，还可以传递剪力和弯矩，进而可以模拟更为复杂的受力状态。计算时，在外载作用下对整体网格进行分析，计算出格构中各单元的局部应力，超过破坏阈值的单元即从系统中去除。

起初，由于缺乏足够的数值计算能力，格构模型仅仅停留在理论水平上。20 世纪 80 年代后期，许多学者开始将格构模型用于模拟非均质材料的破坏过程。 Guo 等[4]用二维格构模型模拟了混凝土的疲劳破坏。 Caduff 等[5]采用格构模型研究了普通混凝土以及高强混凝土的单轴受压力学性能。 肖建庄等[6]采用格构模型研究了再生混凝土的单轴受压应力-应变曲线。 该模型证实了混凝土力学行为的非线性特征来源于材料的非均质性，但由于模型没有考虑砂浆基体或更低尺度材料的延性，预测的荷载-位移曲线延性不足。 张洪智等[7]提出了基于分段步进式描述格构单元弹塑性本构关系的方法，解决了经典弹性格构模型理论预测的荷载-位移曲线延性不足的问题。

1.2.2 M-H 微观力学模型

Mohamed 和 Hansen 在深入研究混凝土细观结构及破坏机制的基础上，提出了 M-H 微观力学模型[8-10]，如图 1.3 所示。 该模型也是从混凝土细观结构出发，假定混凝土在细观层次包含骨料、砂浆和骨料-砂浆界面过渡区。 M-H 微观力学模型考虑了骨料在砂浆中分布的随机性以及各组分力学性质的随机性。 以此为基础，同时引入混凝土断裂能的概念，给出了细观单元单轴拉伸破坏时应变软化的本构关系，继而采用弥散裂缝模型的方法来描述单元受拉破坏的本构关系，并用有限单元法来进行模型的实施。 此外，认为裂缝扩展的主要原因是拉裂，故假定单元只发生受拉破坏，没有剪切或压缩破坏。 M-H 微观力学模型在模拟单轴拉伸等试验时取得了一些满意的结果。

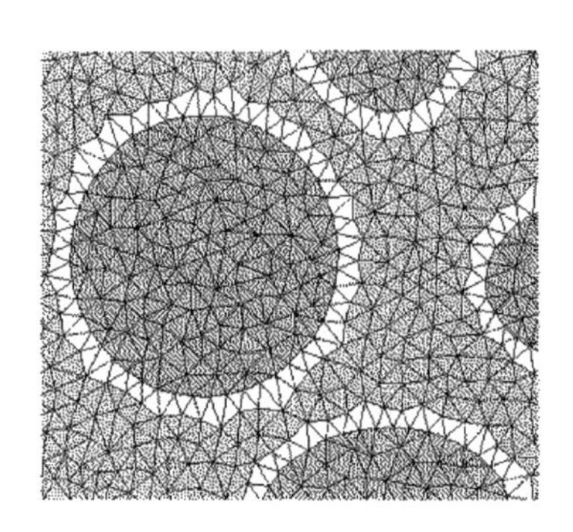

图 1.3 M-H 微观力学模型

1.2.3 数字图像法模型

与其他应用统计学理论随机生成数值骨料模型不同，数字图像法通过对图像的处理达到重构混凝土细观结构的目的。 许多学者已就重构混凝土模型进行了研究。 Mora 等[11]研究了数字图像处理技术在骨料生成上的应用；Lawler 等[12]发现数字图像关联技术（Digital Image Correlation，DIC）适合于观察混凝土表面的小裂纹，而用 X 射线 CT 描述混凝土内部大裂缝更有效，并根据混凝土破裂后的 CT 图像讨论了骨料形状、裂缝形状对混凝土强度和韧性的影响；Yang 等[13]对扫描电镜得到的照片进行处理，得到了从照片中分离出骨料元素的通用方法；田威等[14-15]利用 CT 图像信息研究了混凝土细观破坏过程。

以上学者多以CT图像为研究对象，但CT图像的采样成本较高，对试件尺寸、形状和环境有限制，广泛应用困难。而由数码相机获得混凝土截面数字照片，从照片中提取出混凝土各相信息的成本低、操作简便，可以广泛使用。秦武等[16]以混凝土截面数字图像为依据，将混凝土看作骨料和砂浆的二相材料，通过对图像进行分段变换、滤波处理、形态学图像处理后得到清晰的骨料和砂浆的边界，并以此建立二维数字图像混凝土细观模型，如图1.4所示。

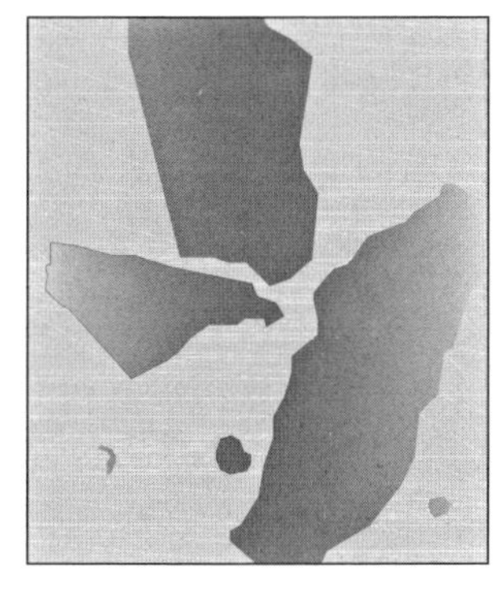

（a）数字图像

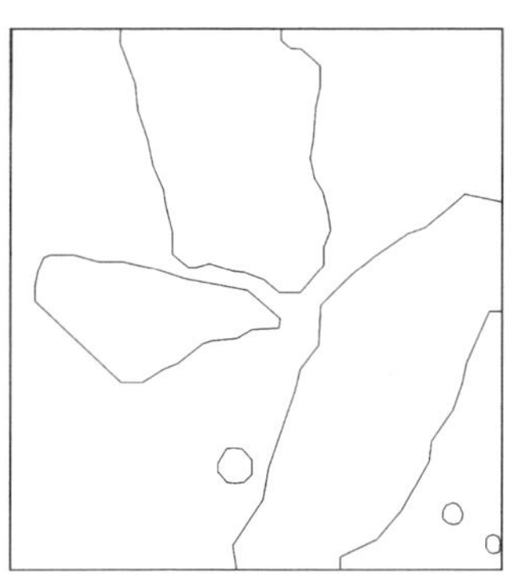

（b）骨料边界提取

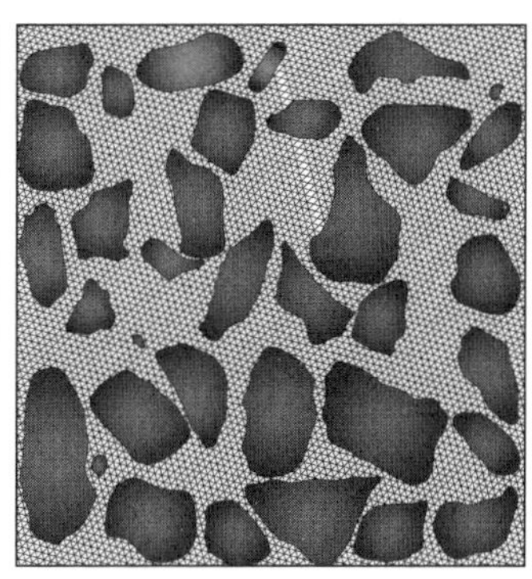

（c）网格划分

图1.4　数字图像法模型

1.2.4　傅立叶描述子法模型

颗粒图像的边界是一条封闭的曲线，因此，相对于边界上某一固定点，边界曲线上某一个动点的坐标是一个周期函数。通过规范化，这个周期函数可以展开成傅立叶级数。傅立叶级数中的系数直接与边界曲线的形状相关，可用于骨料形状的描述。对于混凝土骨料，可通过激光扫描设备对骨料投影边缘上的若干个点进行测量，获取骨料的特征点，如图1.5所示。以重心为原点，确定这些特征点的极坐标(R,θ)值。基于$f(x)=\frac{a_0}{2}+\sum_{n=1}^{\infty}[a_n\cos(nx)+b_n\sin(nx)]$，确定傅立叶系数$a_0$、$\{a_n\}$、$\{b_n\}$。这些系数含有该颗粒形状和尺寸的所有信息，反映图形的形状。其中，低阶系数反映颗粒

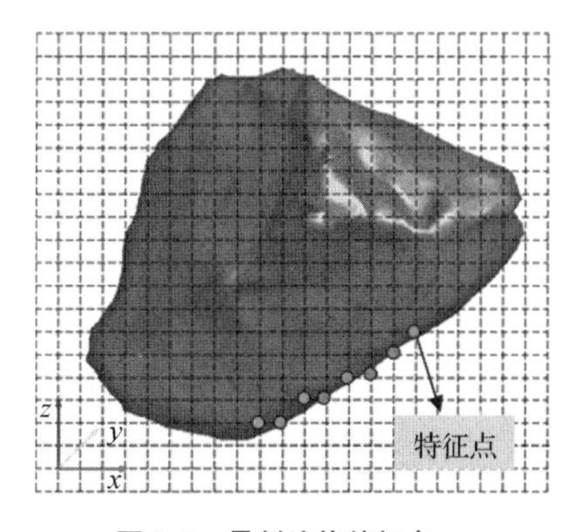

图1.5　骨料边缘特征点

的主要形状，中阶系数反应颗粒的棱角，高阶系数则反映颗粒表面纹理[17-18]。

1.2.5 Voronoi 图扩张法模型

Voronoi 图是一种由二维多边形或者三维多面体构成的图形，主要用来研究平面点集及其领域问题，由 Voronoi[19] 本人在 1908 年提出。点集中的每一个点都拥有一块满足一定条件的区域，该区域可以称为 Voronoi 多边形，多个 Voronoi 多边形拼接起来就形成了 Voronoi 图。

根据碎石破碎的机理，碎石骨料由整块岩石经过破碎筛分得到。因此，借助这一原理，得到 Voronoi 图扩张法的建模方法：（1）将某一指定区域看作整体岩块，采用 Voronoi 图对该区域进行分割，随机生成点按照某一原则分布；（2）根据骨料级配去掉小于最小粒径的骨料及形状奇异的骨料，计算去除最小粒径骨料和形状奇异骨料后的孔隙率；（3）根据目标所需的骨料含量得到最终孔隙率，进而得到孔隙的面积，并将区域向外扩张；（4）将骨料从最外圈开始向外随机游走和旋转得到最终的骨料模型。

1.2.6 随机力学特性模型

随机力学特性模型由唐春安等[20-22] 提出，如图 1.6 所示，该方法也是从混凝土细观角度入手，假定混凝土为由骨料、砂浆及两者之间的界面过渡区组成的三相复合材料。为了考虑混凝土各相组分力学特性分布的随机性，将各组分的材料特性按照某个给定的 Weibull 分布来赋值。该 Weibull 分布以如下分布密度函数表示：

$$f(u)=\frac{m}{u_0}\left(\frac{u}{u_0}\right)^{m-1}\exp\left(-\frac{u}{u_0}\right)^{m} \tag{1.1}$$

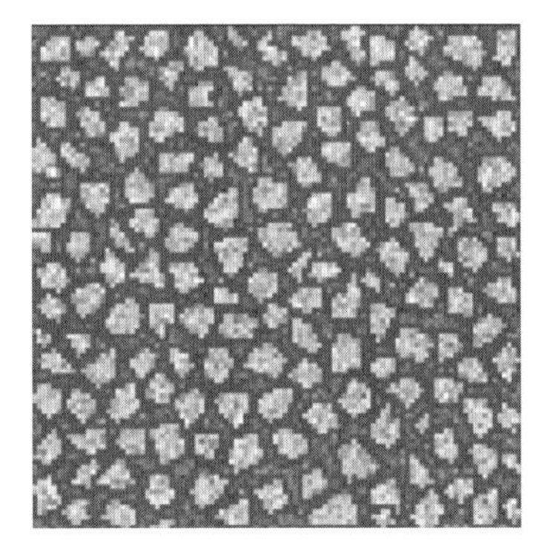

图 1.6　随机力学特性模型

式中：u——满足该分布参数（如强度、弹性模量等）的数值；

u_0——与所有单元参数平均值有关的参数；

m——定义了 Weibull 分布密度函数的形状。

采用随机力学特性模型分析时，将各个组分投影在网格上进行有限元分析，并赋予各相材料单元以不同的力学参数，从数值上得到一个力学特性随机分布的混凝土数值试样。随机力学特性模型较好地模拟了混凝土拉伸、剪切以及单轴压缩情况下混凝土的损伤断裂过程及宏观力学特性，且较好地模拟了混凝土在双轴载荷作用下的强度和断裂特征[23]。

1.3 随机骨料混凝土细观模型

随机骨料混凝土细观模型是一类典型的混凝土细观模型，由刘光廷和王宗敏[24]于1996年提出，并经过不断完善，成为混凝土细观研究的重要方法之一。

1.3.1 二维随机骨料混凝土细观模型

1.3.1.1 骨料生成

（1）Walraven 公式

为了使混凝土细观分析能够在二维平面内进行，Walraven 等[25]将混凝土骨料假定为球形，并利用球形骨料在试件空间内等概率分布和任一大小圆形切面无概率占优性，建立了混凝土试件空间骨料级配及含量与其内截面所切割的骨料面积的关系。

按照 Fuller 曲线确定骨料的三维级配曲线，通过直径 D 筛孔的骨料的重量百分比 $Y=100D^{0.5}D_{\max}^{-0.5}$，$D_{\max}$ 代表最大骨料颗粒直径，由该级配浇筑的混凝土可产生优化的结构密度和强度。认为在混凝土试件空间内任一点位于半径为 D_x 骨料上的概率为

$$P(D<D_x)=P_k D_x^{0.5} D_{\max}^{-0.5} \tag{1.2}$$

式中：P_k——骨料体积与混凝土总体积之比。式(1.2)的概率密度表示为

$$p(D_x)=0.5P_k D_x^{-0.5} D_{\max}^{-0.5} \tag{1.3}$$

在半径小于 D_x 骨料上的点位于图1.7所示的球台 A 上的概率，应等于球台体积与半个骨料球的体积之比，即 $P_{D_x}(D>D_0)=(V-V_B)/V$，即

$$P_{D_x}(D>D_0)=(1+0.5D_0^2/D_x^2)(1-D_0^2/D_x^2)^{0.5} \quad (D_0<D_x) \tag{1.4}$$

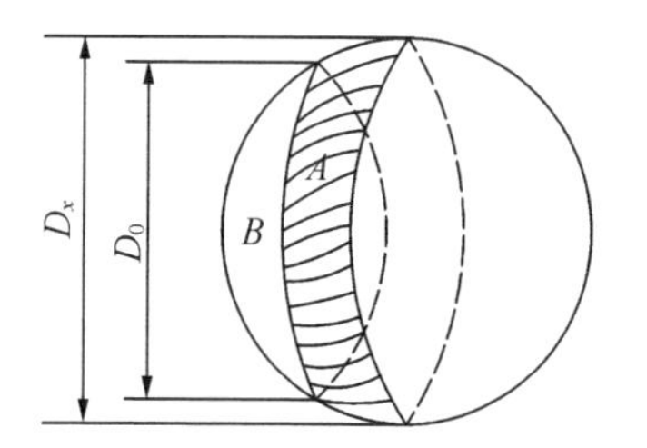

图1.7 骨料切面示意图

因此，在试件截面内位于直径 $D<D_0$ 截面圆内点的概率为

$$P_c(D < D_0) = 1 - P_c(D > D_0) = 1 - \int_{D_0}^{D_x} P(D_x) \cdot P_{D_x}(D > D_0) \mathrm{d}D_x \quad (1.5)$$

将式(1.4)以幂级数展开并忽略高阶项，代入式(1.5)后，积分得：

$$\begin{aligned} P_c(D < D_0) = P_k(&1.065D_0^{0.5}D_{\max}^{-0.5} - 0.053D_0^4D_{\max}^{-4} - 0.012D_0^6D_{\max}^{-6} \\ &- 0.004\,5D_0^8D_{\max}^{-8} - 0.002\,5D_0^{10}D_{\max}^{-10}) \end{aligned} \quad (1.6)$$

式(1.6)即 Walraven 公式，该公式是将三维骨料转化为二维骨料的基础。

(2) 圆形和类圆形的骨料

圆形和椭圆形的骨料可近似模拟卵砾石，它涉及骨料的代表粒径、数量、分布、形状和生成算法等方面。这些方面都会影响混凝土的细观结构和宏观性能，因此，需要根据不同的目的和条件进行合理的选择和优化。骨料的形状会影响骨料与砂浆的界面，以及混凝土的应力集中和裂缝扩展。一般来说，骨料的形状越规则，骨料与砂浆的界面越简单，骨料的应力集中越低。圆形和椭圆形骨料的几何特征参数较少，易于生成。比如：徐亦冬等[26]构建了圆形骨料，如图 1.8 所示；三峡大学宋来忠等[27]基于参数曲线的自由变形构建了参数化卵石骨料，如图 1.9 所示。

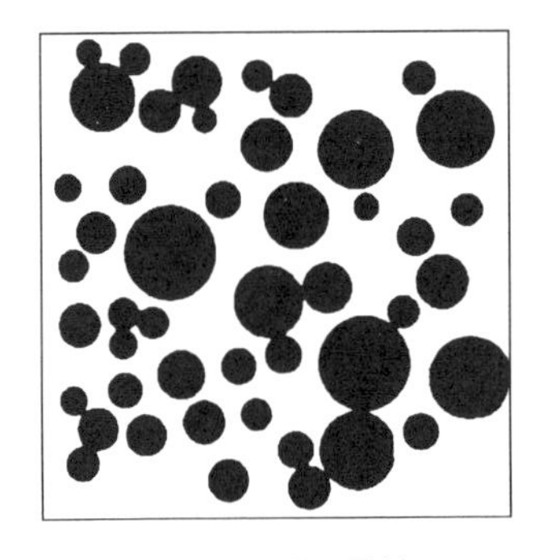

图 1.8 圆形骨料

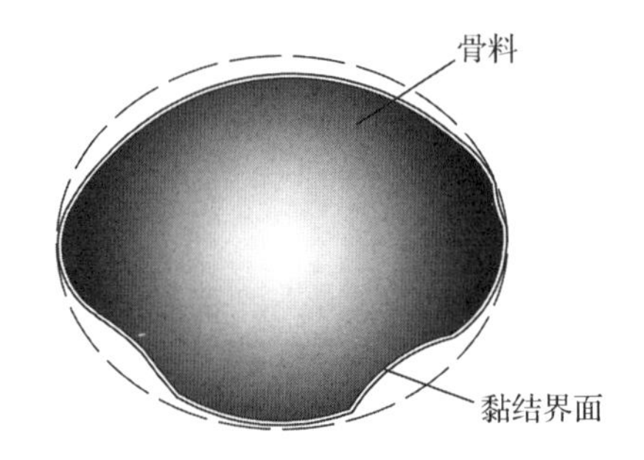

图 1.9 参数化卵石骨料

(3) 多边形的骨料

相较于卵砾石骨料，碎石骨料更为常见。数值建模时，碎石骨料在二维截面可近似为多边形。多边形骨料的生成方法基本有以下几类：① 基于三角形或四边形的边生长法[28]。通过对基骨料进行边生长，形成任意凸多边形，如图 1.10 所示。② 基于圆形的变形法[17]。根据骨料粒径确定随机圆，在圆上随机生成点，形成锐角三角形或菱形，再进行变形，形成凸多边形，如图 1.11 所示。③ 基于多边形的极坐标法[18]。以多边形几何形心为中心建立骨料的局部极坐标系，将骨料的几何位置、边数、角点的极径和极角视为随机变量，通过随机抽样生成凸多边形。④ 基于

Voronoi 方法的随机生成法[29]。通过对胞元进行随机缩放，建立满足骨料级配的混凝土凸多边形骨料，通过删除短边上的端点快速生成无短边的凸多边形骨料。随着研究的深入，一些数学工具和算法（如：网格映射、B 样条插值法、激光扫描，等等）用来表征和优化骨料的几何形态。Zhou 等[30]采用激光扫描获取骨料三维形状，对骨料切割后获得骨料二维切面形状。

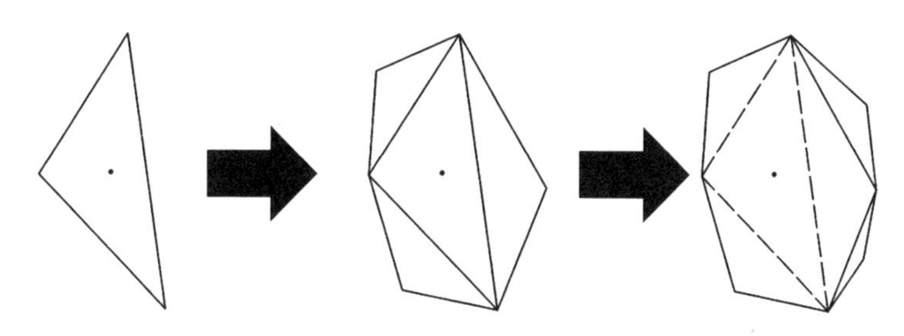

（a）三角形骨料基生成凸多边形

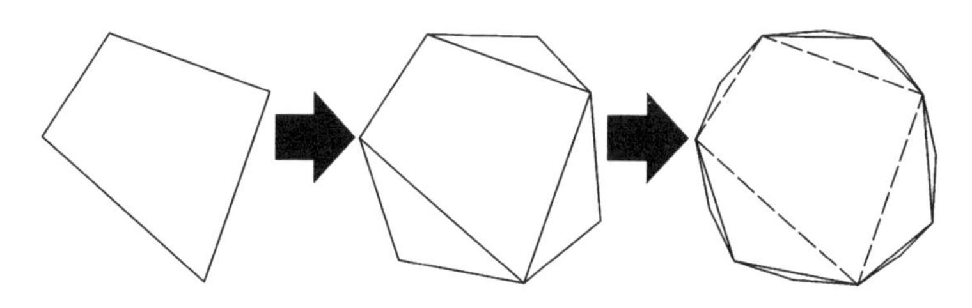

（b）四边形骨料基生成凸多边形

图 1.10 基于三角形或四边形的凸多边形骨料生成

图 1.11 基于圆形的凸多边形骨料生成

1.3.1.2 骨料投放

骨料投放是一个至关重要的环节，它涉及骨料在指定区域的分布和方向排列，以及骨料之间的相互作用和约束，从而直接影响骨料的有效利用和混凝土的细观力学性能。因此，骨料投放方法的选择和效果评价比骨料生成方法的复杂度和形状多样性更为重要，需要更多的关注和优化。骨料投放方法的不仅要考虑骨料的形状、粒径、级配等因素，还要考虑骨料的投放效率和骨料含量，以及骨料的重叠和侵入的检测和避免。骨料投放方法的优劣将直接影响混凝土细观模型的准确性，以及混凝土宏观力学性能的预测和分析。

众多学者提出了不同的骨料投放算法。逐个投放法是最简单的方法，但也是最低效的方法，它需要按照骨料的大小或顺序，逐个将骨料放入指定区域，检查骨料之间的距离或相交情况，直到填充满足要求。这种方法在骨料含量较高时，难以继续投放骨料，造成多次循环，影响投放效率。基骨料一次投放法[31]是一种相对高效的方法，它可以一次性随机投放所有的骨料，然后对骨料进行延拓或变形，生成任意形状的骨料。这种方法可以避免多次循环，提高投放效率，但也可能导致骨料之间的重叠和侵入。在此基础上，Ma 等[32]提出了被占区域剔除法。它可以将投放区域划分为小单元，每次投放骨料后，剔除被占据的单元，减小后续投放的范围和次数。这种方法可以提高投放效率和骨料含量，但也需要对投放区域进行划分和剔除，增加计算量。重叠性检查扫描法[18]可以避免骨料间的重叠和侵入。通过扫描骨料的边界，检查骨料是否与已投放的骨料或混凝土的边界重叠。

唐欣薇等[33]提出了分层摆放法，该方法将骨料封装在外切矩形内，按照随机序列，逐层将骨料摆放在指定区域的最低处，保证骨料之间的紧密性。这种方法可以模拟骨料的自然堆积，提高骨料含量。宋晓刚等[34]提出了一种基于随机游走的骨料投放算法。该方法将骨料分批放置在初始区域，然后令其在重力作用下向下随机游走，并考虑骨料的转动，模拟混凝土的浇筑和振捣过程。这种方法可以模拟骨料的运动和密实，提高骨料含量。点阵法[35]是一种基于点集的方法，它可以将骨料和砂浆分别表示为点集，通过比较点集之间的关系，判断骨料之间是否存在侵入现象，将重叠检测转换为点集的相交检测。这种方法可以简化骨料的表示和检测。骨料随机投放法[36]按照骨料的直径从大到小进行投放，根据骨料和节点的位置关系，判断骨料是否投放成功，如果成功则剔除骨料内部的单元，如果失败则重新投放。

1.3.1.3 侵入判断准则

骨料在投放时，为避免重叠，还需要建立骨料侵入的判断准则。比如：骨料圆心距法[37]以多边形基圆与圆形孔隙间的圆心距 l 与两圆形骨料半径（r_i、r_j）之和的关系作为侵入判据，如图 1.12 所示。王宗敏[18]对骨料侵入判断提出用圆弧法来判断新投放的骨料顶点是否位于多边形中。高政国等[28]对骨料投放时的凸多边形侵入判断采用面积判别准则，通过逐个计算新凸多边形顶点与既有骨料顶点的面积来判别新旧骨料是否相交。戴春霞等[17]对于个别骨料圆心距小于两倍半径的骨料，建立了夹角之和测试法这一骨料侵入判断准则。另外，金浩等[38]提出了矩形拟合法，该方法利用几个不同大小的矩形来拟合真实骨料，要求矩形数量保持较优的状态。放置过程中，仅对两个骨料的拟合矩形进行侵入判断，而不利用真实骨料的复杂边界，该投放方法提高了放置效率，如图1.13所示。

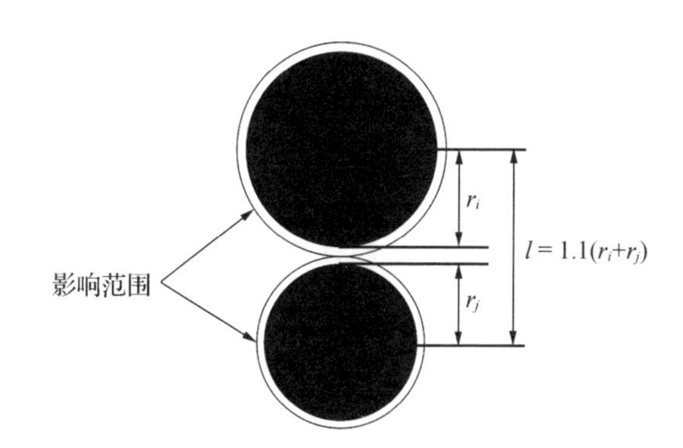

图1.12 基于骨料圆心距法的骨料侵入判断

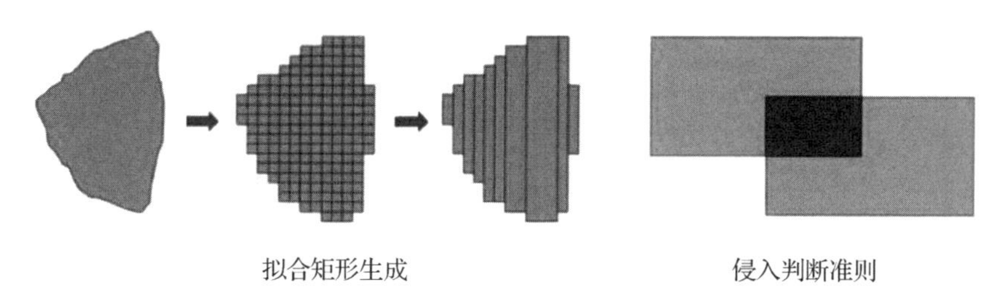

图1.13 基于矩形拟合法的骨料侵入判断

除了上述介绍的骨料侵入判断准则，也有学者在骨料投放的过程中就采取了一些措施，以避免或减少骨料之间的侵入现象，从而省去了后续的侵入检测和处理的步骤。唐欣薇等[33]提出了随机骨料投放的分层摆放法，避免了骨料间复杂的侵入判断，但由于封装摆放会形成空隙，难以达到较高的骨料含量。秦川等[39]提出了一种基于背景网格的骨料投放方法，降低了侵入判断的实施难度，但背景网格尺寸取值很小(最小骨料粒径的10%～20%)，难以实现高效的投放。

1.3.2 三维随机骨料混凝土细观模型

1.3.2.1 骨料生成

（1）球形和类球形的骨料

三维球形和类球形的骨料可以引入更多的形状变化，以增加混凝土细观结构的多样性和真实性。因此，三维球形和类球形骨料的生成方式更加灵活和精确，可以根据不同的工具和技术，如参数方程、蒙特卡罗方法、随机游走法等，来表征和控制骨料的形状和分布，以适应不同的混凝土细观结构的模拟需求。

关振群等[40]提出了一种面向颗粒夹杂为椭球形状、随机分布的多相复合材料的三维有限元网格建立方法。梁建等[41]利用 AutoCAD 内置的 VBA 语言自动生成了混凝土三维椭球形骨料模型。宋晓刚[42]详细阐述了球形骨料数值模型的生成方法。糜凯华等[43]利用 Matlab 编程语言结合蒙特卡罗方法实现了混凝土细观结构的三维球形随机骨料模型的自动生成。Pan 等[44]则引入了类卵石形状的骨料模型。

（2）多面体的骨料

普遍使用的碎石骨料多采用“破碎”工艺加工而成，因此，混凝土骨料多呈多面体，具有不规则的几何特征和随机的空间分布。在三维问题上采用多面体骨料能更好地反映混凝土内部的随机特性，以及骨料与砂浆界面的相互作用，从而提高混凝土细观结构的真实性和准确性。宋来忠等[27]基于二维参数化骨料模型进行拓展，生成了三维随机参数化凸多面体骨料。

目前，学者们多采用骨料基来获取多面体骨料。杜成斌等[45]以四面体及六面体为骨料基，通过控制骨料最小体积、最小侧面面积等条件生成了多面体骨料。刘光廷等[46]和方秦等[47]都以八面体为骨料基生成多面体骨料。汪奔等[36]基于球形骨料基，通过节点的随机波动实现了三维随机凹凸型骨料的生成。程伟峰[48]同样采用球形骨料基，采用射线延拓法实现了三维凸型骨料的生长。

1.3.2.2 骨料投放

与二维问题相类似，最简单的三维骨料投放算法是逐个投放法。三维骨料逐个投放法与二维骨料逐个投放法的不同之处在于三维骨料形态较二维骨料形态更加复杂，这使得三维问题的骨料含量往往低于二维问题的骨料含量。因此，对于三维骨料更加需要高效率的投放算法。方秦等[47]提出了综合投放算法，利用随机旋转和有限平移优化了骨料投放流程，提高了计算效率和骨料体积含量。应敬伟等[49]开发了三维剩余空间法，随着模型内骨料体积增加，剩余空间减小，利用细化算法计算骨架的时间变短，从而提高了模型的生成效率。

就骨料投放区域而言，程伟峰[48]提出了分割填充法，是将骨料投放区域分为足够多的小立方体胞元，并且对这些小立方体胞元进行系统编号，将已有骨料颗粒进入的区域称为占领区域，将还没有或有较少骨料进入的区域称为自由区域。随着骨料颗粒的不断投放，同时删除被占领区域，这样可以大大提高投放选择的效率。武亮等[50]采用三维数组划分投放区域，将骨料的均匀分布转化为条件均匀分布，并考虑了占领区域和自由区域对下一次骨料投放形心选择概率的影响，以提高投放的效率。

1.3.2.3 侵入判断准则

三维问题的侵入判断准则可以基于二维问题进行扩展。比如：体积判别法以空间体积为标度建立一点是否侵入空间凸型多面体的判断准则。基于外接球法[51]判断骨料投放至该位置后是否在边界以内，并且不侵入其他骨料。交点法[41]通过判断两对象有无交点来判断两个骨料是否相互干涉。基于矩形拟合法产生的拟合体组法利用几个不同体积的长方体来拟合真实骨料，对拟合的两个骨料进行侵入判断，而不是利用真实骨料的复杂边界进行判断，该投放方法提高了投放效率。

1.4 混凝土细观模型在轨道工程中的应用现状

当下针对轨道工程混凝土结构的研究大多集中于宏观尺度。由于假定混凝土为一种均质材料，该尺度下的研究难以考虑各种组分在混凝土整体性能退化过程中所起的不同作用，即对退化机理的考虑不够精细。此外，对于橡胶混凝土等新型混凝土材料，宏观尺度上的研究无法考虑新添加物质对混凝土性能的影响。在这一背景下，细观尺度上轨道工程混凝土结构耐久性研究逐渐成为近些年来的研究热点。细观尺度上对于轨道工程混凝土结构模拟的优化主要包括以下三方面：

（1）在静态和动态荷载作用下，模拟混凝土细观结构的裂缝扩展和损伤演化，计算混凝土的强度、刚度、韧性和断裂韧性等力学性能，分析其在不同荷载条件下的承载能力和安全性；

（2）在温度、湿度、氯离子、碳化等环境因素的影响下，模拟混凝土细观结构的物理化学变化和传输机制，评价混凝土的收缩、开裂、腐蚀和劣化等耐久性能，预测其在不同环境条件下的寿命和可靠性；

（3）根据混凝土细观结构和组分的不同，模拟混凝土的宏观性能和细观参数之间的关联性，为轨道工程混凝土结构的优化设计和改性提供理论依据和技术支持。

轨枕与轨道板是典型的轨下混凝土结构，承受来自列车的静态以及动态荷载，以及来自环境温度、湿度变化及氯离子、碳化的影响。细观模型及其模拟方法可以模拟其在复杂环境变化下的开裂、损伤及破坏过程。李文滨等[52]先采用传热学原理建立基于随机骨料算法的二维细观有限元传热模型，并通过实测数据验证模型的准确性。在分析完细观尺度温度场后，基于此模型以轨道板粗骨料最大粒径和骨料不均匀分布程度为影响因素，分析两种细观尺度因素对无砟轨道温度场的影响。针对道床浇筑阶段的干缩裂缝，金浩等[38]基于几何本征骨料混凝土细观模型，研究了新老混凝土干燥过程中结构内部湿度、应力的变化，解释了道床浇筑阶段干缩裂缝的形成机理。隧道中裂缝的演化会受到衬砌结构细观尺度特征的影响，相关细观尺度研究已经陆续展开[53-56]。王飞阳等[57]提出了基于细观尺度黏聚区模型的多尺度模拟方法，研究了偏心加载条件下盾构隧道衬砌结构裂缝演化规律。Ma 等[58]模拟了高速铁路隧道衬砌混凝土在重复气动载荷下的细观损伤演化机制。

细观尺度方法虽然能够获得更加精细化的混凝土耐久性能退化过程，但有一个显著的缺点，即计算量远远大于宏观尺度方法。一般情况下，混凝土细观模型中采用的单元大小需要根据所模拟骨料的最小粒径来确定，因此不可能针对整个结构进行细观尺度上的分析。然而，这并不意味着细观模型研究只能局限于小尺度的范围，多尺度计算也是细观模型研究的重要领域。为了能够将细观尺度上的研究成果应用于宏观尺度上的结构设计中，多尺度建模及分析方法显得尤为重要。多尺度方法通过在不同的尺度上建立相应的模型，并在不同尺度之间建立联系，实现了从细观到宏观的信息传递和反馈，从而提高了模型的准确性和效率。

在对复杂结构形式（如轨道、隧道等）进行模拟时，对结构中易损的局部位置采用精细的细观尺度模拟，而整体结构采用简化的宏观尺度模拟，进而整体实现在细观尺度上研究结构内部损伤演化、裂纹扩展等复杂的结构劣化过程。金浩等[59]采用几何本征骨料混凝土细观建模方法构建宏细观尺度下面支撑橡胶混凝土浮置板轨道模型。基于该模型，从宏观和细观尺度对橡胶混凝土面支撑浮置板轨道的动力特性进行分析。禹海涛等[60]提出了一种用于模拟盾构隧道纵向地震响应的宏-细观多尺度分析方法，并成功将该方法应用于世界首个特高压电力盾构隧道。林旭川等[61]通过开发不同尺度单元间的协同工作界面技术，实现了框架复杂节点微观模型和整体框架模型的多尺度弹塑性时程计算。

目前，轨道工程混凝土细观尺度方面的研究相对较少。但是，细观模型不仅可以增强对混凝土的细观结构和宏观性能的理解和掌握，而且还可以为轨道工程中的混凝土结构设计和施工提供更加科学和高效的指导及支持，从而提高轨道工程性能和可靠性，满足轨道工程发展和创新的需求。因此，轨道工程混凝土细观模型的研究和应用值得进一步的探索和发展，以适应轨道工程不断变化的挑战。

参考文献

[1] ZAITSEV Y B, WITTMANN F H. Simulation of crack propagation and failure of concrete[J]. Materials and Structures, 1981,14(5): 357 - 365.

[2] ROELFSTRA P E, SADOUKI H, WITTMANN F H. Le béton numérique[J]. Materials and Structures, 1985,18(5): 327 - 335.

[3] SCHLANGEN E, VANMIER J G M. Simple lattice model for numerical simulation of fracture of concrete materials and structures[J]. Materials and Structures, 1992(25-9): 534 - 542.

[4] GUO L, CARPINTERI A, RONCELLA R, et al. Fatigue damage of high performance concrete through a 2D mesoscopic lattice model[J]. Computational Materials Science, 2009,44(4): 1098 - 1106.

[5] CADUFF D, VAN MIER J G M. Analysis of compressive fracture of three different concretes by means of 3D-digital image correlation and vacuum impregnation[J]. Cement and Concrete Composites, 2010,32(4): 281 - 290.

[6] 肖建庄，杜江涛，刘琼. 基于格构模型再生混凝土单轴受压数值模拟[J]. 建筑材料学报，2009,12(5): 511 - 514.

[7] 张洪智，金祖权，姜能栋，等. 基于分段步进式弹塑性格构模型的混凝土破坏过程细观模拟[J]. 材料导报，2023,37(8): 55 - 61.

[8] MOHAMED A R, HANSEN W. Micromechanical modeling of concrete response under static loading—part Ⅱ: model predictions for shear and compressive loading[J]. Aci Materials Journal, 1999(96): 354 - 358.

[9] MOHAMED A R, HANSEN W. Micromechanical modeling of concrete response under static loading—part Ⅰ: model development and validation[J]. Aci Materials Journal,

1999(96)：196－203.

[10] MOHAMED A R，HANSEN W. Micromechanical modeling of crack-aggregate interaction in concrete materials[J]. Cement and Concrete Composites，1999，21(5)：349－359.

[11] MORA C F，KWAN A K H，CHAN H C. Particle size distribution analysis of coarse aggregate using digital image processing[J]. Cement and Concrete Research，1998，28：921－932.

[12] LAWLER J S，KEANE D T，SHAH S P. Measuring three-dimensional damage in concrete under compression[J]. Aci Materials Journal，2001，98(6)：465－475.

[13] YANG R，BUENFELD N R. Binary segmentation of aggregate in SEM image analysis of concrete[J]. Cement and Concrete Research，2001，31(3)：437－441.

[14] 田威，党发宁，陈厚群. 基于CT图像处理技术的混凝土细观破裂分形分析[J]. 应用基础与工程科学学报，2012，20(3)：424－431.

[15] 于庆磊，唐春安，朱万成，等. 基于数字图像的混凝土破坏过程的数值模拟[J]. 工程力学，2008(9)：72－78.

[16] 秦武，杜成斌，孙立国. 基于数字图像技术的混凝土细观层次力学建模[J]. 水利学报，2011，42(4)：431－439.

[17] 戴春霞，孙立国，杜成斌. 大体积混凝土随机骨料数值模拟[J]. 河海大学学报(自然科学版)，2005(3)：291－295.

[18] 王宗敏. 不均质材料(混凝土)裂隙扩展及宏观计算强度与变形[D]. 北京：清华大学，1996.

[19] VORONOI G. Nouvelles applications des paramètres continus à la théorie des formes quadratiques. Premier mémoire. Sur quelques propriétés des formes quadratiques positives parfaites. [J]. Journal Für Die Reine Und Angewandte Mathematik (Crelles Journal)，1908(133)：97－102.

[20] ZHU W C，TANG C A. Numerical simulation on shear fracture process of concrete using mesoscopic mechanical model[J]. Construction and Building Materials，2002，16(8)：453－463.

[21] 朱万成，唐春安，滕锦光，等. 混凝土细观力学性质对宏观断裂过程影响的数值试验[J]. 三峡大学学报(自然科学版)，2004(1)：22－26.

[22] ZHU W C，TANG C A，WANG S Y. Numerical study on the influence of mesomechanical properties on macroscopic fracture of concrete[J]. Structural Engineering

and Mechanics，2005，19：519 - 533.

[23] 李健豪，王宇伟. 混凝土细观数值模拟研究的应用及发展[C]//北京力学会. 北京力学会第二十九届学术年会论文集，2023：4.

[24] 刘光廷，王宗敏. 用随机骨料模型数值模拟混凝土材料的断裂[J]. 清华大学学报(自然科学版)，1996(1)：84 - 89.

[25] WALRAVEN J C，REINHARDT H W. Theory and experiments on the mechanical behaviour of cracks in plain and reinforced concrete subjected to shear loading[J]. Heron，1981，26(1A).

[26] 徐亦冬，郑颖颖，杜坤，等. 钢筋混凝土保护层锈裂行为的细观有限元模拟[J]. 东南大学学报(自然科学版)，2017，47(2)：356 - 361.

[27] 宋来忠，彭刚，姜袁. 混凝土三维随机参数化骨料模型[J]. 水利学报，2012，43(1)：91 - 98.

[28] 高政国，刘光廷. 二维混凝土随机骨料模型研究[J]. 清华大学学报(自然科学版)，2003(5)：710 - 714.

[29] 李金旸，严仁军. 基于 Voronoi 方法的二维混凝土细观骨料建模方法研究[J]. 武汉理工大学学报(交通科学与工程版)，2023，47(4)：705 - 709.

[30] ZHOU Y L，JIN H，WANG B L. Modeling and mechanical influence of meso-scale concrete considering actual aggregate shapes[J]. Construction and Building Materials，2019：228.

[31] 孙立国. 三级配(全级配)混凝土骨料形状数值模拟及其应用[D]. 南京:河海大学，2005.

[32] MA H，SONG L Z，XU W X. A novel numerical scheme for random parameterized convex aggregate models with a high-volume fraction of aggregates in concrete-like granular materials[J]. Computers & Structures，2018(209)：57 - 64.

[33] 唐欣薇，张楚汉. 随机骨料投放的分层摆放法及有限元坐标的生成[J]. 清华大学学报(自然科学版)，2008，48(12)：2048 - 2052.

[34] 宋晓刚，杨智春. 一种新的混凝土圆形骨料投放数值模拟方法[J]. 工程力学，2010，27(1)：154 - 159.

[35] XIE H，FENG J. Implementation of numerical mesostructure concrete material models：a dot matrix method. [J]. Multidisciplinary Digital Publishing Institute，2019，12(23).

[36] 汪奔，王弘，张志强，等. 三维随机凹凸型混凝土骨料细观建模方法研究[J]. 应用力学学报，2018，35(5)：1072 - 1076.

[37] 陈青青，张煜航，张杰，等. 含孔隙混凝土二维细观建模方法研究[J]. 应用数学和力学，2020,41(2)：182-194.

[38] 金浩，周瑜亮. 基于虚拟元-有限元耦合的隧道内道床干缩裂缝细观研究[J]. 土木工程学报，2022,55(4)：11.

[39] 秦川，郭长青，张楚汉. 基于背景网格的混凝土细观力学预处理方法 [J]. 水利学报，2011,42(8)：941-948.

[40] 关振群，高巧红，顾元宪，等. 复合材料细观结构三维有限元网格模型的建立[J]. 工程力学，2005(S1)：67-72.

[41] 梁建，娄宗科，韩建宏. 基于AutoCAD的混凝土骨料建模分析[J]. 水利学报，2011,42(11)：1379-1383.

[42] 宋晓刚. 随机游走法在混凝土球形骨料投放中的应用[J]. 宁波大学学报(理工版)，2010,23(2)：104-108.

[43] 糜凯华，武亮，吕晓波，等. 三维球形随机骨料混凝土细观数值模拟 [J]. 水电能源科学，2014,32(11)：124-128.

[44] PAN S T，LI K，ZHANG C，et al. Influence of coarse aggregate shape on chloride diffusivity in concrete by numerical modelling[J]. Materials Review，2022,36(10).

[45] 杜成斌，孙立国. 任意形状混凝土骨料的数值模拟及其应用[J]. 水利学报，2006(6)：662-667.

[46] 刘光廷，高政国. 三维凸型混凝土骨料随机投放算法[J]. 清华大学学报(自然科学版)，2003(8)：1120-1123.

[47] 方秦，张锦华，还毅，等. 全级配混凝土三维细观模型的建模方法研究[J]. 工程力学，2013,30(1)：14-21.

[48] 程伟峰. 混凝土三维随机凸型骨料模型生成方法研究[J]. 水利学报，2011,42(5)：609-615.

[49] 应敬伟，简榆峻. 基于真实骨料特征、像素矩阵和骨架理论的三维混凝土细观建模研究[J]. 土木工程学报，2023：1-20.

[50] 武亮，王菁，糜凯华，等. 一种生成椭球形骨料的混凝土细观模型方法[J]. 混凝土，2014(11)：64-69.

[51] 张湘茹，程月华，吴昊. 基于3D细观模型的混凝土动态压缩行为分析[J]. 爆炸与冲击，2024，44(2)：023102.

[52] 李文滨，康宽彬，崔现良，等. 基于随机骨料仿真的CRTSⅡ轨道温度场分析[J]. 工程力学，2023,40(S1)：113-119.

[53] RODRIGUES E A, MANZOLI O L, BITENCOURT L A G, et al. 2D mesoscale model for concrete based on the use of interface element with a high aspect ratio [J]. International Journal of Solids and Structures, 2016(94 - 95): 112 - 124.

[54] GHANNOUM M. Effects of heterogeneity of concrete on the mechanical behavior of structures at different scales[D]. Grenoble Alpes: Université Grenoble Alpse, 2016.

[55] WANG X F, YANG Z J, YATES J R, et al. Monte Carlo simulations of mesoscale fracture modelling of concrete with random aggregates and pores[J]. Construction and Building Materials, 2015(75): 35 - 45.

[56] WANG X F, YANG Z J, JIVKOV A P. Monte Carlo simulations of mesoscale fracture of concrete with random aggregates and pores: a size effect study[J]. Construction and Building Materials, 2015(80): 262 - 272.

[57] 王飞阳，黄宏伟. 盾构隧道衬砌结构裂缝演化规律及其简化模拟方法 [J]. 岩石力学与工程学报，2020,39(S1)：2902 - 2910.

[58] MA Y D, LI B, FAN B. Numerical simulation on mesoscopic damage evolution mechanism of high-speed railway tunnel lining concrete[J]. Applied Mechanics and Materials, 2011(90 - 93): 2248 - 2253.

[59] 金浩，李政，殷东昊. 基于细-宏观尺度参数映射的橡胶混凝土道床动力特性分析[J]. 铁道科学与工程学报，2023,20(2)：545 - 553.

[60] 禹海涛，宋毅，李亚东，等. 沉管隧道多尺度方法与地震响应分析[J]. 同济大学学报(自然科学版)，2021,49(6)：807 - 815.

[61] 林旭川，陆新征，叶列平. 钢-混凝土混合框架结构多尺度分析及其建模方法[J]. 计算力学学报，2010,27(3)：469 - 475.

第 2 章　几何本征骨料混凝土细观有限单元法模型

细观尺度下混凝土可视为由骨料、砂浆、界面过渡区组成的三相复合材料。从材料非均匀性的角度研究混凝土的力学性能，能够更好地揭示混凝土材料与混凝土结构之间的联系。随着计算机性能的提升，混凝土细观数值仿真定然朝着“真实”方向发展。但是，“真实”混凝土细观模型导致骨料形状复杂度上升，特别是在高密实度条件下，将大大增加当下通用计算机在模型构建及计算分析的时间。

目前的混凝土细观模型，主要针对二维问题和三维问题进行建模。二维模型的生成效率高、计算速度快，有利于快速研究裂缝扩展与骨料分布之间的关系，但是，二维模型假设为平面应变问题或平面应力问题，无法体现平面里或外的空间效应。三维模型更贴近实际情况，能够更好地表征混凝土材料在空间上的不均匀分布以及裂缝在空间上的形态，但是，三维模型几何信息较为复杂。

本章介绍了几何本征骨料混凝土细观几何模型的构建以及几何本征骨料混凝土细观有限元模型的实现方法。具体内容包括：① 采用激光扫描技术实现对真实骨料几何本征的获取，捕捉真实骨料的三维轮廓点云；② 通过图像处理、空间切割和网格折叠算法获得二维及三维数字骨料库；③ 为解决数字骨料投放效率低的问题，分别提出了适应二维问题和三维问题的骨料投放算法，实现对数字骨料的快速投放；④ 在几何模型的基础上，介绍了在商业有限元软件 ABAQUS 等中几何本征骨料混凝土细观有限单元法模型的实现方法。

2.1　真实骨料的扫描

2.1.1　扫描对象

为保证骨料形状的随机性，选取不同级配区间的碎石骨料。从每个等级中选取 20 个碎石骨料作为扫描样品（筛分粒径分别为 25 mm、19 mm、12.7 mm、9.5 mm、4.75 mm、2.36 mm），样品总数为 100 个，如图 2.1 所示。

图 2.1　骨料样品(部分)

2.1.2 扫描设备

激光扫描技术是利用激光测距的原理，通过记录被测物体表面的三维坐标、反射率和纹理等信息，可快速复建出被测目标的三维模型及线、面、体等各种图件数据。针对三维真实骨料，应用激光扫描技术可获取骨料的尺寸及形状，形成轮廓集合数据。利用三维激光扫描技术获取的骨料的空间点云数据，可快速建立三维可视化模型，加以建构、编辑、修改可生成通用输出格式的曲面数字化模型。

目前，可用于骨料扫描的设备类型较多，本书主要采用Go！SCAN 50™ 手持激光扫描仪进行骨料扫描。Creaform公司研发的Go！SCAN 50™ 手持激光扫描仪如图 2.2 所示，Go！SCAN 50™ 手持激光扫描仪的基本参数如表 2.1 所示。

测试时，扫描仪上的投影仪将白色光图案投射到骨料对象上，通过两个数码摄像头拍摄对象上的图案变形：一个摄像头位于扫描仪顶部，另一个摄像头位于面对扫描仪时的底部右侧，采集在整个光图案中完成。收集到的几何信息实时传输到数据采集软件平台 VXelements 中，用于定位构建骨料颗粒的表面轮廓形态。

图 2.2　Go！SCAN 50™ 手持激光扫描仪

表 2.1　Go！SCAN 50™ 手持激光扫描仪基本参数

重量	尺寸	测量速率	分辨率
950 g	150 mm×171 mm×251 mm	550 000 次/s	0.5 mm
精度	体积精度	基准距	景深
0.1 mm	0.3 mm/m	400 mm	250 mm
纹理分辨率			
0.3～3.0 dpi			

2.1.3 扫描过程

测试前，利用配套组件自带的用户校准板作为已知参照物对 Go！SCAN 50™ 手持激光扫描仪进行校准。将扫描仪垂直于用户校准板中心放置，两者距离约为 20 cm。按下触发器，缓慢向前移动扫描仪，使白色方框（虚线）与中间的绿色方框（实线）相吻合，绿色区域表示各个方向的扫描仪目标点位置，如图 2.3（a）所示。首次测量完成后，手臂保持不动，缓慢向上移动扫描仪以进行其他测量，校准总共需要进行 10 次。在本次试验中，每测试 10 颗骨料后，重复上述过程进行校准，以保证测试精度。 此外，在骨料测试位置周围布置定位参考点。 定位参考点之间的距离为 20 mm，定位参考点与骨料之间的距离为 100 mm，如图 2.3（b）所示，定位参考点之间在空间上保证视觉的连续性，以便扫描仪连续捕捉。

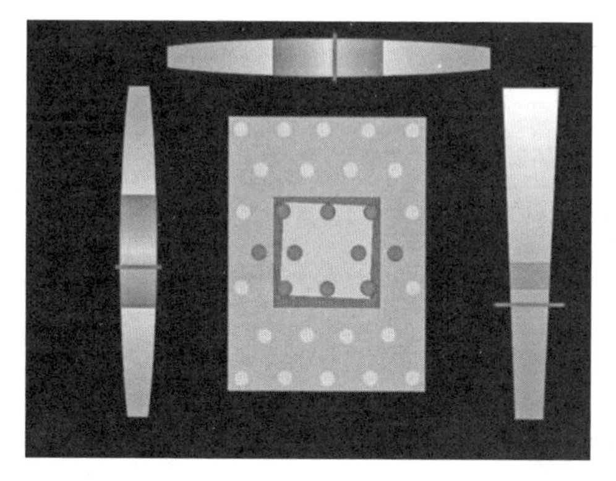

（a）扫描仪校准

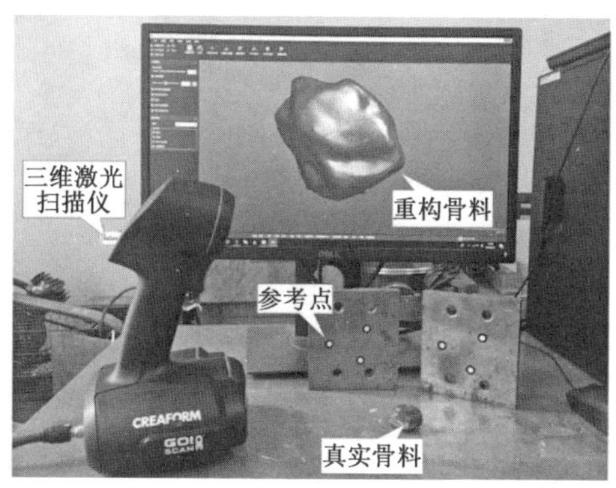

（b）定位参考点

图 2.3　测试准备

扫描时，为保证扫描精度，应保证扫描仪与测试骨料距离适中，根据位于扫描仪顶部的 3 个 LED 灯，调整显示扫描仪与对象之间的距离，工作距离在 300～550 mm 之间。 同时，扫描时缓慢调整扫描仪左右角度和上下高度，使扫描仪能够捕捉到骨料的几何信息以及定位参考点位置的连续变化。

完成采集数据步骤后，VXelements 数据采集软件自动创建并优化扫描文件，将骨料点云坐标保存并输出为 obj 文件格式，便于转换至其他软件进行后处理。 典型骨料扫描形态如表 2.2 所示。

表 2.2　典型骨料颗粒形态与扫描结果示例

序号	真实形态	扫描面片	面片线框
1			
2			

续表

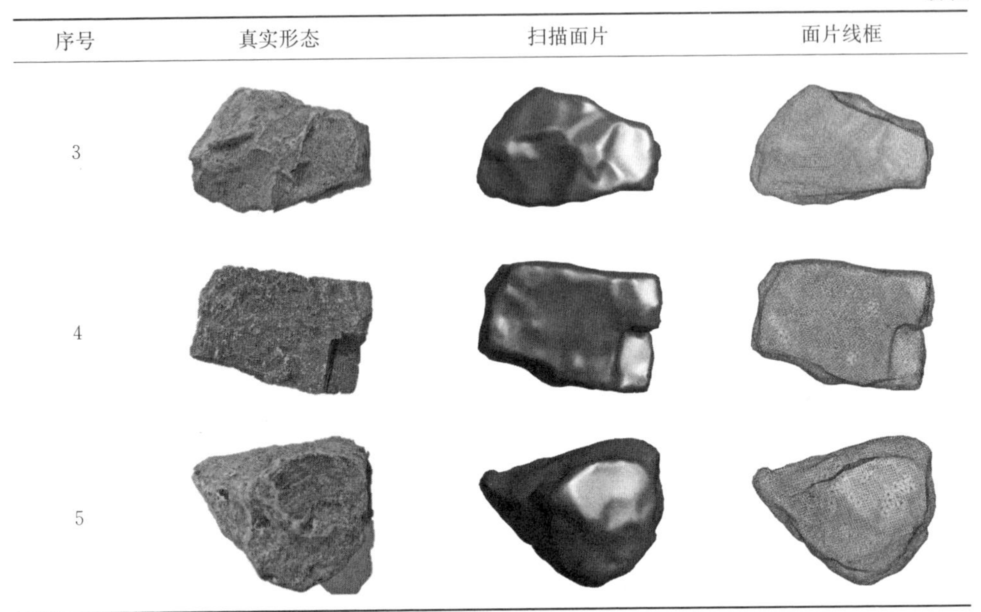

序号	真实形态	扫描面片	面片线框
3			
4			
5			

2.2 数字骨料的生成

2.2.1 基于图像处理的二维骨料生成

激光扫描测试仅采集到了有限的样本，导致骨料样本数量不足。为了体现骨料几何在模型中的多样性，在已得到真实骨料几何轮廓点的基础上进行坐标移动，以此获取新骨料。首先，在扫描骨料三维图像的基础上对骨料进行随机旋转得到不同视角的骨料截面。其次，采用 MATLAB 软件的 imread 函数将骨料截面图片导入，通过二值化函数 im2bw、膨胀函数 imdilate、边界提取函数 bwboundaries 对骨料界面进行图片处理，得到骨料有序原始轮廓特征点（图 2.4）。有序原始轮廓特征点是描述骨料外边界轮廓的以一点为初始点按顺时针或逆时针排序的坐标序列[1]。

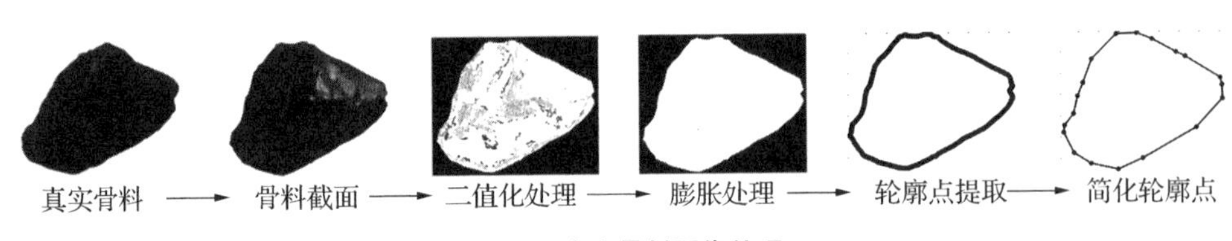

图 2.4 真实骨料图像处理

为优化轮廓特征点数量，采用曲率及两点间最小距离控制来减少轮廓特征点。其中，曲率控制采用“三点法”，控制条件为相邻三个几何点构成的三角形外接圆曲率半径小于某一给定值；以轮廓上任一点为起始点，任意连续三点 n_i, n_{i+1}, n_{i+2} 的曲率控制方法包含以下几个步骤：

（1）根据三点的坐标计算得出所构三角形的三条边长 n_in_{i+1}、$n_{i+1}n_{i+2}$、$n_{i+2}n_i$；

（2）由余弦定理得出外接圆半径所对三角形的角度 $\theta = \angle n_in_{i+1}n_{i+2}$；

（3）利用正弦定理求出曲率半径 $R = n_in_{i+2}\sin(\theta/2)/\sin(\pi - \theta)$；

（4）判定这三个轮廓特征点构成的三角形外接圆曲率半径是否大于或等于判定值，若是，则删除 n_{i+2}，替换为下一点 n_{i+3} 并重复步骤（1）～（4），若曲率半径小于判定值，则令 $n_i = n_{i+1}, n_{i+1} = n_{i+2}, n_{i+2} = n_{i+3}$ 并继续循环步骤（1）～（4），直至保留的轮廓特征点中任意相邻三点都满足曲率半径小于判定值，曲率半径判定值可取为平均粒径的 15%～20%。

两点间最小距离控制时，首先计算骨料的平均粒径，并假定轮廓上任一点为起始点，计算相邻两个控制点之间的距离是否满足下式：

$$R_{\text{ave}} = \sum_{i=1}^{N} R_i / N \tag{2.1}$$

$$dis\,|n_i, n_{i+1}| \leqslant \alpha R_{\text{ave}} \tag{2.2}$$

式中：R_{ave}——骨料平均粒径；

R_i——轮廓特征点至几何中心的距离；

N——轮廓特征点个数；

α——距离控制系数。

简化后的骨料形状可以由几何控制点及直线生成，如图 2.5 所示。由于不同骨料之间存在统计意义上的相似，新骨料可通过原骨料轮廓点的随机移动生成，方法如下：

（1）以骨料形心为圆心，分别以 $\alpha_1 R_{\text{ave}}$ 和 $(1+\alpha_2)R_{\text{ave}}$ 为半径画出两个圆带，将两个圆间的环带作为控制点的移动控制范围。α_1、α_2 可由三维骨料形心至骨料表面的最小和最大距离确定，为方便计算，α_1、α_2 均取为 0.5。

（2）在所有控制点中随机选择需要移动的控制点，令控制点在图 2.5 中的双箭头线段上随机移动，单次移动距离控制为 $n_iR_{\text{ave}}(-0.01 \leqslant n_i \leqslant 0.01)$，根据偏离原骨料基形状选择随机移动次数 num，α_1、α_2 满足 $\alpha_1 \leqslant 1 + \sum_{i=1}^{num} n_i \leqslant 1 + \alpha_2$，同时，为保证骨料形状不发生畸变，$num$ 宜控制为 20～50 次。

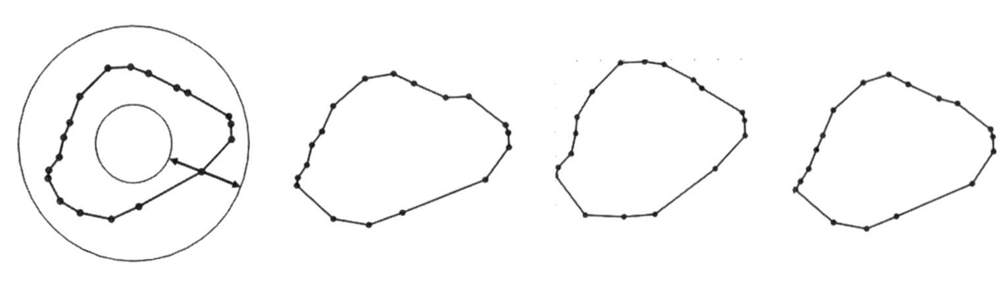

图 2.5　骨料几何轮廓点随机移动生成新骨料

图 2.5 为随机移动后产生的新骨料示例，其轮廓形貌已经确定，但是要投放到指定区域时，需考虑骨料的粒径以及骨料定位点。因此，需对上述生成的骨料进行骨料“几何点归零”和“粒径单位化”处理。

骨料的“几何点归零”即将骨料轮廓的坐标均减去骨料几何中心的坐标，使其几何中心点处于原点，在骨料投放时方便根据随机数进行定位。

骨料的“粒径单位化”即骨料库中的每个骨料信息在储存之前，对其粒径作如下处理：

$$agg_i(x,y)_{\text{unit}}=agg_i(x,y)/\sqrt{\frac{4A_{\text{agg}}}{\pi}} \qquad 1\leqslant i\leqslant n_{\text{agglib}} \tag{2.3}$$

式中：$agg_i(x,y)$——二维骨料的坐标；

A_{agg}——骨料的面积；

n_{agglib}——骨料的总个数。

采用上述方法对骨料基进行变换获得新的骨料，形成统计意义上的数字骨料数据库。

2.2.2　基于空间切割的二维骨料生成

由于骨料在混凝土中分布的随机性，混凝土任意一个横截面上的二维骨料形状均是三维骨料的一个剖面，由此可对三维骨料进行任意截取，获得的二维轮廓作为二维数字骨料颗粒。因此，在扫描骨料中心创建一个 $X-Y$ 平面，如图 2.6 所示。为保证二维骨料的随机性，将骨料分别绕 X 轴、Y 轴、Z 轴旋转一个角度，记为(α,β,γ)，旋转后的骨料坐标可表达为：

$$AGG_i\_reC_j(x_j,y_j,z_j)=AGG_i\_C_j(x_j,y_j,z_j)\boldsymbol{M} \qquad (1\leqslant j\leqslant n_i) \tag{2.4}$$

式中：$AGG_i\_C_j(x_j,y_j,z_j)$——第 i 个骨料的第 j 个空间点的坐标；

n_i——第 i 个骨料点云的数量；

$\boldsymbol{M}$——旋转矩阵。

$$
\boldsymbol{M}=\begin{bmatrix}\cos(\alpha)\cos(\gamma)-\sin(\alpha)\sin(\beta)\sin(\gamma) & -\cos(\alpha)\sin(\gamma)-\sin(\alpha)\sin(\beta)\cos(\gamma) & -\sin(\alpha)\cos(\beta)\\ \cos(\beta)\sin(\gamma) & \cos(\beta)\cos(\gamma) & -\sin(\beta)\\ \sin(\alpha)\cos(\gamma)+\cos(\alpha)\sin(\beta)\sin(\gamma) & -\sin(\alpha)\sin(\gamma)+\cos(\alpha)\sin(\beta)\cos(\gamma) & \cos(\alpha)\cos(\beta)\end{bmatrix} \tag{2.5}
$$

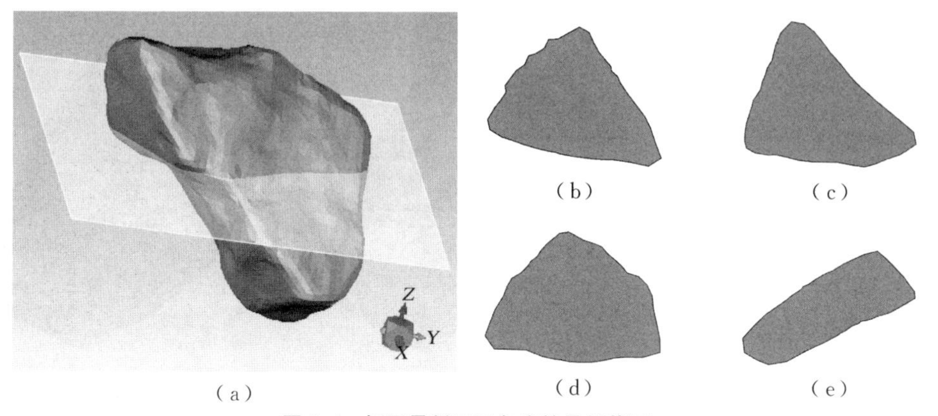

图 2.6　相同骨料不同角度的骨料截面

图 2.6（b）～图 2.6（e）为同一骨料以特定角度旋转后的四个不同骨料截面的示例。 对于所有已扫描的骨料，均采用该方法生成二维数字骨料。 同时，对生成骨料同样进行骨料“几何点归零”和“粒径单位化”处理，并存储在数据库中，以形成二维的数字骨料数据库。

对于切割得到的二维数字骨料，同样可用 2.2.1 节中的距离和曲率优化方法对其控制顶点进行简化，图 2.7 展示了不同顶点个数的二维数字骨料样例。 不同骨料形状在细节上有所差异，但总体上与切割出来的二维数字骨料接近。 可根据模型的需求和计算能力选择骨料形状的精细度[2]。

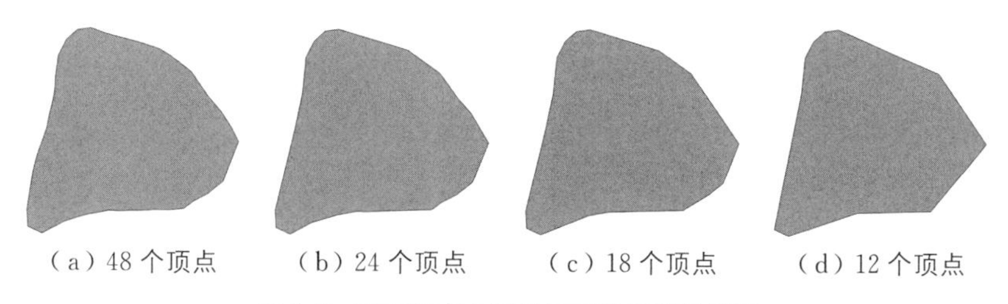

图 2.7　不同顶点个数的二维数字骨料样例

2.2.3　基于网格折叠的三维骨料生成

经过扫描得到的骨料三角网格面和顶点保留了原始骨料较多的细节特征。 实际上，骨料经过破碎会形成几个主要的破碎面。这些破碎面的形状、棱角特征和混凝土力学性能、裂缝扩展息息相关。因此，可忽略骨料破碎面上的细节（通常指骨料表面的粗糙度），将其近似看作平面。在进行网格简化时，根据骨料的棱角变化程度，删去骨料平坦区域的网格数量，保留棱角处的特征点[3]。三维扫描点云如图2.8所示。

（a）骨料样本

（b）扫描网格

（c）扫描点云

图 2.8　三维扫描点云

Garland[4]提出的基于二次误差测度的三角网格折叠算法可对扫描骨料点云进行简化。该方法定义的误差为每个顶点 $\boldsymbol{v}=[v_x \quad v_y \quad v_z \quad 1]^{\mathrm{T}}$ 与其相关联平面集合 $planes(\boldsymbol{v})$ 的距离平方和。这个误差测度可以写成二次型形式：

$$\Delta(\boldsymbol{v})=\sum_{\boldsymbol{p}\in planes(\boldsymbol{v})}(\boldsymbol{p}^{\mathrm{T}}\boldsymbol{v})^2=\sum_{\boldsymbol{p}\in planes(\boldsymbol{v})}\boldsymbol{v}^{\mathrm{T}}(\boldsymbol{p}\boldsymbol{p}^{\mathrm{T}})\boldsymbol{v}=\boldsymbol{v}^{\mathrm{T}}\Big(\sum_{\boldsymbol{p}\in planes(\boldsymbol{v})}\boldsymbol{K}_{\mathrm{p}}\Big)\boldsymbol{v} \tag{2.6}$$

式中：$\boldsymbol{p}$——由方程 $ax+by+cz+d=0(a^2+b^2+c^2=1)$ 定义的 $\boldsymbol{v}$ 相关联三角形平面；

$\boldsymbol{K}_{\mathrm{p}}$——平面 $\boldsymbol{p}$ 的基本误差二次型。

$$\boldsymbol{K}_{\mathrm{p}}=\boldsymbol{p}\boldsymbol{p}^{\mathrm{T}}=\begin{bmatrix} a^2 & ab & ac & ad \\ ab & b^2 & ab & bd \\ ac & bc & c^2 & cd \\ ad & bd & cd & d^2 \end{bmatrix} \tag{2.7}$$

其中，$\boldsymbol{Q}_{\mathrm{r}}=\sum_{\boldsymbol{p}\in planes(\boldsymbol{v})}\boldsymbol{K}_{\mathrm{p}}$ 称为顶点 $\boldsymbol{v}$ 二次误差测度矩阵。当进行三角形折叠时，根据折叠代价按从大到小进行排序，从三角形序列中取出折叠误差最小的三角形执行折叠操作，新顶点的最优位置 $\bar{\boldsymbol{v}}$ 和折叠代价 $\Delta(\boldsymbol{v})$ 分别为：

$$\bar{v}=\begin{bmatrix} q_{11} & q_{12} & q_{13} & q_{14} \\ q_{21} & q_{22} & q_{23} & q_{24} \\ q_{31} & q_{32} & q_{33} & q_{34} \\ 0 & 0 & 0 & 1 \end{bmatrix}^{-1}\begin{bmatrix} 0 \\ 0 \\ 0 \\ 1 \end{bmatrix} \tag{2.8}$$

$$\Delta(\boldsymbol{v})=\boldsymbol{v}^{\mathrm{T}}(\boldsymbol{Q}_i+\boldsymbol{Q}_j+\boldsymbol{Q}_k)\boldsymbol{v} \tag{2.9}$$

其中，q_{ij} 为二次误差测度矩阵$\boldsymbol{Q}_{\mathrm{r}}$ 中第 i 行第 j 列的元素。 折叠后$\bar{\boldsymbol{v}}$ 的二次误差测度矩阵为：

$$\boldsymbol{Q}_{\bar{v}}=\boldsymbol{Q}_i+\boldsymbol{Q}_j=\begin{bmatrix} q_{11} & q_{12} & q_{13} & q_{14} \\ q_{21} & q_{22} & q_{23} & q_{24} \\ q_{31} & q_{32} & q_{33} & q_{34} \\ q_{41} & q_{42} & q_{43} & q_{44} \end{bmatrix} \tag{2.10}$$

这种方法速度快，简化后模型表面误差均值较低。 但由于只考虑距离的度量，因此网格顶点分布均匀，在大规模简化后，模型表面较为尖锐的棱角等重要几何特征容易丢失。 因此，需根据模型需要设定适当的简化率。

基于三角形折叠的网格简化算法可由以下步骤实现：

（1）对原始网格中的每个三角形寻找与其三个顶点相关的三角形集合；

（2）对原始网格中的每个顶点计算基本误差二次型 $\boldsymbol{K}_{\mathrm{p}}$，得到顶点 $\boldsymbol{v}$ 的二次误差测度矩阵 $\boldsymbol{Q}_{\mathrm{r}}=\sum\limits_{p\in planes(\boldsymbol{v})}\boldsymbol{K}_{\mathrm{p}}$；

（3）计算新顶点的最优位置$\bar{\boldsymbol{v}}$ 以及折叠代价 $\Delta(\boldsymbol{v})=\boldsymbol{v}^{\mathrm{T}}\left(\sum\limits_{p\in planes(\boldsymbol{v})}\boldsymbol{Q}_{\mathrm{r}}\right)\boldsymbol{v}$；

（4）根据折叠代价按从大到小进行排序，从三角形序列中取出折叠误差最小的三角形执行折叠操作，更新所有相关信息；

（5）若三角形序列为空或误差已达到用户要求，则转步骤(6)，否则，转步骤(4)；

（6）结束。

图 2.9 所示为不同简化率下骨料形态，以完全包含颗粒的矩形框[5]的最长、中间和最小尺寸作为骨料形态的评价指标。 经测算，简化率在 0.1%～100%范围内骨料形态评价指标均保持稳定。 因此，考虑后续数值模型的计算效率，本书选取简化率为 0.1%，骨料简化率 R 计算如下：

$$R=T_{\mathrm{re}}/T_{\mathrm{in}}\times 100\% \tag{2.11}$$

式中：T_{re}——剩余顶点数量；

T_{in}——初始顶点数量。

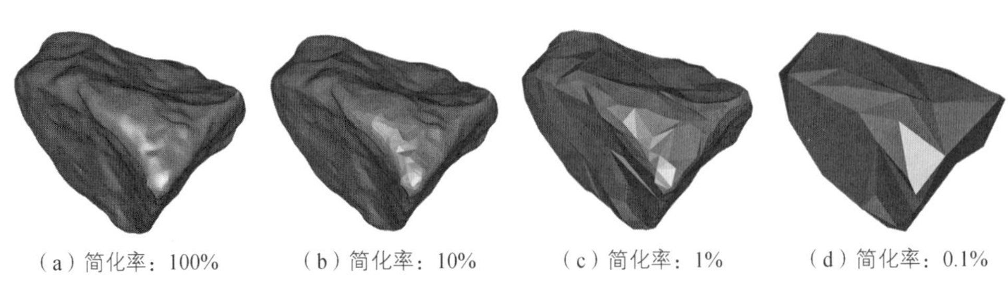

图 2.9　不同简化率下的骨料形态

2.3　数字骨料的投放

2.3.1　骨料的随机投放

混凝土的粗骨料按粒径可分为小石（5～20 mm）、中石（20～40 mm）、大石（40～80 mm）以及特大石（80～150 mm），按包含粒径范围分为一、二、三、四级配。投放前，根据投放区域的尺寸、各级配范围内骨料的面积或体积可按照式(2.12)进行计算。

$$A[D_n, D_{n+1}]=\frac{P(D_{n+1})-P(D_n)}{P(D_{max})-P(D_{min})}\times A_{con}\times A_{total} \tag{2.12}$$

式中：D_{min} 和 D_{max}——最小和最大骨料粒径；

A_{con}——骨料含量；

A_{total}——投放区域面积或体积；

$P(D_n)$——由 Walraven 公式得到的概率。

随后，确定每个级配区间骨料的数量以及粒径。在骨料库中随机抽取骨料并进行缩放。骨料粒径的选择满足 $[D_n, D_{n+1}]$ 区间中的均匀分布，骨料数量和坐标可由下列公式得到：

$$\begin{cases} AGG_i(x,y)=agg_i(x,y)_{unit}\times[D_n+rand_1\times(D_{n+1}-D_n)] \\ 0.95\times A[D_n,D_{n+1}]\leqslant\sum A_{AGG_i}\leqslant 1.05\times A[D_n,D_{n+1}] \end{cases} \quad 1\leqslant i\leqslant n_{[D_n,D_{n+1}]} \tag{2.13}$$

式中：$rand_1$——在 0～1 上满足均匀分布随机数；

A_{AGG_i}——骨料面积或体积。

最后，将生成的骨料逐个投放到区域中。以骨料形心作为参考点，并赋予一个随机位移。在确定随机位移时，需使骨料的全部边界落于投放区域内。在投放新骨料时，需逐个判别是否与已经投放的骨料发生重叠侵入。如若重叠，则要重新给定随机位移并重复上述过程，整个过程中骨料由大至小逐个投放直至所有骨料投放完成。

骨料投放要求相邻骨料之间不能重叠，同时骨料含量能达到预期的目标值，而投放于指定区域的骨料数量较多。为保证骨料能够快速、准确地投放，建立适用于对应骨料的高效率投放算法尤为重要。

2.3.2　基于多边形-外接圆的二维骨料投放

本节提出了一种骨料的“先投放多边形-后投放外接圆”重叠判断的骨料投放算法。新骨料投放时，只要将其外接圆投放至指定区域内即可完成该骨料的投放，因此在投放时需判断既有骨料边界轮廓与新骨料外接圆是否重叠，即可理解为多边形与圆的重叠关系。此外，骨料是按照从大到小进行投放的，避免了由于外接圆与骨料之间存在空隙导致的骨料含量偏低的问题。在判断圆与多边形的位置关系时，可分为控制点在圆内部、控制点连线与圆相交和圆在控制点内部三种情况，如图 2.10 所示。对于第一种情况，直接判断骨料控制点是否在外接圆内部即可；对于第二种情况，判断外接圆圆心与相邻控制点直线方程的距离是否小于半径且垂点是否落在控制点形成的线段上；对于第三种情况，判断圆心与控制点形成的夹角之和是否等于 360°。该算法中，三种判断是顺序进行的，一旦前者条件不满足，后续条件无需计算就可直接进入下一个骨料的判断[1]。

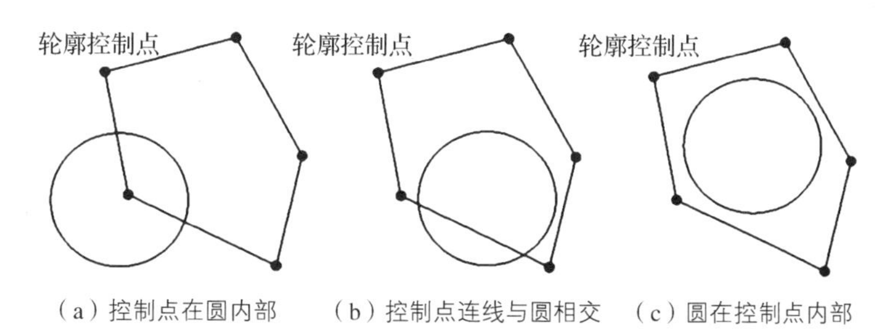

图 2.10　外接圆与多边形重叠检测

与传统算法相比，由于本节提出的算法不需要检测特殊相交情况（即新投放骨料的顶点不在既有骨料内部，但两者骨料边相交的情况），因此大幅减少了判断变量的计算次数，不同重叠检测准则的对比如表 2.3 所示，其中 n 为单个骨料的边数。

表 2.3　不同重叠检测准则对比

重叠检测准则	圆弧判别法[6]	面积判别法[7]	夹角之和测试法[8]	“先投放多边形-后投放外接圆”重叠检测法
基本原理	逐个计算新投放骨料顶点与既有骨料的所有有向线段在单位圆上投影的有向圆弧值，判断其和是否为 2π，此外针对特殊相交情况，需求得所有直线交点并判断该点是否在骨料边界上	逐个计算新投放骨料的顶点与既有骨料的任意两顶点的面积，判断面积和是否等于既有骨料面积，且存在前述特殊相交情况	逐个计算新投放骨料顶点与既有骨料任意两顶点相连所成的夹角，判断其和是否为 360°，且存在前述特殊相交情况	计算新投放骨料的外接圆与既有骨料的位置关系，判断是否满足本算法的三种关系
判断变量	圆弧值、直线交点值	三角形面积、直线交点值	三角形夹角、直线交点值	顶点-圆心距离、圆心-直线距离、三角形夹角
判断变量计算次数	$n \sim 2n^2$	$n \sim 2n^2$	$n \sim 2n^2$	$1 \sim 2n+n^2$

为使骨料能够按照骨料级配随机投放，需对骨料进行“骨料旋转化”和“粒径级配化”处理。“骨料旋转化”即将选定的骨料绕其外接圆中心进行随机旋转。

$$\begin{cases} x_1 = x_0 \cos(360 \times ran_1) - y_0 \sin(360 \times ran_1) \\ y_1 = x_0 \sin(360 \times ran_2) + y_0 \cos(360 \times ran_2) \end{cases} \tag{2.14}$$

式中：x_0, y_0——旋转前的控制点坐标；

x_1, y_1——旋转后的控制点坐标；

ran_1、ran_2——0 到 1 的随机数。

“粒径级配化”是根据骨料投放的级配范围，在范围内对骨料进行随机扩放，生成满足级配要求的骨料。

$$\begin{cases} x_2 = [D_1 + (D_2 - D_1) \times ran_3] \times x_1 \\ y_2 = [D_1 + (D_2 - D_1) \times ran_3] \times y_1 \end{cases} \tag{2.15}$$

式中：x_2, y_2——扩放后控制点坐标；

D_1，D_2——该级配范围内的最大和最小粒径；

ran_3——0 到 1 的随机数。

在生成级配粒径范围内随机生成骨料直至达到骨料面积，确定各骨料外接圆后按从大到小进行排序，并利用上述算法根据骨料级配按从大到小逐级进行骨料投放，生成的试件如图 2.11 所示，其中二级配骨料模型尺寸为 150 mm×150 mm，骨料含量达 55.42%；三级配骨料模型尺寸为 300 mm×300 mm，骨料含量达 62.17%，四级配骨料模型尺寸为 450 mm×450 mm，骨料含量达 64.00%。

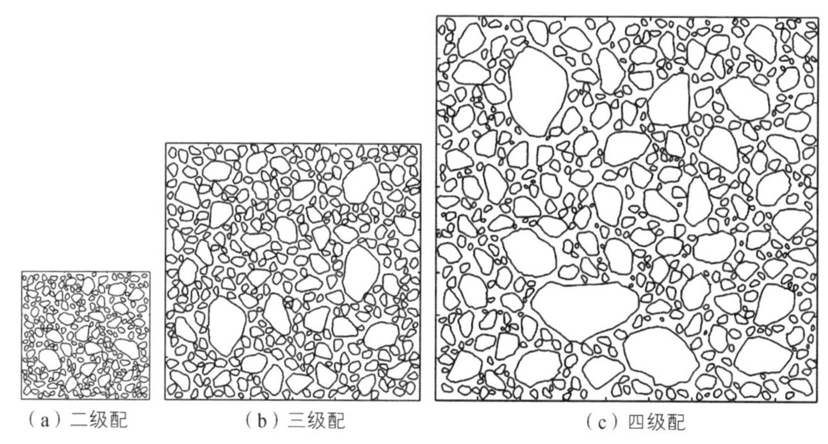

图 2.11　不同级配随机骨料投放样例

作为举例，图 2.12 展示了结合 2.2.1 节基于图像处理的数字骨料库及本节的二维数字骨料几何模型生成流程。

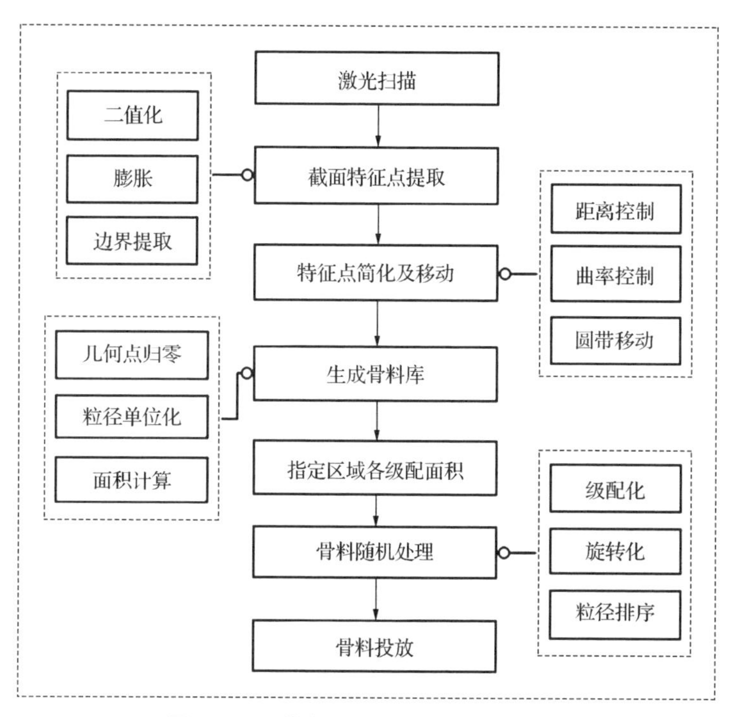

图 2.12　二维数字骨料库建立及投放流程

2.3.3 基于矩形拟合的二维骨料投放

目前大多数执行的算法均将骨料考虑为凸多边形，对于凹多边形不适用。实际上，真实骨料是由“破碎”工艺加工而成的，其几何轮廓凹凸不平。同时，由于真实骨料的几何轮廓点更多，直接采用骨料的边信息或点信息进行判断将大大增加判断时的计算量。因此，有必要建立一种考虑真实骨料凹凸性的快速投放算法。

本节提出了一种基于骨料矩形拟合的间接投放算法，该算法的核心是将真实骨料用不同大小且数量较少的矩形进行拟合匹配。在随机投放骨料时，仅通过对两个骨料的拟合匹配进行重叠检测，从而避免了对骨料与骨料之间的复杂边界进行重叠判断的过程。以下描述了骨料拟合矩形的生成过程，如图 2.13 所示。首先建立网格大小为骨料最大尺寸 1/20～1/10 的背景网格矩阵，将骨料映射到背景网格上，保留其映射部分；然后将背景网格在 X 方向和 Y 方向进行合并，并在另一个方向上将等长的相邻矩形进行合并；最后，选择矩形数量更少的拟合矩形与真实骨料绑定储存于骨料数据库，即对于每个录入数据库的骨料，包含图 2.13 中的①和②两部分。虽然生成拟合矩形的过程较为复杂，但该算法的优势在于这一过程属于骨料的预处理。对于每个骨料而言，只需要完成一次拟合矩形生成，在后续投放过程中只需要在骨料库中调用即可。

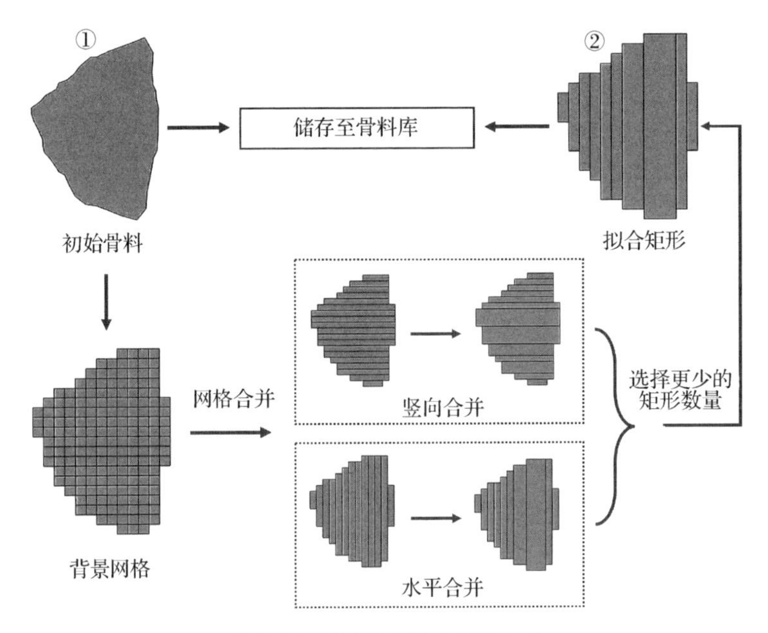

图 2.13　数字骨料拟合矩形生成

对于任意骨料及其拟合矩形而言，重叠检测的准则是一致的，如图 2.14 所示，应满足下列条件：

$$\begin{cases} dis\,|x_a, x_b| \leqslant (W_a + W_b)/2 \\ dis\,|y_a, y_b| \leqslant (H_a + H_b)/2 \end{cases} \tag{2.16}$$

式中：x_a, x_b, y_a, y_b——分别为任意两个矩形 A 和 B 的形心坐标；

W_a, W_b, H_a, H_b——分别为任意两个矩形 A 和 B 的长和宽。

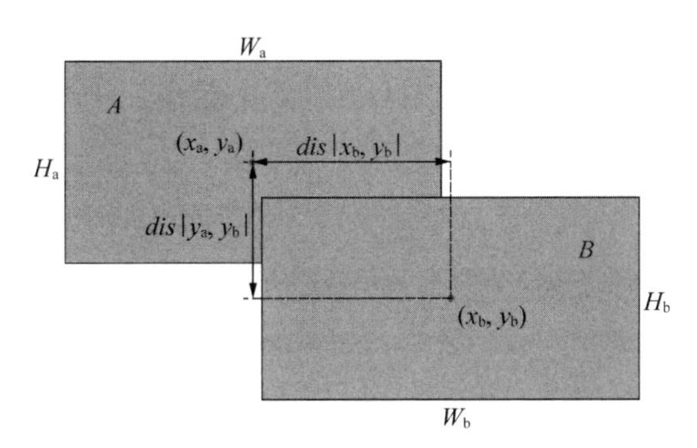

图 2.14　任意两个矩形的重叠检测条件

使用上述方法生成两个 100 mm×100 mm 混凝土试块，如图 2.15 所示，模型（a）和模型（c）的骨料含量为 50%和 64%，其中骨料的数量分别为 67 个和 91 个，它们的拟合矩形模型如图 2.15（b）和（d）所示。生成样例的骨料形状和级配与 CT 扫描图像[9]非常接近。

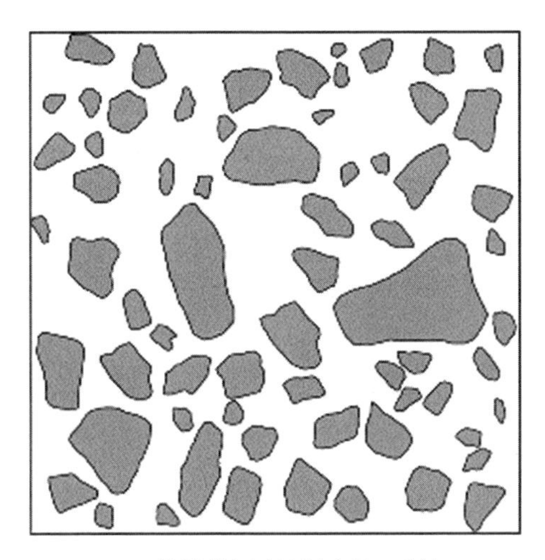

（a）投放样例（骨料含量 50%）

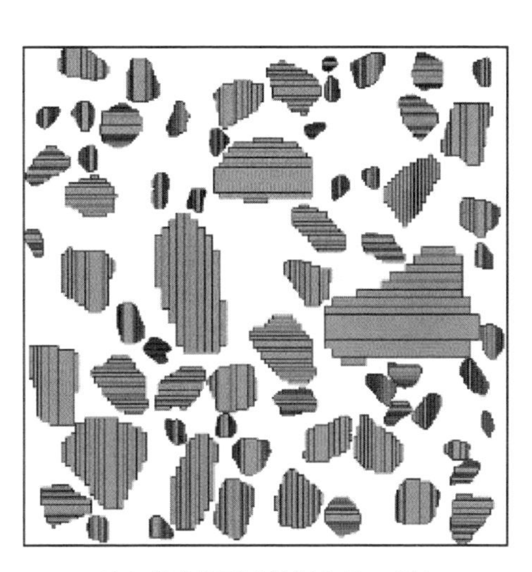

（b）拟合矩形（骨料含量 50%）

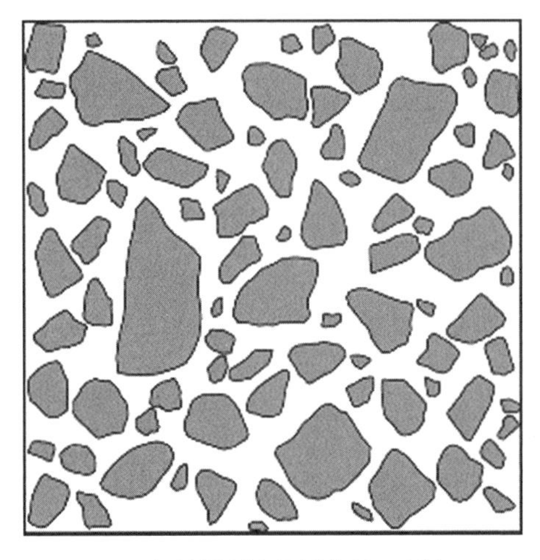

(c) 投放样例(骨料含量64%)

(d) 拟合矩形(骨料含量64%)

图 2.15 采用拟合矩形的投放样例

2.3.4 基于拟合体组的三维骨料投放

本书数字骨料基于真实骨料生成，骨料形状复杂且包含凸凹面且形状控制点较多。当骨料含量逐渐升高，剩余空间被划分成愈加不规则的区域，这对于后续骨料寻找可利用的空间来说更加困难，尤其是三维骨料的投放。作为2.3.3节二维骨料投放方法的拓展，本节提出了基于空间替换的三维真实骨料投放方法。该方法的核心是以不同精度的立方体组或长方体组与骨料进行形状拟合匹配，在重叠检测时借助这些拟合体组进行顺序判断，从而代替了对骨料之间重叠的直接判断[3]。

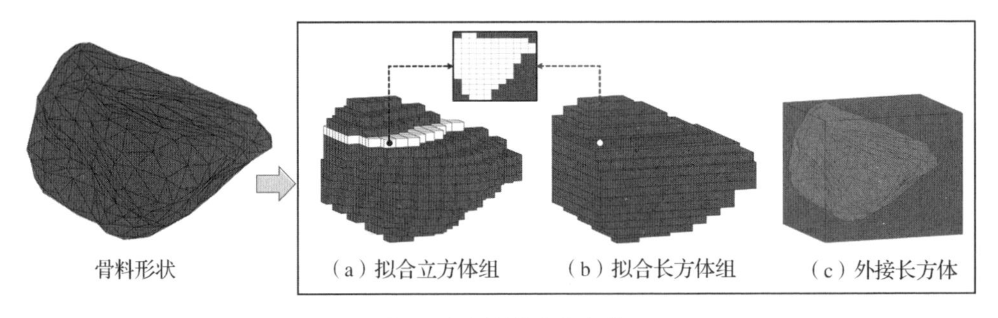

图 2.16 骨料拟合体生成

图2.16所示为骨料拟合体的生成过程。其中，拟合体包括三组。第一组为拟合立方体组，立方体尺寸为骨料粒径的1/20～1/10，能够较为精确地拟合骨料形状。

第二组为拟合长方体组，该组是在拟合立方体组的基础上找到每一层立方体的边界，进而形成该层的外界长方体。 第三组为骨料的外接长方体，该体是根据拟合立方体组直角坐标系三个方向的边界形成的长方体。 三组拟合体与特定骨料相关联并储存在骨料库中，待投放时调用。 由于三组拟合体均由长方体和立方体构成，因而它们可以使用同一个重叠检测准则，如图 2.17 所示，任意两个长方体的重叠满足下列距离条件：

$$\begin{cases} dis\,|\,x_a,x_b\,| \leqslant (L_a+L_b)/2 \\ dis\,|\,y_a,y_b\,| \leqslant (W_a+W_b)/2 \\ dis\,|\,z_a,z_b\,| \leqslant (H_a+H_b)/2 \end{cases} \tag{2.17}$$

式中：(x_a,y_a,z_a)，(x_b,y_b,z_b)——长方体 a 和长方体 b 的形心坐标；

L_a,L_b,W_a,W_b,H_a,H_b——长方体 a 和长方体 b 的长、宽和高。

基于拟合体组的骨料的投放可分为三阶段。 第一阶段，利用骨料的外接长方体与已投放骨料的外接长方体进行重叠判别。 这一阶段为粗判，给定待投放骨料的初始信息（粒径及随机位置），如果待投放骨料与所有已投放骨料外接长方体不重叠，则投放成功，否则重新切换骨料初始信息，继续判别。

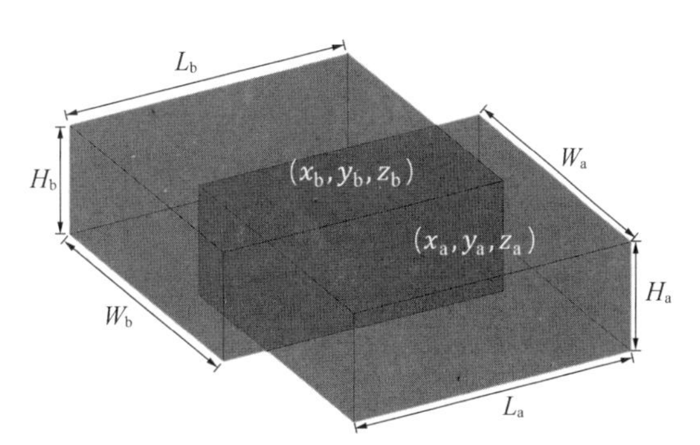

图 2.17 任意两个长方体重叠检测条件

由于投放初期骨料含量较低，利用外接长方体可快速增加骨料含量。 然而，当骨料含量上升到一定程度后，外接长方体整体占据投放空间较大，导致骨料投放成功率下降，迭代次数上升。 因此，本书在达到一定投放次数后（本书取 3 000 次），进入第二阶段。 第二阶段中，判别骨料的长方体组与已投放骨料长方体组的重叠关系。 遍历两个长方体组的长方体，两两进行判断，若存在重叠，则该重叠的两个局部长方体进入第三阶段。 第三阶段仅包含第二阶段中重叠的两个长方体对应的立方体层，若立方体层仍然判定重叠，则判断骨料重叠，否则跳回第二阶段继续判断长方体组。 该过程的投放逻辑见图 2.18。

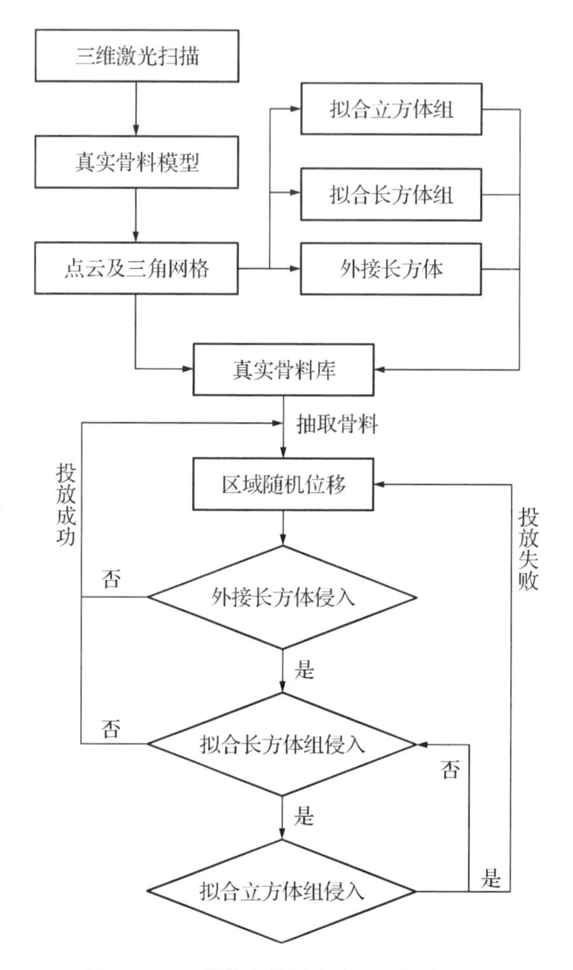

图 2.18　三维数字骨料库建立及投放流程

以 40%目标含量的投放为例，分别对仅外接长方体和拟合长方体组方法进行了投放对比测试，测试投放区域尺寸为 100 mm×100 mm×100 mm，分为 5 个级配区间（2.36～4.75 mm、4.75～ 9.5 mm、9.5～12.7 mm、12.7～19 mm、19～25 mm）进行投放。 图 2.19 显示了两种方法单个骨料投放成功所需次数，可以看到当骨料在第一、二、三级配区间内，外接长方体的投放成功率更高，但进入第四和第五级配区间后，外接长方体的投放成功率随着该级骨料含量增大而显著降低（这里未能显示出由于第四级配含量降低导致的第五级配含量升高），最终骨料含量仅为 29.1%，用本书的拟合投放方法，联合使用不同层级的长方体组，可以有效提高骨料含量，最终骨料含量达 40.1%。

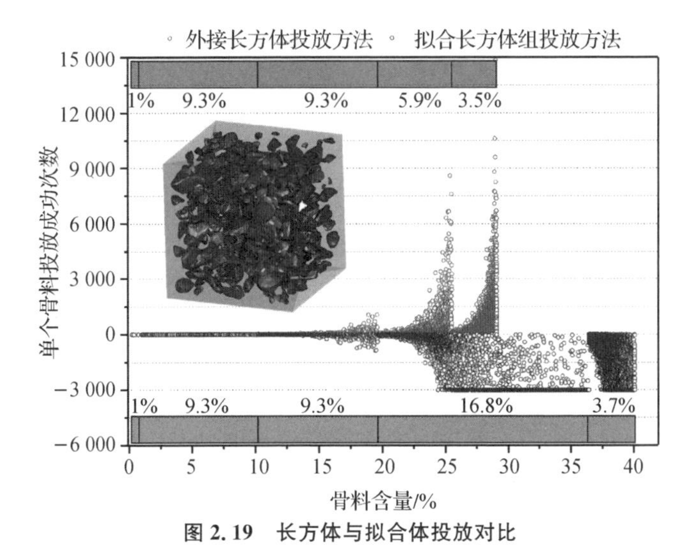

图 2. 19　长方体与拟合体投放对比

2.4　有限单元法模型的构建要点

有限元模型的构建，通常可划分为如下几个阶段：几何模型构建、材料参数赋予、边界条件设置及荷载施加、网格划分与单元选择、计算方法确定等。因此，在已有几何本征骨料混凝土细观几何模型的前提下，几何本征骨料混凝土细观有限元模型的构建主要涉及材料参数赋予、边界条件设置及荷载施加、网格划分与单元选择、计算方法确定等。具体的实现途径，可以采用商业有限元软件（比如：ABAQUS、COMSOL，等等），也可以自行编写程序，如图 2. 20 和图 2. 21 所示。

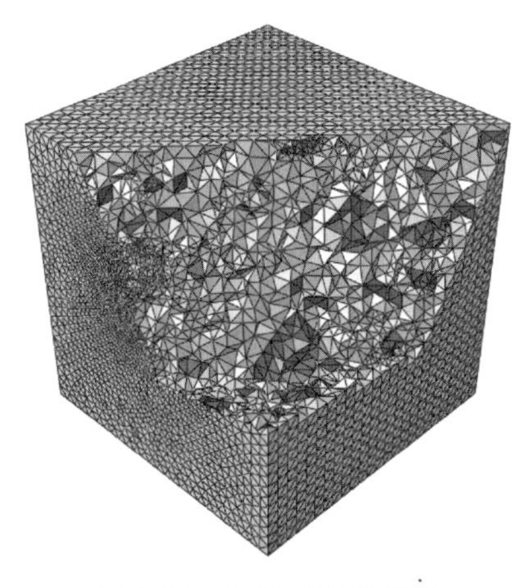

图 2. 20　ABAQUS 网格模型

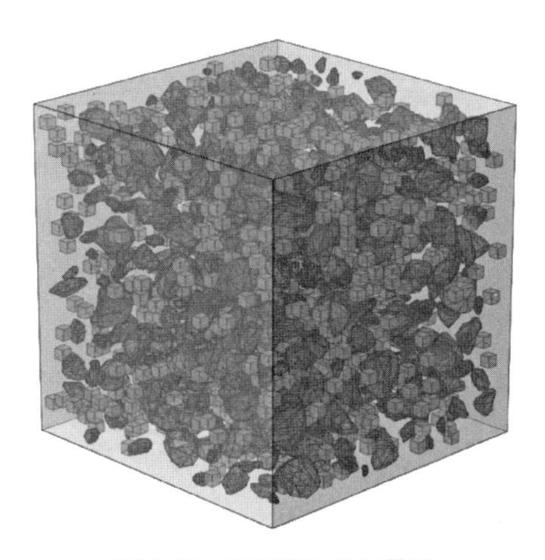

图 2. 21　COMSOL 几何模型

在细观混凝土有限元模型中，准确定义材料特性是至关重要的。混凝土主要由骨料、水泥砂浆和界面过渡区（ITZ）三部分组成。骨料通常具有较高的强度和刚度，而水泥砂浆则相对较弱，易于开裂。ITZ是骨料与水泥砂浆之间的过渡区域，通常具有比水泥砂浆更低的强度和刚度。在定义这些组成部分的物理和力学特性时，需要考虑它们的弹性模量、泊松比、抗压强度、抗拉强度和断裂韧性等参数。这些参数可以通过实验获得，或参考文献中的典型值。此外，模型中还需考虑混凝土的老化、湿度和温度等因素对材料性质的影响。正确的材料特性定义对于模拟混凝土的行为、预测裂缝生成和传播至关重要。

ITZ在细观混凝土有限元模型中的处理是一个复杂且关键的环节，因为ITZ是混凝土中骨料与水泥砂浆间的微观区域，其物理和力学性质通常与两者都有所不同。在模型中，ITZ的精确表征对于预测混凝土的行为至关重要，特别是在裂缝形成和传播分析方面。在几何本征骨料混凝土细观有限元模型的构建中，需要注意：骨料和砂浆之间的界面过渡区可以采用两种方法进行模拟。第一种方法是几何空间真实构建界面过渡区，但界面过渡区可简化为特定厚度的均质层。该特定厚度的均质层可以通过骨料轮廓内缩或者外扩生成。第二种方法是几何本征骨料混凝土细观有限元模型生成后，在骨料和砂浆界面处插入界面单元，并赋予界面单元一定厚度。

网格划分是有限元分析中的一个关键步骤，直接影响到模型的计算精度和效率。在细观混凝土模型中，需要对骨料、水泥砂浆和ITZ进行不同的网格处理。骨料由于其形状和尺寸的多样性，可能需要更精细的网格来准确捕捉其几何特征。水泥砂浆和ITZ由于结构相对简单，可以使用较大的网格单元。在网格划分时，需要考虑计算资源的限制和目标分析的精度需求。过细的网格虽然可以提高模型的精度，但同时也会显著增加计算时间和内存需求。因此，需要在保证模型准确性的同时，尽量优化网格以提高计算效率。此外，应特别注意在不同材料的交界处进行适当的网格过渡，以避免由网格划分不当导致的应力集中和数值误差。

边界条件和加载设置是确保有限元模型准确反映实际情况的关键因素。边界条件应根据实际工程情况或实验设置进行选择，包括固定支撑、滑移支撑或自由边界等。例如，若模拟混凝土受压行为，可在模型的底部设置固定支撑，顶部施加压缩力。加载条件需要根据研究目的设置，可以是单轴压缩、三轴压缩、拉伸、弯曲或循环加载等。加载可以是静态的，也可以是动态的，如冲击或振动加载。在设置加载条件时，应考虑加载的大小、速率和持续时间，并确保它们与实际情况或实验条件相符。此外，加载方式的选择也应基于目标分析的需求，比如研究裂缝扩展可能需要施加循环或递增荷载。正确设置边界条件和加载条件对于获得可靠和实用的模拟结果至关重要。

应选择合适的有限元分析软件，如ANSYS、ABAQUS或其他专业软件进行求解和分析。数值求解完成后，进入结果分析阶段。这一阶段的关键在于解释和理解得到的数据，包括应力、应变分布，裂缝形成和扩展模式，以及可能出现的破坏模式。分析应重点关注模型预测的关键区域，如最大应力集中区域，以及任何潜在的结构弱点。此外，比较模拟结果与实验数据或现有文献，以验证模型的准确性和可靠性。这一过程对于深入理解混凝土的细观行为、优化材料设计和改进结构性能具有重要意义。通过综合分析，可以为工程设计提供更加精确和实用的指导。

参考文献

[1] 周瑜亮，金浩. 基于骨料形态的细观混凝土建模与裂缝研究[J]. 华东交通大学学报，2020,37(3)：102－109.

[2] ZHOU Y L，JIN H，WANG B L. Modeling and mechanical influence of meso-scale concrete considering actual aggregate shapes[J]. Construction and Building Materials，2019：228.

[3] 金浩，周瑜亮. 基于骨料几何本征混凝土干缩开裂的三维细观研究[J]. 中国科学:技术科学，2022,52(8)：1233－1244.

[4] GARLAND M，HECKBERT P S. Surface simplification using quadric error metrics：proceedings of the SIGGRAPH97：The 24th international conference on computer graphics and interactive techniques[C]. New York：ACM Press，1997.

[5] 谢占宇，胥新伟. 新老混凝土粘结试件的受力数值模拟及分析[J]. 大连交通大学学报，2015,36(1)：64－67.

[6] 王宗敏. 不均质材料(混凝土)裂隙扩展及宏观计算强度与变形[D]. 北京:清华大学，1996.

[7] 孙立国，杜成斌，戴春霞. 大体积混凝土随机骨料数值模拟[J]. 河海大学学报(自然科学版)，2005(3)：291－295.

[8] 马怀发，芈书贞，陈厚群. 一种混凝土随机凸多边形骨料模型生成方法[J]. 中国水利水电科学研究院学报，2006(3)：196－201.

[9] RUAN X, LI Y, JIN Z, et al. Modeling method of concrete material at mesoscale with refined aggregate shapes based on image recognition [J]. Construction and Building Materials, 2019(204): 562－575.

第 3 章　几何本征骨料混凝土细观虚拟单元法模型

当采用上一章数字骨料生成单元时，需要根据数字骨料最小几何尺寸进行网格划分。数字骨料的复杂几何使得骨料内部存在大量的网格，这无疑增加了模型的计算规模。因此，在保证计算精度的前提下，如何有效减少骨料单元数量成为我们的关注点。

虚拟单元法（Virtual Element Method，VEM）是近年来提出的一种基于Galerkin框架的新型有限元方法[1]，由拟差分方法演化而来。它的基本思想是单元形函数不是显式的表达式，而是通过一个均匀分量和一个高阶分量来近似表达。因此，虚拟单元可以实现几何复杂的单元、悬挂节点单元、网格的自适应性等功能。目前，该方法被广泛用于各种实际问题中，如：小应变和有限应变静力问题[2-5]、非弹性材料问题[6-7]、断裂问题[8]、网格接触问题[6]、网格拓扑优化问题[9]，等等。

本章推导了数字骨料虚拟单元的刚度矩阵，通过对单元节点的更新实现有限单元和虚拟单元的转换，利用MATLAB编写了混凝土细观模型有限单元-虚拟单元耦合的计算程序，针对不同含量和粒径的骨料，对数值模型刚度矩阵的稳定性及计算效率进行了讨论。

3.1 虚拟单元法

3.1.1 弹性力学连续问题控制方程

以二维问题为例，将几何本征骨料混凝土细观模型中的数字骨料考虑为小应变的平面弹性体。该弹性体由开区域 $\Omega \subset \mathrm{R}^2$ 和边界 Γ 构成，$\Gamma = \Gamma_{\mathrm{N}} + \Gamma_{\mathrm{D}}$ 且 $\Gamma_{\mathrm{N}} \cap \Gamma_{\mathrm{D}} = \varnothing$，其中 Γ_{D} 为位移边界条件，Γ_{N} 为应力边界条件。一般情况下，弹性体承受分布的体力 $\boldsymbol{f}(x)$，其中 $x \in \mathrm{R}^2$ 表示二维空间中任意点的坐标。平面弹性静力问题的几何方程可表达为：

$$\boldsymbol{\varepsilon}(\boldsymbol{u}) = \boldsymbol{L}\boldsymbol{u} \tag{3.1}$$

物理方程可表达为：

$$\boldsymbol{\sigma} = \boldsymbol{D}\boldsymbol{\varepsilon} \tag{3.2}$$

平衡方程可表达为：

$$\boldsymbol{L}^{\mathrm{T}}\boldsymbol{\sigma} + \boldsymbol{f} = \boldsymbol{0} \tag{3.3}$$

式(3.1)～式(3.3)中：$\boldsymbol{u}$——位移向量；

$\boldsymbol{\varepsilon}$——应变向量；

$\boldsymbol{\sigma}$——应力向量；

$\boldsymbol{D}$——弹性刚度矩阵以及

$$\boldsymbol{L}=\begin{bmatrix}\partial_x & 0\\ 0 & \partial_y\\ \partial_y & \partial_x\end{bmatrix} \tag{3.4}$$

应力边界条件 Γ_{N} 和位移边界条件 Γ_{D} 表示为：

$$\begin{aligned}\boldsymbol{\sigma}\times\boldsymbol{n}=\boldsymbol{t}_0 \qquad & \text{on } \boldsymbol{\Gamma}_{\mathrm{N}}\\ \boldsymbol{u}=\boldsymbol{u}_0 \qquad & \text{on } \boldsymbol{\Gamma}_{\mathrm{D}}\end{aligned} \tag{3.5}$$

式中：$\boldsymbol{n}$——边界的外法向向量；

$\boldsymbol{u}_0$——在边界 Γ_{D} 上的已知位移；

$\boldsymbol{t}_0$——边界 Γ_{N} 上的面力。

根据虚功原理，可获得平衡方程的等效积分弱形式，求得位移 $\boldsymbol{u}(\boldsymbol{x})\in U=[H_0^1(\Omega)]^2$ 满足：

$$a(\boldsymbol{u},\boldsymbol{v})=l(\boldsymbol{v}) \qquad \forall\, \boldsymbol{v}(\boldsymbol{x})\in U \tag{3.6}$$

其中，$H_0^1(\Omega)$是定义在 Ω 上的一阶 Sobolev 空间，由具有平方可积一阶导数的平方可积标量函数组成并在边界上消失。 对称双线性形式 $a(\cdot,\cdot)$与体内储存的应变能有关，定义为：

$$a(\boldsymbol{u},\boldsymbol{v})=\int_{\Omega}\boldsymbol{\varepsilon}(\boldsymbol{v})^{\mathrm{T}}\boldsymbol{D}\boldsymbol{\varepsilon}(u)\mathrm{d}\Omega \tag{3.7}$$

线性泛函 $l(\cdot)$可与体力和面力的虚功相关联，定义为：

$$l(\boldsymbol{v})=\int_{\Omega}\boldsymbol{v}^{\mathrm{T}}\boldsymbol{f}\mathrm{d}\Omega+\int_{\Gamma_{\mathrm{N}}}\boldsymbol{v}^{\mathrm{T}}\boldsymbol{t}_0\mathrm{d}s \tag{3.8}$$

3.1.2　虚拟单元离散空间

为了获得式(3.6)边值问题弱形式的近似解，将求解域 Ω 细分为有限个非重叠单元 E 的集合 Ω_h，$E\in\Omega_h$，每个单元边界上的节点互相连接，内部互相不重叠。 离散域建立后，有限元近似函数空间记为 $U_h\subset U$。 对应 Galerkin 的变分问题是找到一个弱解使得 $\boldsymbol{u}_h\in U_h$ 满足：

$$a(\boldsymbol{u}_h,\boldsymbol{v}_h)=l(\boldsymbol{v}_h) \qquad \forall\, \boldsymbol{v}_h(\boldsymbol{x})\in U_h \tag{3.9}$$

式 (3.9) 两端可表示为不同单元的贡献和：

$$a(\boldsymbol{u}_h,\boldsymbol{v}_h)=\sum_{E\in\Omega_h}a_{\mathrm{E}}(\boldsymbol{u}_h,\boldsymbol{v}_h)=\sum_{E\in\Omega_h}\int_E\boldsymbol{\varepsilon}(\boldsymbol{v}_h)^{\mathrm{T}}\boldsymbol{D}\boldsymbol{\varepsilon}(\boldsymbol{u}_h)\mathrm{d}E \tag{3.10}$$

$$l(\boldsymbol{v}_h)=\sum_{E\in\Omega_E}l_E(\boldsymbol{v}_h)=\sum_{E\in\Omega_E}\int_E\boldsymbol{v}_h^T\boldsymbol{f}\,dE+\int_{E\Gamma_N}\boldsymbol{v}_h^T\boldsymbol{t}_0\,ds \tag{3.11}$$

考虑采用一阶虚拟单元法寻找式(3.6)问题的近似解，采用虚拟单元作为有限单元时，可以选择非常一般的单元形状，包括非凸单元和任意边数的单元，如图3.1所示。在每个单元E上定义单元顶点按逆时针排布的编号顺序为$V_i(i=1,\cdots,N_E)$，以及每两个顶点V_i和V_{i+1}之间的边为e_i。对于每个单元，允许位移的局部离散空间被定义如下[2]：

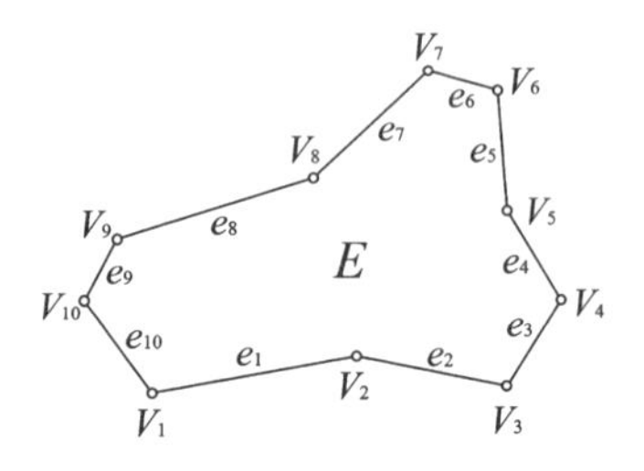

图3.1 任意形状的多边形单元

$$U_h(E)=\{\boldsymbol{u}_h\in[H^1(E)\cap C^0(E)]^2:\boldsymbol{u}_{h|\partial E}\in[C^0(\partial E)]^2,\boldsymbol{u}_{h|e}\in[P_1(e)]^2\} \tag{3.12}$$

式中：$P_1(e)$——在E上的一次多项式。全局离散空间U_h由全部的局部离散空间$U_h(E)$组成：

$$U_h=\{\boldsymbol{u}_h\in U\boldsymbol{u}_{h|E}\in U_h(E)\qquad\forall E\in\Omega_h\} \tag{3.13}$$

3.1.3 位移模式

与有限单元法类似，对于一阶虚拟单元法，单元的自由度即为单元节点上的值。单元位移场仍然可以由节点自由度及形函数表示，将$\boldsymbol{u}_h\in U_h(E)$由节点自由度表示：

$$\boldsymbol{u}_h=\boldsymbol{N}\boldsymbol{u} \tag{3.14}$$

其中

$$\boldsymbol{u}=[u_{x1}\quad u_{y1}\quad u_{x2}\quad u_{y2}\quad u_{x3}\quad u_{y3}\quad\cdots\quad u_{xN_E}\quad u_{yN_E}]^T \tag{3.15}$$

$$\boldsymbol{N}=\begin{bmatrix}\varphi_1&0&\varphi_2&0&\varphi_3&0&\cdots&\varphi_{N_E}&0\\0&\phi_1&0&\phi_2&0&\phi_3&0&\cdots&\phi_{N_E}\end{bmatrix} \tag{3.16}$$

形函数$\varphi_i,\phi_j\in U_h(E)$满足拉格朗日基函数的性质，即

$$\begin{cases}\varphi_j(u_{xi})=\delta_{ij}\\\phi_j(u_{yi})=\delta_{ij}\end{cases}\qquad i,j=1,\cdots,N_E \tag{3.17}$$

与传统有限单元法不同的是，虚拟单元法不要求形函数在整个单元上的显式表达。实际上，位移空间$U_h(E)$仅在单元边界上连续并有显式表达，且在单元的每条边上为线性多项式。由于位移模式在单元域上不可知，所以局部离散双线性形式无法采用与有限单元法一样的常规数值积分计算。为此，虚拟单元法利用多项式投影的近似计算来解决这一问题。

定义从离散空间 $U_h(E)$ 到多项式空间 $P_1(E)$ 的投影算子：

$$\Pi^{\nabla}:U_h(E)\rightarrow P_1(E) \tag{3.18}$$

形函数 $\varphi_i,\phi_i\in U_h(E)$ 可以表示为一个多项式投影项和一个余项的和：

$$\boldsymbol{N}=\Pi^{\nabla}\boldsymbol{N}+(\boldsymbol{N}-\Pi^{\nabla}\boldsymbol{N}) \tag{3.19}$$

其中

$$\Pi^{\nabla}\boldsymbol{N}=\begin{bmatrix}\Pi^{\nabla}\varphi_1 & 0 & \Pi^{\nabla}\varphi_2 & 0 & \cdots & \Pi^{\nabla}\varphi_{N_E} & 0\\ 0 & \Pi^{\nabla}\phi_1 & 0 & \Pi^{\nabla}\phi_2 & 0 & \cdots & \Pi^{\nabla}\phi_{N_E}\end{bmatrix} \tag{3.20}$$

定义单元 E 上的一次比例单项式空间：

$$\boldsymbol{\lambda}_{\mathrm{E}}=\left\{\lambda_1(x,y)=1,\lambda_2(x,y)=\frac{x-x_{\mathrm{E}}}{h_{\mathrm{E}}},\lambda_3(x,y)=\frac{y-y_{\mathrm{E}}}{h_{\mathrm{E}}}\right\} \tag{3.21}$$

式中：x_{E} 和 y_{E}——单元 E 在标准笛卡儿坐标系中的质心坐标；

h_{E}——单元的直径。

对于形函数 $\varphi_i,\phi_i\in U_h(E)$，每个 $\Pi^{\nabla}\varphi_i$ 和 $\Pi^{\nabla}\phi_i$ 定义为一次多项式函数：

$$\begin{cases}\Pi^{\nabla}\varphi_i=\sum\limits_{\alpha=1}^{3}s_{\alpha}^{\varphi_i}\lambda_{\alpha}\\ \Pi^{\nabla}\phi_i=\sum\limits_{\alpha=1}^{3}s_{\alpha}^{\phi_i}\lambda_{\alpha}\end{cases}\qquad i=1,\cdots,N_{\mathrm{E}} \tag{3.22}$$

单元位移 $\boldsymbol{u}_h\in U_h(E)$ 在多项式空间 $P_1(E)$ 上可近似表示为：

$$\Pi^{\nabla}\boldsymbol{u}_h=\Pi^{\nabla}\boldsymbol{N}\boldsymbol{u} \tag{3.23}$$

为了表达 $\Pi^{\nabla}\boldsymbol{u}_h$ 对 $\boldsymbol{u}_h$ 的最佳近似，以便得到近似多项式函数的系数，定义如下的正交性条件：

$$(\nabla\boldsymbol{p}_1,\nabla(\Pi^{\nabla}\boldsymbol{u}_h,\boldsymbol{u}_h))=0\qquad\forall\,\boldsymbol{p}_1\in P_1(E) \tag{3.24}$$

式(3.24)表明了平面弹性问题中多项式应变与真实应变的逼近。

由于 $\Pi^{\nabla}\boldsymbol{u}_h$ 和 $\boldsymbol{p}_1$ 含常数项，在应用式(3.23)时无法计算投影项的常系数，因此定义从离散空间 $U_h(E)$ 到多项式空间 $P_0(E)$ 的投影算子 $P_0:U_h(E)\rightarrow P_0(E)$，则

$$P_0\boldsymbol{u}_h=\frac{1}{N_E}\sum_{i=1}^{N_E}\boldsymbol{u}_h(\boldsymbol{x}_i) \tag{3.25}$$

令 $\boldsymbol{p}_1\in\boldsymbol{\lambda}_E$，将式(3.14)、式(3.21)、式(3.22)代入式(3.23)，展开得到矩阵形式：

$$\boldsymbol{GS}=\boldsymbol{M} \tag{3.26}$$

其中

$$
\boldsymbol{G}=\begin{bmatrix}
P_0\lambda_1 & 0 & P_0\lambda_2 & 0 & P_0\lambda_3 & 0 \\
0 & P_0\lambda_1 & 0 & P_0\lambda_2 & 0 & P_0\lambda_3 \\
(\nabla\lambda_2,\nabla\lambda_1) & 0 & (\nabla\lambda_2,\nabla\lambda_2) & 0 & (\nabla\lambda_2,\nabla\lambda_3) & 0 \\
0 & (\nabla\lambda_2,\nabla\lambda_1) & 0 & (\nabla\lambda_2,\nabla\lambda_2) & 0 & (\nabla\lambda_2,\nabla\lambda_3) \\
(\nabla\lambda_3,\nabla\lambda_1) & 0 & (\nabla\lambda_3,\nabla\lambda_2) & 0 & (\nabla\lambda_3,\nabla\lambda_3) & 0 \\
0 & (\nabla\lambda_3,\nabla\lambda_1) & 0 & (\nabla\lambda_3,\nabla\lambda_2) & 0 & (\nabla\lambda_3,\nabla\lambda_3)
\end{bmatrix} \tag{3.27}
$$

$$
\boldsymbol{S}=\begin{bmatrix}
s_1^{\varphi_1} & 0 & s_1^{\varphi_2} & 0 & \cdots & s_1^{\varphi_{N_E}} & 0 \\
0 & s_1^{\varphi_1} & 0 & s_1^{\varphi_2} & \cdots & 0 & s_1^{\varphi_{N_E}} \\
s_2^{\varphi_1} & 0 & s_2^{\varphi_2} & 0 & \cdots & s_2^{\varphi_{N_E}} & 0 \\
0 & s_2^{\varphi_1} & 0 & s_2^{\varphi_2} & \cdots & 0 & s_2^{\varphi_{N_E}} \\
s_3^{\varphi_1} & 0 & s_3^{\varphi_2} & 0 & \cdots & s_3^{\varphi_{N_E}} & 0 \\
0 & s_3^{\varphi_1} & 0 & s_3^{\varphi_2} & \cdots & 0 & s_3^{\varphi_{N_E}}
\end{bmatrix} \tag{3.28}
$$

$$
\boldsymbol{M}=\begin{bmatrix}
P_0\varphi_1 & 0 & \cdots & P_0\varphi_{N_E} & 0 \\
0 & P_0\varphi_1 & \cdots & 0 & P_0\varphi_{N_E} \\
(\nabla\lambda_2,\nabla\varphi_1) & 0 & \cdots & (\nabla\lambda_2,\nabla\varphi_{N_E}) & 0 \\
0 & (\nabla\lambda_2,\nabla\varphi_1) & \cdots & 0 & (\nabla\lambda_2,\nabla\varphi_{N_E}) \\
(\nabla\lambda_3,\nabla\varphi_1) & 0 & \cdots & (\nabla\lambda_3,\nabla\varphi_{N_E}) & 0 \\
0 & (\nabla\lambda_3,\nabla\varphi_1) & \cdots & 0 & (\nabla\lambda_3,\nabla\varphi_{N_E})
\end{bmatrix} \tag{3.29}
$$

由于矩阵 $\boldsymbol{G}$ 中的变量由定义在单项式空间 $\boldsymbol{\lambda}_E$ 的基函数构成，所以矩阵 $\boldsymbol{G}$ 的积分是可以计算的，且由于基函数的特殊定义，矩阵 $\boldsymbol{G}$ 可以表达为较为简洁的形式：

$$
\boldsymbol{G}=
\begin{bmatrix}
1 & 0 & \dfrac{\sum_{j=1}^{N_E}(x-x_E)}{N_E h_E} & 0 & \dfrac{\sum_{j=1}^{N_E}(y-y_E)}{N_E h_E} & 0 \\
0 & 1 & 0 & \dfrac{\sum_{j=1}^{N_E}(x-x_E)}{N_E h_E} & 0 & \dfrac{\sum_{j=1}^{N_E}(y-y_E)}{N_E h_E} \\
\int_E \dfrac{\partial\lambda_2}{\partial x}\cdot\dfrac{\partial\lambda_1}{\partial x}\mathrm{d}E & 0 & \int_E \dfrac{\partial\lambda_2}{\partial x}\cdot\dfrac{\partial\lambda_2}{\partial x}\mathrm{d}E & 0 & \int_E \dfrac{\partial\lambda_3}{\partial y}\cdot\dfrac{\partial\lambda_2}{\partial y}\mathrm{d}E & 0 \\
0 & \int_E \dfrac{\partial\lambda_2}{\partial x}\cdot\dfrac{\partial\lambda_1}{\partial x}\mathrm{d}E & 0 & \int_E \dfrac{\partial\lambda_2}{\partial x}\cdot\dfrac{\partial\lambda_2}{\partial x}\mathrm{d}E & 0 & \int_E \dfrac{\partial\lambda_3}{\partial y}\cdot\dfrac{\partial\lambda_2}{\partial y}\mathrm{d}E \\
\int_E \dfrac{\partial\lambda_3}{\partial y}\cdot\dfrac{\partial\lambda_1}{\partial y}\mathrm{d}E & 0 & \int_E \dfrac{\partial\lambda_2}{\partial x}\cdot\dfrac{\partial\lambda_3}{\partial x}\mathrm{d}E & 0 & \int_E \dfrac{\partial\lambda_3}{\partial y}\cdot\dfrac{\partial\lambda_3}{\partial y}\mathrm{d}E & 0 \\
0 & \int_E \dfrac{\partial\lambda_3}{\partial y}\cdot\dfrac{\partial\lambda_1}{\partial y}\mathrm{d}E & 0 & \int_E \dfrac{\partial\lambda_2}{\partial x}\cdot\dfrac{\partial\lambda_3}{\partial x}\mathrm{d}E & 0 & \int_E \dfrac{\partial\lambda_3}{\partial y}\cdot\dfrac{\partial\lambda_3}{\partial y}\mathrm{d}E
\end{bmatrix}
$$

$$
=\begin{bmatrix}
1 & 0 & 0 & 0 & 0 & 0 \\
0 & 1 & 0 & 0 & 0 & 0 \\
0 & 0 & \dfrac{|E|}{h_E^2} & 0 & 0 & 0 \\
0 & 0 & 0 & \dfrac{|E|}{h_E^2} & 0 & 0 \\
0 & 0 & 0 & 0 & \dfrac{|E|}{h_E^2} & 0 \\
0 & 0 & 0 & 0 & 0 & \dfrac{|E|}{h_E^2}
\end{bmatrix} \tag{3.30}
$$

其中，$P_0\lambda_1=1, P_0\lambda_2=\dfrac{\sum_{j=1}^{N_E}(x-x_E)}{N_E h_E}$ 和 $P_0\lambda_3=\dfrac{\sum_{j=1}^{N_E}(y-y_E)}{N_E h_E}$ 由于单项式质心选取了单元节点坐标的平均，所以这两项为 0。

对于矩阵 $\boldsymbol{M}$，对其中积分项采用高斯公式进行变换，将函数在面域上的积分转化为边界积分，仅凭借虚拟单元边界上的条件即可计算矩阵 $\boldsymbol{M}$：

$$
\boldsymbol{M}=\begin{bmatrix}
\dfrac{\sum_{j=1}^{N_E}\varphi_1(x_j)}{N_E} & 0 & \cdots & \dfrac{\sum_{j=1}^{N_E}\varphi_{N_E}(x_j)}{N_E} & 0 \\
0 & \dfrac{\sum_{j=1}^{N_E}\varphi_1(x_j)}{N_E} & \cdots & 0 & \dfrac{\sum_{j=1}^{N_E}\varphi_{N_E}(x_j)}{N_E} \\
\int_E \dfrac{\partial\lambda_2}{\partial x}\cdot\dfrac{\partial\varphi_1}{\partial x}\mathrm{d}E & 0 & \cdots & \int_E \dfrac{\partial\lambda_2}{\partial x}\cdot\dfrac{\partial\varphi_{N_E}}{\partial x}\mathrm{d}E & 0 \\
0 & \int_E \dfrac{\partial\lambda_2}{\partial x}\cdot\dfrac{\partial\varphi_1}{\partial x}\mathrm{d}E & \cdots & 0 & \int_E \dfrac{\partial\lambda_2}{\partial x}\cdot\dfrac{\partial\varphi_{N_E}}{\partial x}\mathrm{d}E \\
\int_E \dfrac{\partial\lambda_3}{\partial y}\cdot\dfrac{\partial\varphi_1}{\partial y}\mathrm{d}E & 0 & \cdots & \int_E \dfrac{\partial\lambda_3}{\partial y}\cdot\dfrac{\partial\varphi_{N_E}}{\partial y}\mathrm{d}E & 0 \\
0 & \int_E \dfrac{\partial\lambda_3}{\partial y}\cdot\dfrac{\partial\varphi_1}{\partial y}\mathrm{d}E & \cdots & 0 & \int_E \dfrac{\partial\lambda_3}{\partial y}\cdot\dfrac{\partial\varphi_{N_E}}{\partial y}\mathrm{d}E
\end{bmatrix}
$$

$$
=\begin{bmatrix}
\frac{1}{N_{\mathrm{E}}} & 0 & \cdots & \frac{1}{N_{\mathrm{E}}} & 0 \\
0 & \frac{1}{N_{\mathrm{E}}} & \cdots & 0 & \frac{1}{N_{\mathrm{E}}} \\
\frac{1}{h_{\mathrm{E}}}\int_{\Gamma} n_x \varphi_1 \mathrm{d}\Gamma & 0 & \cdots & \frac{1}{h_{\mathrm{E}}}\int_{\Gamma} n_x \varphi_{N_{\mathrm{E}}} \mathrm{d}\Gamma & 0 \\
0 & \frac{1}{h_{\mathrm{E}}}\int_{\Gamma} n_x \varphi_1 \mathrm{d}\Gamma & \cdots & 0 & \frac{1}{h_{\mathrm{E}}}\int_{\Gamma} n_x \varphi_{N_{\mathrm{E}}} \mathrm{d}\Gamma \\
\frac{1}{h_{\mathrm{E}}}\int_{\Gamma} n_y \varphi_1 \mathrm{d}\Gamma & 0 & \cdots & \frac{1}{h_{\mathrm{E}}}\int_{\Gamma} n_y \varphi_{N_{\mathrm{E}}} \mathrm{d}\Gamma & 0 \\
0 & \frac{1}{h_{\mathrm{E}}}\int_{\Gamma} n_y \varphi_1 \mathrm{d}\Gamma & \cdots & 0 & \frac{1}{h_{\mathrm{E}}}\int_{\Gamma} n_y \varphi_{N_{\mathrm{E}}} \mathrm{d}\Gamma
\end{bmatrix} \tag{3.31}
$$

考虑到式(3.31)中形函数 φ_i 和 ϕ_i 在边界上为线性多项式，且满足式(3.17)拉格朗日基函数的性质，如图 3.2 所示。因此，φ_i 和 ϕ_i 的确切函数不需要进入积分的计算，式(3.31)的每个系数可由式(3.32)计算[6]：

$$
\begin{aligned}
\int_{\Gamma} n_x \varphi_i \mathrm{d}\Gamma &= \sum_{j=1}^{N_{\mathrm{E}}} \int_{\Gamma_j} n_{x_j} \varphi_i \mathrm{d}\Gamma \\
&= \int_{\Gamma_{i-1}} n_{x_{i-1}} \varphi_i \mathrm{d}\Gamma + \int_{\Gamma_i} n_{x_i} \varphi_i \mathrm{d}\Gamma \\
&= \frac{1}{2} |e_{i-1}| n_{x_{i-1}} + \frac{1}{2} |e_i| n_{x_i}
\end{aligned} \tag{3.32}
$$

式中：n_{x_i} 和 n_{y_i}——单元第 i 条边向外法向量的坐标，按式(3.33)计算：

$$
\begin{cases}
n_{x_i} = \dfrac{1}{|e_i|}(y_{i+1} - y_i) \\
n_{y_i} = \dfrac{1}{|e_i|}(x_i - x_{i+1})
\end{cases} \tag{3.33}
$$

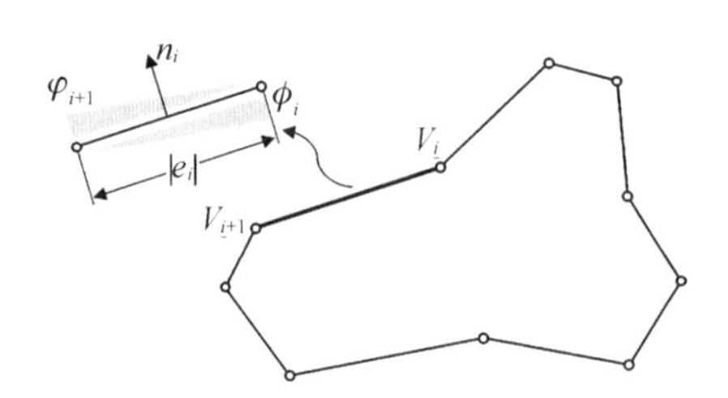

图 3.2　虚拟单元形函数边界性质

记 $|e_{i-1}|n_{x_{i-1}}+|e_i|n_{x_i}=d_{x_i}^{\perp}$，可计算式(3.31)矩阵 $\boldsymbol{M}$ 的具体形式：

$$\boldsymbol{M}=\begin{bmatrix} \frac{1}{N_{\mathrm{E}}} & 0 & \cdots & \frac{1}{N_{\mathrm{E}}} & 0 \\ 0 & \frac{1}{N_{\mathrm{E}}} & \cdots & 0 & \frac{1}{N_{\mathrm{E}}} \\ \frac{1}{2h_{\mathrm{E}}}d_{x_1}^{\perp} & 0 & \cdots & \frac{1}{2h_{\mathrm{E}}}d_{xN_{\mathrm{E}}}^{\perp} & 0 \\ 0 & \frac{1}{2h_{\mathrm{E}}}d_{x_1}^{\perp} & \cdots & 0 & \frac{1}{2h_{\mathrm{E}}}d_{xN_{\mathrm{E}}}^{\perp} \\ \frac{1}{2h_{\mathrm{E}}}d_{y_1}^{\perp} & 0 & \cdots & \frac{1}{2h_{\mathrm{E}}}d_{yN_{\mathrm{E}}}^{\perp} & 0 \\ 0 & \frac{1}{2h_{\mathrm{E}}}d_{y_1}^{\perp} & \cdots & 0 & \frac{1}{2h_{\mathrm{E}}}d_{yN_{\mathrm{E}}}^{\perp} \end{bmatrix} \tag{3.34}$$

由此，借助矩阵 $\boldsymbol{G}$ 和矩阵 $\boldsymbol{M}$ 可计算形函数 φ_i 和 ϕ_i 在多项式空间投影函数 $\Pi^{\nabla}\varphi_i$ 和 $\Pi^{\nabla}\phi_i$ 的系数矩阵 $\boldsymbol{S}$：

$$\boldsymbol{S}=\boldsymbol{G}^{-1}\boldsymbol{M} \tag{3.35}$$

上述计算中，涉及的单元形心 x_E、y_E，直径 h_E 和面积 $|E|$ 的计算，由下列公式进行计算：

$$x_{\mathrm{E}}=\frac{1}{N_{\mathrm{E}}}\sum_{i=1}^{N_{\mathrm{E}}}x_i \qquad y_{\mathrm{E}}=\frac{1}{N_{\mathrm{E}}}\sum_{i=1}^{N_{\mathrm{E}}}y_i \tag{3.36}$$

$$h_{\mathrm{E}}=\max\left(\sqrt{(x_i-x_j)^2+(y_i-y_j)^2}\right) \qquad i,j=1,\cdots,N_{\mathrm{E}} \tag{3.37}$$

$$|E|=\frac{1}{2}\left|\sum_{i=1}^{N_{\mathrm{E}}}(x_i y_{i+1}-x_{i+1}y_i)\right| \tag{3.38}$$

3.1.4　单元刚度矩阵

在虚拟单元法中，对称双线性形式 $a(\cdot,\cdot)$ 满足一致性和稳定性的特性，对于单元 E 上的 $\boldsymbol{u}_h,\boldsymbol{v}_h\in V_h$，有

$$a_{\mathrm{E}}(\boldsymbol{u}_h,\boldsymbol{v}_h)=a_E(\Pi^{\nabla}\boldsymbol{u}_h,\Pi^{\nabla}\boldsymbol{v}_h)+s_{\mathrm{E}}(\boldsymbol{u}_h,\boldsymbol{v}_h) \tag{3.39}$$

式(3.39)右端第一项称为一致项，保证了原问题的解是符合精确解的离散问题的解，该项除使用了投影算子，其他与标准有限元过程得到的形式一致。利用式(3.4)、式(3.10)、式(3.23)，一致项可表示为：

$$
\begin{aligned}
a_{\mathrm{E}}(\Pi^{\nabla}\boldsymbol{u}_h,\Pi^{\nabla}\boldsymbol{v}_h) &= \int_E (\boldsymbol{L}\Pi^{\nabla}\boldsymbol{N}\boldsymbol{v})^{\mathrm{T}}\boldsymbol{D}(\boldsymbol{L}\Pi^{\nabla}\boldsymbol{N}\boldsymbol{u})\,\mathrm{d}E \\
&= \boldsymbol{v}^{\mathrm{T}}\left[\int_E (\boldsymbol{L}\Pi^{\nabla}\boldsymbol{N})^{\mathrm{T}}\boldsymbol{D}(\boldsymbol{L}\Pi^{\nabla}\boldsymbol{N})\,\mathrm{d}E\right]\boldsymbol{u} \\
&= \boldsymbol{v}^{\mathrm{T}}\left[\int_E \boldsymbol{B}^{\mathrm{T}}\boldsymbol{D}\boldsymbol{B}\,\mathrm{d}E\right]\boldsymbol{u} \\
&= \boldsymbol{v}^{\mathrm{T}}\boldsymbol{K}_{\mathrm{E}}^{c}\boldsymbol{u}
\end{aligned} \tag{3.40}
$$

则一致项的单元刚度矩阵为：

$$
\boldsymbol{K}_{\mathrm{E}}^{c} = \int_E \boldsymbol{B}^{\mathrm{T}}\boldsymbol{D}\boldsymbol{B}\,\mathrm{d}E = |E|\boldsymbol{B}^{\mathrm{T}}\boldsymbol{D}\boldsymbol{B} \tag{3.41}
$$

式中：$\boldsymbol{D}$——弹性矩阵，当为平面应力问题时：

$$
\boldsymbol{D} = \frac{E}{1-\mu^2}\begin{bmatrix} 1 & \mu & 0 \\ \mu & 1 & 0 \\ 0 & 0 & \dfrac{1-\mu}{2} \end{bmatrix} \tag{3.42}
$$

式中：μ——泊松比。

当为平面应变问题时：

$$
\boldsymbol{D} = \frac{E}{(1+\mu)(1-2\mu)}\begin{bmatrix} 1-\mu & \mu & 0 \\ \mu & 1-\mu & 0 \\ 0 & 0 & \dfrac{1-2\mu}{2} \end{bmatrix} \tag{3.43}
$$

$\boldsymbol{B}$ 为几何矩阵，将式(3.4)和式(3.19)代入得到：

$$
\begin{aligned}
\boldsymbol{B} &= \boldsymbol{L}\Pi^{\nabla}\boldsymbol{N} \\
&= \begin{bmatrix} \partial_x & 0 \\ 0 & \partial_y \\ \partial_y & \partial_x \end{bmatrix}\begin{bmatrix} \Pi^{\nabla}\varphi_1 & 0 & \cdots & \Pi^{\nabla}\varphi_{N_{\mathrm{E}}} & 0 \\ 0 & \Pi^{\nabla}\varphi_1 & \cdots & 0 & \Pi^{\nabla}\varphi_{N_{\mathrm{E}}} \end{bmatrix} \\
&= \begin{bmatrix} \dfrac{\partial(\Pi^{\nabla}\varphi_1)}{\partial x} & 0 & \cdots & \dfrac{\partial(\Pi^{\nabla}\varphi_{N_{\mathrm{E}}})}{\partial x} & 0 \\ 0 & \dfrac{\partial(\Pi^{\nabla}\varphi_1)}{\partial y} & \cdots & 0 & \dfrac{\partial(\Pi^{\nabla}\varphi_{N_{\mathrm{E}}})}{\partial y} \\ \dfrac{\partial(\Pi^{\nabla}\varphi_1)}{\partial y} & \dfrac{\partial(\Pi^{\nabla}\varphi_1)}{\partial x} & \cdots & \dfrac{\partial(\Pi^{\nabla}\varphi_{N_{\mathrm{E}}})}{\partial y} & \dfrac{\partial(\Pi^{\nabla}\varphi_{N_{\mathrm{E}}})}{\partial x} \end{bmatrix}
\end{aligned}
$$

$$
=\begin{bmatrix}
\dfrac{\partial\left(\sum\limits_{\alpha=1}^{3} s_{\alpha}^{\varphi_1}\lambda_{\alpha}\right)}{\partial x} & 0 & \cdots & \dfrac{\partial\left(\sum\limits_{\alpha=1}^{3} s_{\alpha}^{\varphi_{N_{\mathrm{E}}}}\lambda_{\alpha}\right)}{\partial x} & 0 \\
0 & \dfrac{\partial\left(\sum\limits_{\alpha=1}^{3} s_{\alpha}^{\varphi_1}\lambda_{\alpha}\right)}{\partial y} & \cdots & 0 & \dfrac{\partial\left(\sum\limits_{\alpha=1}^{3} s_{\alpha}^{\varphi_{N_{\mathrm{E}}}}\lambda_{\alpha}\right)}{\partial y} \\
\dfrac{\partial\left(\sum\limits_{\alpha=1}^{3} s_{\alpha}^{\varphi_1}\lambda_{\alpha}\right)}{\partial y} & \dfrac{\partial\left(\sum\limits_{\alpha=1}^{3} s_{\alpha}^{\varphi_1}\lambda_{\alpha}\right)}{\partial x} & \cdots & \dfrac{\partial\left(\sum\limits_{\alpha=1}^{3} s_{\alpha}^{\varphi_{N_{\mathrm{E}}}}\lambda_{\alpha}\right)}{\partial y} & \dfrac{\partial\left(\sum\limits_{\alpha=1}^{3} s_{\alpha}^{\varphi_{N_{\mathrm{E}}}}\lambda_{\alpha}\right)}{\partial x}
\end{bmatrix}
$$

$$
=\frac{1}{h_{\mathrm{E}}}\begin{bmatrix}
s_2^{\varphi_1} & 0 & \cdots & s_2^{\varphi_{N_{\mathrm{E}}}} & 0 \\
0 & s_3^{\varphi_1} & \cdots & 0 & s_3^{\varphi_{N_{\mathrm{E}}}} \\
s_3^{\varphi_1} & s_2^{\varphi_1} & \cdots & s_3^{\varphi_{N_{\mathrm{E}}}} & s_2^{\varphi_{N_{\mathrm{E}}}}
\end{bmatrix} \tag{3.44}
$$

由式(3.44)可见，几何矩阵 $\boldsymbol{B}$ 中的元素为常量，表明单元常应变的特性，矩阵 $\boldsymbol{B}$ 可以通过系数矩阵 $\boldsymbol{S}$ 的变换得到：

$$
\boldsymbol{B}=\boldsymbol{T}\boldsymbol{S} \tag{3.45}
$$

其中

$$
\boldsymbol{T}=\frac{1}{h_{\mathrm{E}}}\begin{bmatrix}
0 & 0 & 1 & 0 & 0 & 0 \\
0 & 0 & 0 & 0 & 0 & 1 \\
0 & 0 & 0 & 1 & 1 & 0
\end{bmatrix} \tag{3.46}
$$

式(3.39)的第二项称为稳定项，稳定项可以保证单元刚度矩阵具有正常的秩。从能量的角度来看，稳定项保证了单元离散能量形式的正值(常数项给予零能量)[10]。稳定项仍然可以写成矩阵的形式如下：

$$
s_{\mathrm{E}}(\boldsymbol{u}_h,\boldsymbol{v}_h)=\boldsymbol{v}^{\mathrm{T}}\boldsymbol{K}_{\mathrm{E}}^{s}\boldsymbol{u} \tag{3.47}
$$

式中：$\boldsymbol{K}_{\mathrm{E}}^{s}$——给予单元刚度矩阵稳定项，可以估计为[5]：

$$
\boldsymbol{K}_{\mathrm{E}}^{s}=(\boldsymbol{I}-\boldsymbol{\Pi})^{\mathrm{T}}\rho(\boldsymbol{I}-\boldsymbol{\Pi}) \tag{3.48}
$$

式中：$\boldsymbol{I}\in R^{2m\times 2m}$——单位矩阵；

$\boldsymbol{\Pi}$——矩阵投影算子。

可以写为：

$$
\boldsymbol{\Pi}=\boldsymbol{P}\boldsymbol{S} \tag{3.49}
$$

其中

$$\boldsymbol{P}=\begin{bmatrix} \lambda_1(x_1) & 0 & \lambda_2(x_1) & 0 & \lambda_3(x_1) & 0 \\ 0 & \lambda_1(x_1) & 0 & \lambda_2(x_1) & 0 & \lambda_3(x_1) \\ \vdots & \vdots & \vdots & \vdots & \vdots & \vdots \\ \lambda_1(x_{N_E}) & 0 & \lambda_2(x_{N_E}) & 0 & \lambda_3(x_{N_E}) & 0 \\ 0 & \lambda_1(x_{N_E}) & 0 & \lambda_2(x_{N_E}) & 0 & \lambda_3(x_{N_E}) \end{bmatrix} \tag{3.50}$$

其中，$\rho=\alpha\,\mathrm{tr}(\boldsymbol{K}_E^c)$，用以考虑单元尺寸和材料常数后稳定项的比例系数矩阵；α 是一个常数；tr(·)是矩阵的迹算子。

综上，单元刚度矩阵 $\boldsymbol{K}_E$ 可以通过一致项和稳定项刚度矩阵的和得到：

$$\boldsymbol{K}_E=\boldsymbol{K}_E^c+\boldsymbol{K}_E^s=|E|\boldsymbol{B}^T\boldsymbol{D}\boldsymbol{B}+(\boldsymbol{I}-\boldsymbol{\Pi})^T\rho(\boldsymbol{I}-\boldsymbol{\Pi}) \tag{3.51}$$

虚拟单元的总体刚度矩阵组装过程与有限单元法一致，根据节点号将单元刚度矩阵中对应的刚度项叠加到对应自由度的位置即可[11]。

3.2 虚拟单元法和有限单元法的计算对比

相比于有限单元法，虚拟单元法能够适应几何形状更为复杂的单元，使得网格划分更加灵活。然而，在根据几何模型选择单元类型进行划分时，计算结果收敛性和精度也非常值得关心。本节通过一个简单的线弹性算例对虚拟单元法和有限单元法的收敛性和精度进行讨论，以助于后续研究中单元类型的选择。

考虑一个单位厚度的悬臂梁，长 $L=8$ m，高 $D=4$ m，梁左端为固定端，右端承受抛物线形式的分布荷载 $P=-1\,000$ N · m，如图 3.3 所示。

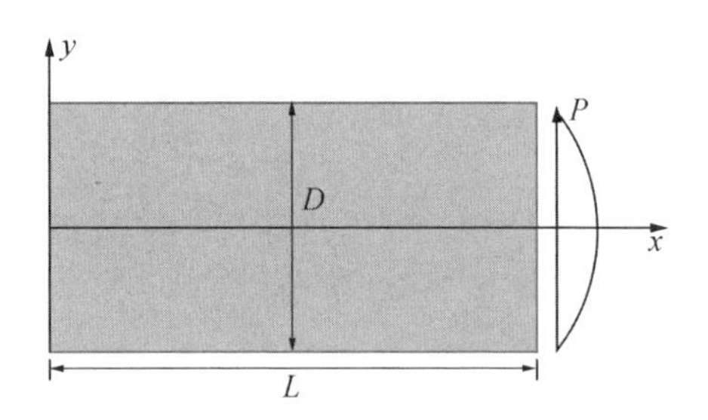

图 3.3　悬臂梁几何模型及边界条件

假定梁为平面应变状态，根据 Timoshenko 给出的分析方法[12]，平面应变条件下悬臂梁的位移理论解为：

$$\begin{cases} u_x=-\dfrac{Py}{6\bar{E}I}\left[(6L-3x)x+(2+\bar{\mu})y^2-\dfrac{3D^2}{2}(1+\bar{\mu})\right] \\ u_y=\dfrac{P}{6\bar{E}I}\left[3\bar{\mu}y^2(L-x)+(3L-x)x^2\right] \end{cases} \tag{3.52}$$

其中，$\bar{E}=E/(1-\mu^2)$，$\bar{\mu}=\mu/(1-\mu)$，截面惯性矩 $I=D^3/12$，设定杨氏模量 $E=$

1×10^7 Pa、泊松比 $\mu=0.3$。

对图 3.3 中的几何模型利用三种不同类型的单元进行离散，分别为 Voronoi 多边形单元、四边形单元和三角形单元，如图 3.4 所示。其中 Voronoi 多边形单元网格利用虚拟单元法进行计算，三角形单元和四边形单元分别利用虚拟单元法和有限单元法进行计算。同时，对每种单元类型的网格选取不同网格精度。

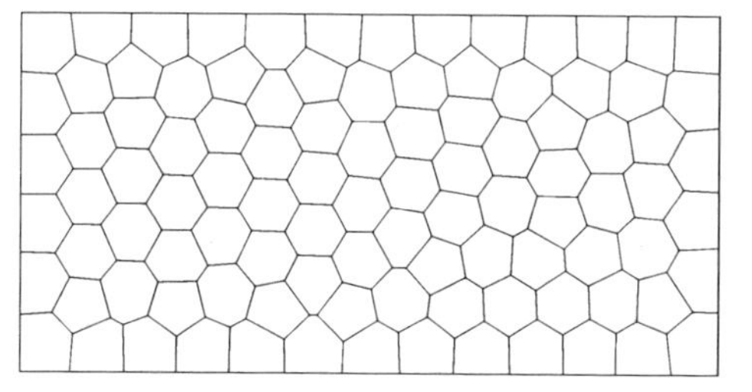

（a）Voronoi 多边形单元

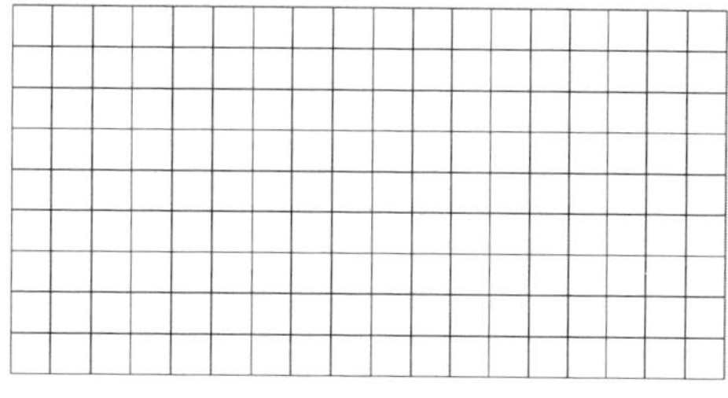

（b）四边形单元

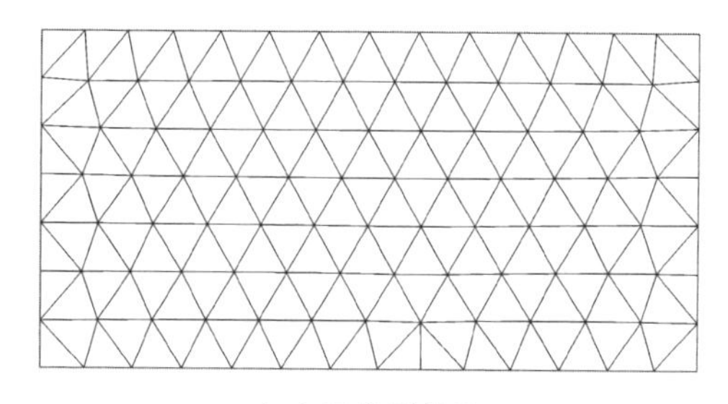

（c）三角形单元

图 3.4　不同单元类型网格

图 3.5 所示为三种网格类型通过虚拟单元法计算得到的悬臂梁位移场，单元位移采取了单元节点插值表示，不同网格均能保持较好的位移形态，说明虚拟单元法对不同形状单元具有兼容性。

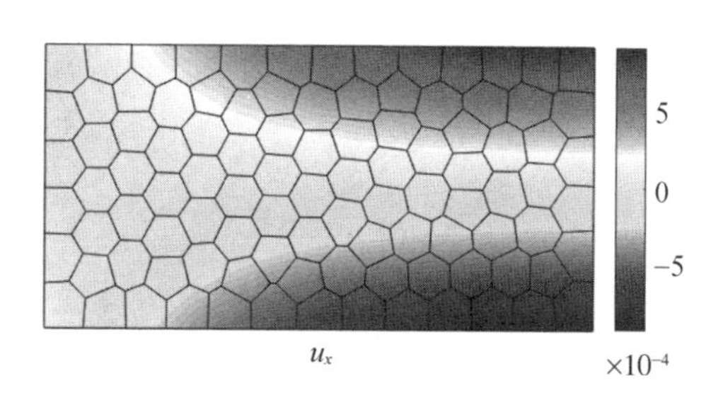

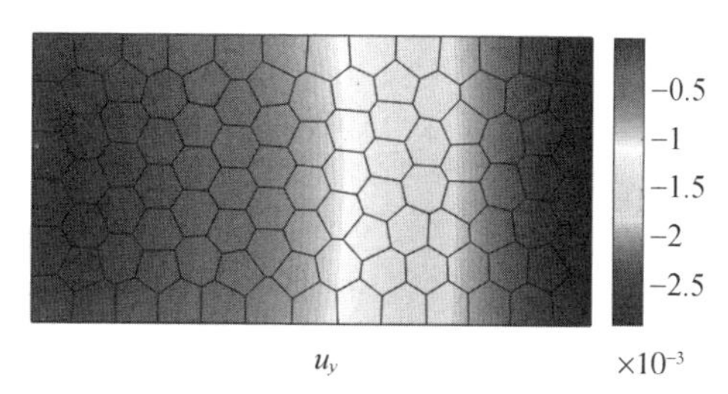

（a）Voronoi 网格（404 个自由度）

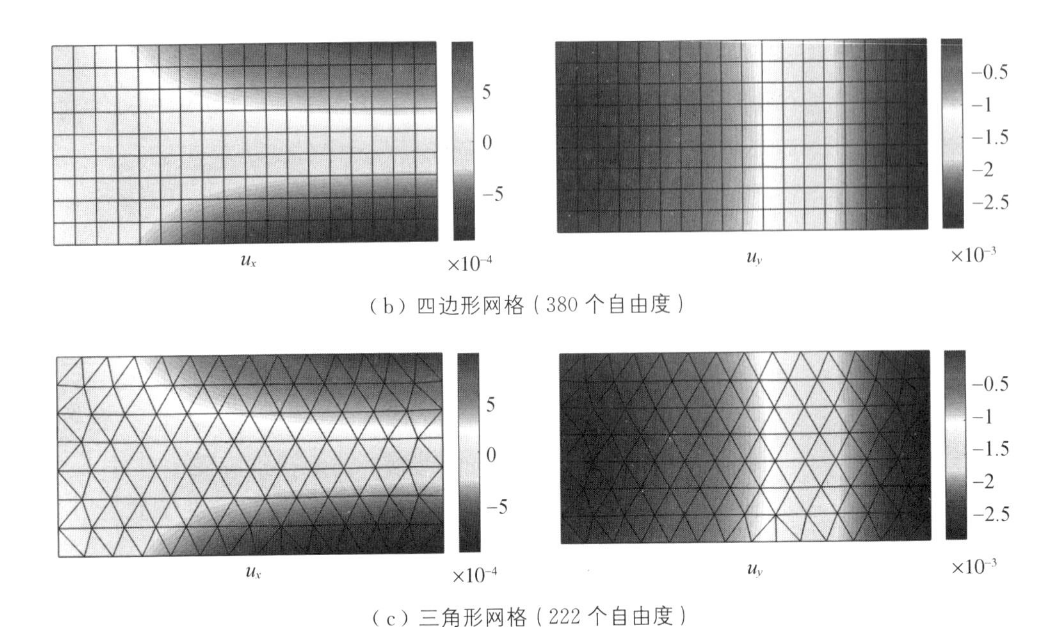

（b）四边形网格（380 个自由度）

（c）三角形网格（222 个自由度）

图 3.5　不同网格的悬臂梁位移场（VEM 解）

同时，利用虚拟单元法对三种网格类型不同精度进行计算，其中 Voronoi 网格自由度从 202 增加到 12 004、四边形网格自由度从 182 增加到 13 340、三角形网格自由度从 222 增加到 11 662。提取悬臂梁中轴 x 方向竖向位移进行对比，如图 3.6 所示，其中红色曲线表示悬臂梁的理论解位移，可知不同精度的网格随着自由度数量的增加，趋近于理论解，表明虚拟单元法对不同网格类型的计算收敛性较好。

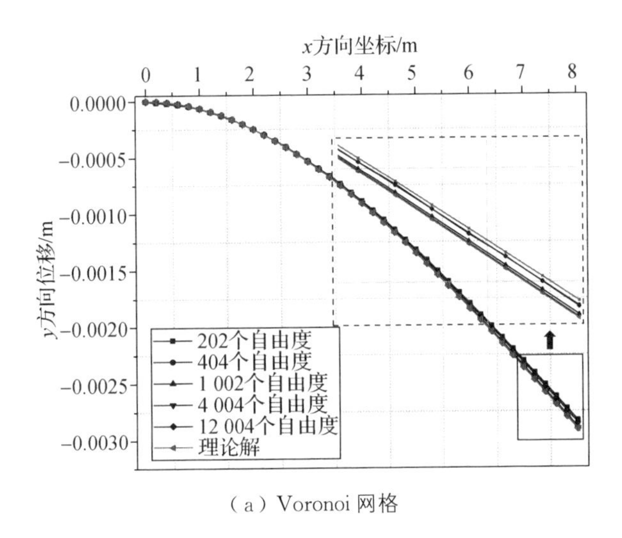

（a）Voronoi 网格

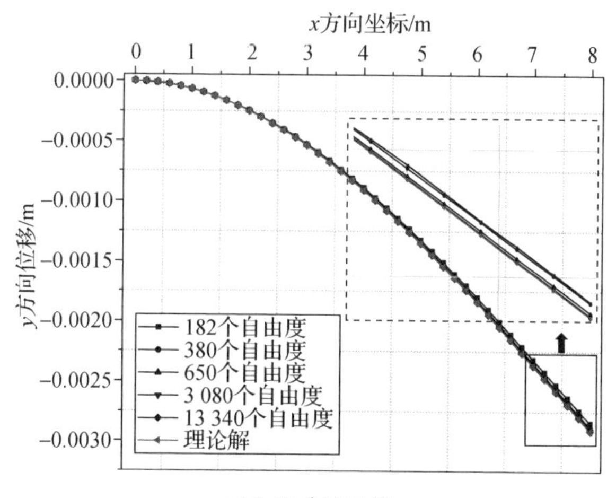

（b）四边形网格

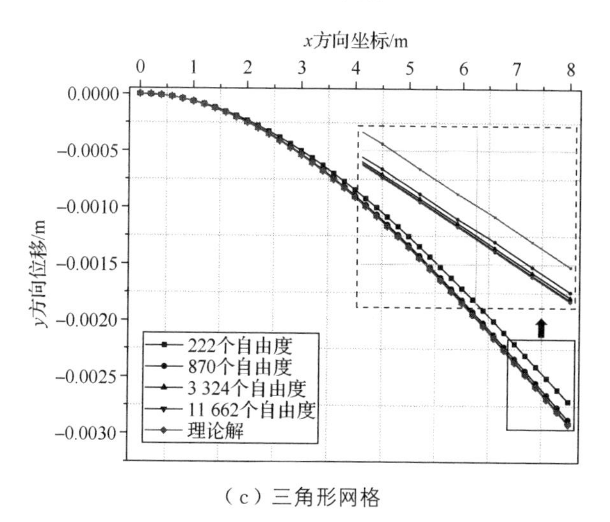

（c）三角形网格

图 3.6　悬臂梁中轴 x 方向竖向位移分布

为了研究虚拟单元法与有限单元法的计算精度，利用有限单元法对四边形单元和三角形单元的悬臂梁域进行计算，并取悬臂梁末端中轴 y 方向位移与理论解进行收敛性和精度研究，用式(3.53)表示理论计算和数值计算的相对误差：

$$\delta=\frac{\left|u_y^h-u_y\right|}{u_y} \tag{3.53}$$

式中：u_y^h——数值计算结果；

u_y——理论解。

从图 3.7 中可知，不论是虚拟单元法还是有限单元法，其数值计算结果的收敛性都能得到保证。应用虚拟单元法时，四边形单元的精度优于 Voronoi 单元，Voronoi

单元优于三角形单元，且四边形单元收敛速度更快。然而，应用有限单元法时，四边形单元和三角形单元的精度和收敛性大于虚拟单元法的结果，且四边形单元更为明显，这是由虚拟单元法形函数的近似导致的。可以注意到，应用虚拟单元法的 Voronoi 网格与应用有限单元法的三角形网格结果是接近的，因而一阶虚拟单元法在处理不规则网格时，其计算精度和收敛性与有限单元法的三角形网格接近。

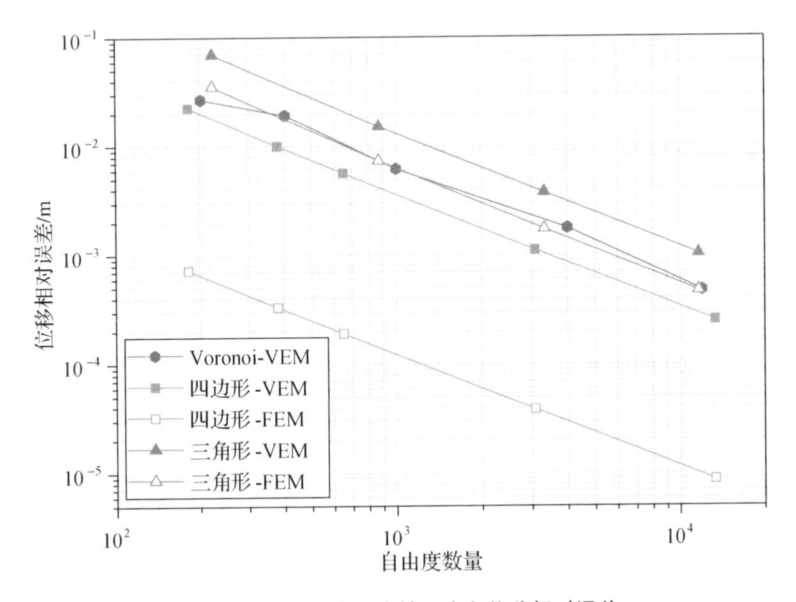

图 3.7　悬臂梁末端中轴 y 方向位移相对误差

3.3　虚拟单元法-有限单元法耦合模型的构建

在混凝土细观数值模拟中，骨料的形状和分布结构的强度和裂缝的影响十分显著。对于骨料本身而言，其强度可认为远大于砂浆以及界面层的强度，所以在现有数值模拟中可考虑将骨料作为弹性体。然而，由于真实骨料几何边界的复杂性，在划分有限元网格时不可避免地在骨料内部划分了大量不必要的网格，这些网格对模拟结果影响较小，但会加大整体模型的计算量，特别是在材料非线性迭代的过程中会影响模型的计算效率。因此，通过应用虚拟单元可移除骨料内部的单元来减少整体刚度矩阵的维数，在提高计算效率的同时保证计算的精度[1]。

以下通过一个示例来展示如何结合有限元和虚拟元的单元网格。如图 3.8(a)所示，通过第二章的几何本征细观混凝土建模方法，生成了 50 mm×50 mm 的二维混凝土试块，骨料含量为 40%。利用商业有限元软件 ABAQUS 的网格划分技术，以平面三角形单元对计算域进行离散，如图 3.8(b)所示，划分网格包含 3 597 个节点以及 7 112 个单元，其中骨料单元数量为 3 401。

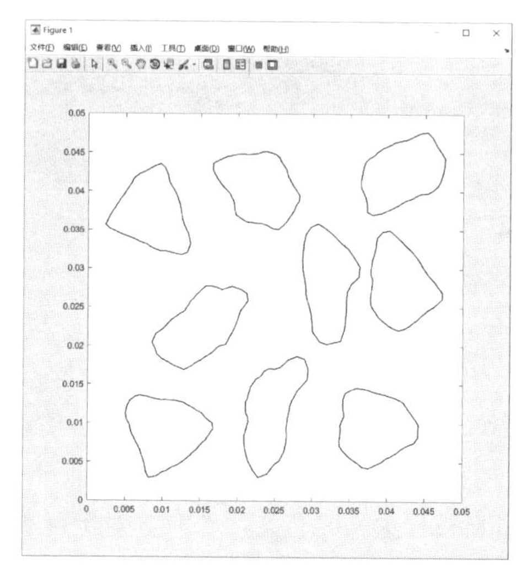

（a）骨料分布

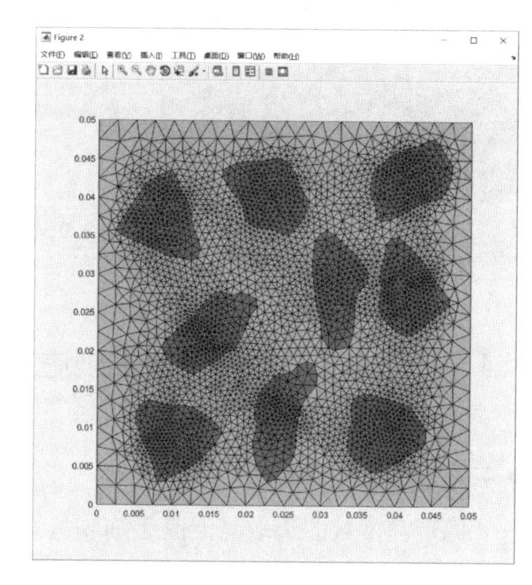

（b）网格划分

图 3.8　混凝土细观几何及网格

为了将骨料的所有单元以虚拟单元表示，可通过 MATLAB 读取 ABAQUS　inp 文件中的节点和单元编号等数据，通过编程实现单元的更新。具体步骤如下：

（1）在 ABAQUS 中划分网格，并设定节点集和单元集。利用 ABAQUS 的三角形单元对集合区域自动离散，并将骨料的单元和节点索引、骨料边界节点索引、砂浆的单元索引分别设定 set，写入 inp 文件。

（2）搜索骨料内部节点和单元编号。通过 MATLAB 读取 inp 文件中整体模型的节点坐标、单元索引，以及（1）中设定的 set 信息；循环搜索骨料单元内部的单元编号，并记录至数据集。

（3）增加虚拟单元，更新节点和单元索引信息。在原始节点集和单元集中根据骨料单元编号，删去所有骨料单元所对应的节点索引，同时在单元集最后新增虚拟单元，虚拟单元节点号按几何的逆时针排序，如图 3.9 所示。其中，骨料内部废弃节点应从节点序列中删除，避免刚度矩阵组装时的错乱。

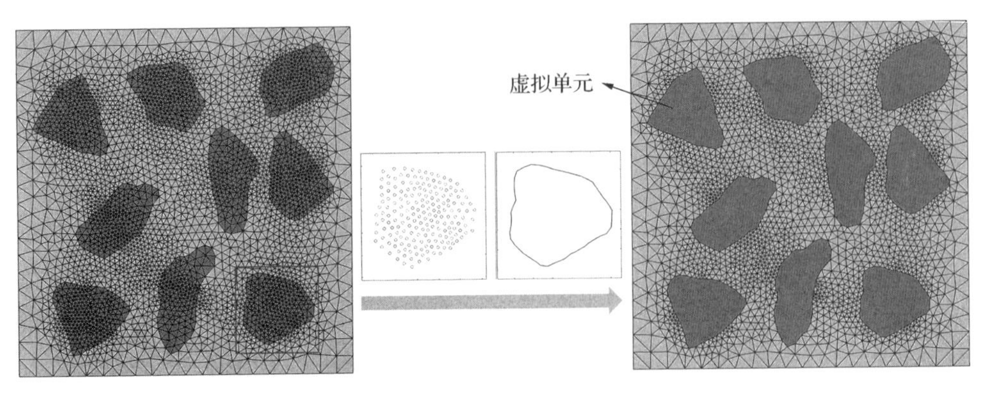

图 3.9 骨料单元更新

3.4 几何本征骨料混凝土细观虚拟单元法模型的计算效率

3.4.1 刚度矩阵稳定项确定

稳定性常数的选取与混凝土细观模型中骨料粒径边长比有关。然而，对于真实骨料库中的骨料，节点数量在 30～50 之间变化。因此，为保证虚拟单元在计算时的结果问题，对于有限元-虚拟元耦合模型需要确定刚度矩阵稳定项中常数项 α 的取值[1,11]。

为了获得合适的常数项 α 的值，这里选取一纯弯梁进行数值模拟，计算简图如图 3.10 所示，其中 $L=0.4$ m、$D=0.2$ m。考虑对称性，这里只对 1/4 的梁进行模拟，其中设置 $x=0$ 和 $y=0$ 的边界处 x 方向的固定位移作为边界条件，右侧施加 $p=1$ MPa 的线性均布荷载。其中，计算方法分别采用有限元法和有限元-虚拟元耦合方法。所考虑问题为平面应力问题，根据文献[12]，图 3.10 中 A 点的 x 方向位移

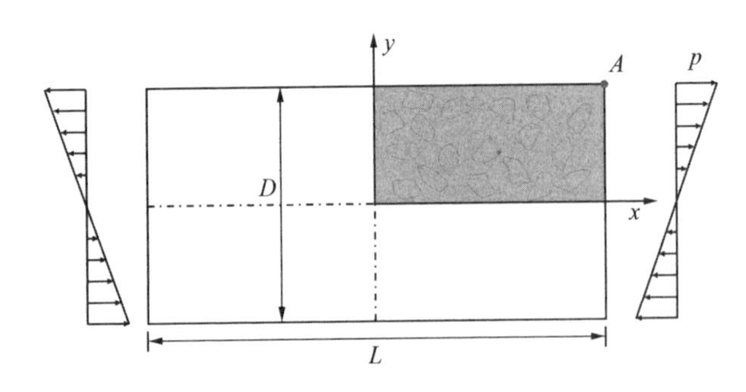

图 3.10 纯弯梁几何模型和边界条件

的理论解是 $u_A=\sigma L/E$，设定结构弹性模量 $E=26$ GPa，可计算得到该值 $u_A=7.692\times10^{-6}$。为了和理论结果进行对比，模拟中骨料和砂浆的弹性模量均设置为 $E=26$ GPa。

通过第 2 章的几何本征细观混凝土建模方法，生成 200 mm×100 mm 的细观混凝土几何模型。为方便分析，暂不考虑骨料的级配，选取不同骨料含量（21.73%、33.02%、42.83%、51.18%，骨料粒径 20 mm）以及不同骨料粒径（12 mm、16 mm、20 mm、24 mm，骨料含量约 33%）的模型进行分析。采用平面应力三角形单元对计算区域进行离散，以骨料含量 42.83%的模型为例，共生成 8 051 个节点，15 950 个单元；同时，利用 3.3 节的方法对骨料网格进行更新，更新后总节点数下降为 4 933，单元数量下降为 8 934，总自由度减少 38.73%。有限元网格和耦合模型网格如图 3.11 所示。

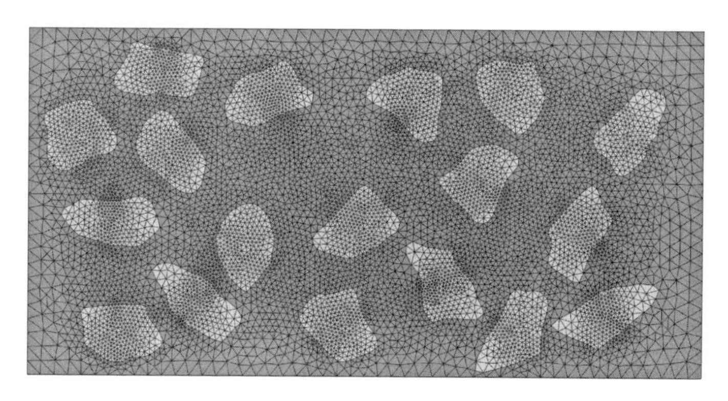

（a）有限元网格

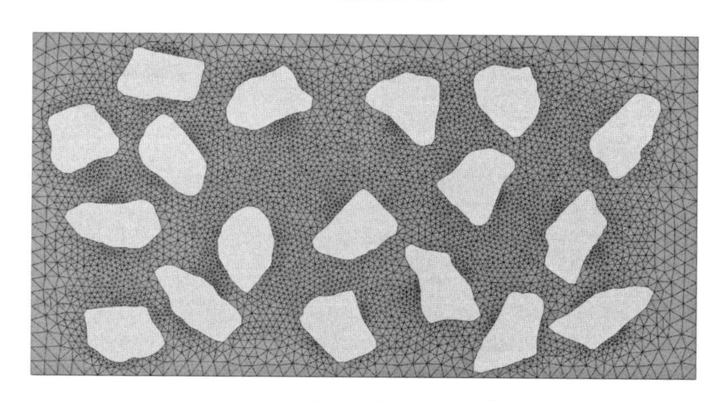

（b）有限元-虚拟元耦合网格

图 3.11　模型网格

选取稳定性常数 α 在 $10^{-4}\sim10^{4}$ 之间变动，观察耦合模型计算结果的收敛性。

将 VEM 计算结果与 FEM 计算结果利用式(3.53)进行相对误差计算。以 $\log_{10}(\alpha)$为横坐标绘制曲线图，如图 3.12 所示。由图 3.12（a）可知，计算相对误差随着 $\log_{10}(\alpha)$的增大呈现先减小后增加的趋势，$\log_{10}(\alpha)$在 1.2～1.4 附近处达到最小。同时，随着骨料含量的增加，稳定性常数 α 的影响逐渐增大。不同骨料粒径的模型计算结果收敛趋势与骨料含量模型计算结果类似，$\log_{10}(\alpha)$也在 1.2～1.4 附近处达到最小。随着骨料粒径的增大，稳定性常数 α 的影响逐渐增大。总体来看，α 取值在 10^{-4}～10^{4} 之间变化，模型收敛性都较好，这体现了虚拟单元法具有较强的鲁棒性。在后续计算中，取 $\log_{10}(\alpha)=1.3$，即 $\alpha=20$ 作为稳定性常数进行计算。常数项 $\alpha=1.3$ 时有限元模型和耦合模型位移场如图 3.13 所示。

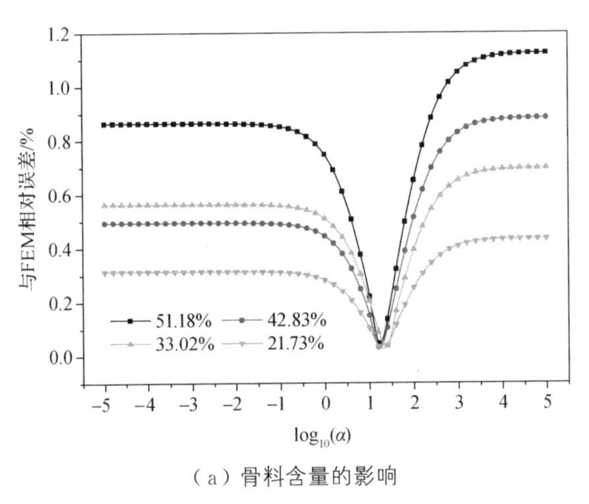

（a）骨料含量的影响

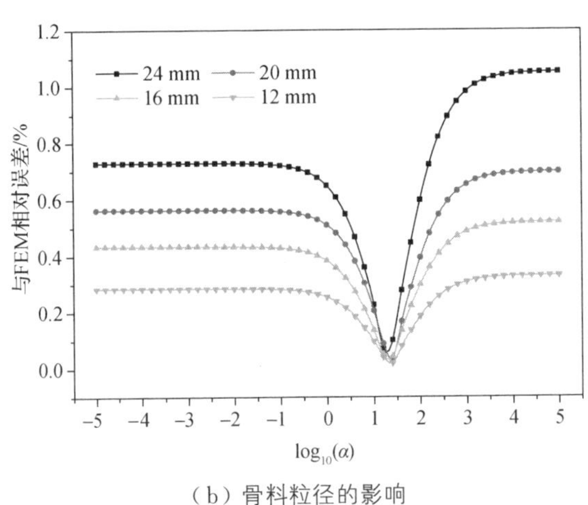

（b）骨料粒径的影响

图 3.12 不同常数项 α 下耦合模型与 FEM 的位移相对误差

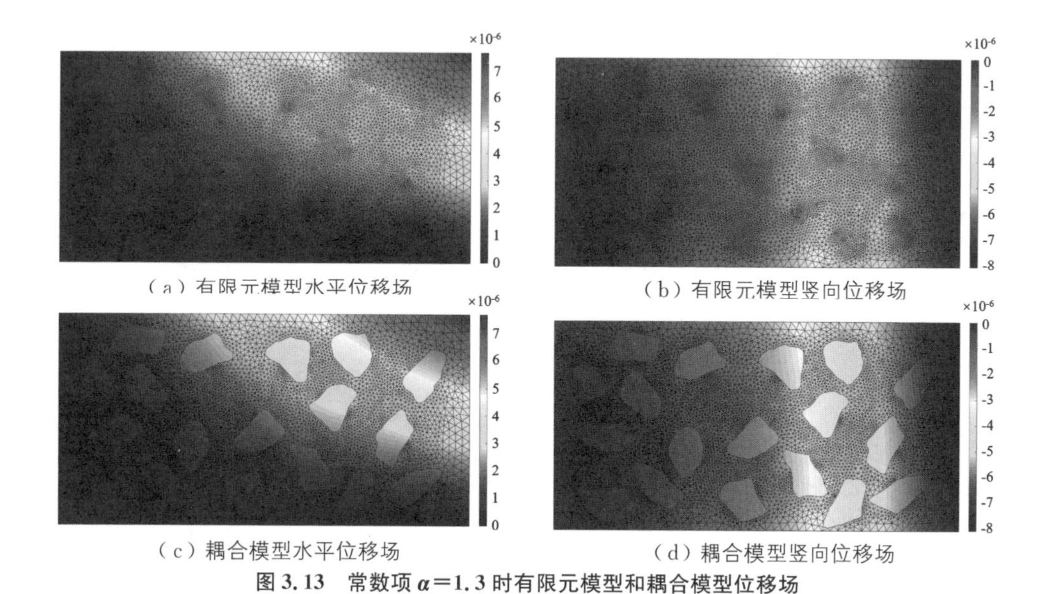

（a）有限元模型水平位移场　　（b）有限元模型竖向位移场

（c）耦合模型水平位移场　　（d）耦合模型竖向位移场

图3.13　常数项 $\alpha=1.3$ 时有限元模型和耦合模型位移场

3.4.2　骨料含量的影响

在3.4.1中模型的基础上，生成4个混凝土细观几何模型，骨料含量依次为21.73%、33.02%、42.83%和51.18%。同时，在ABAQUS内划分有限元网格时，设置边界网格尺寸在2～8 mm之间变化的四种网格对计算域进行离散，共生成16组有限元模型和16组有限元-虚拟元耦合模型。图3.14所示为不同骨料含量的耦合模型网格示例；图3.15所示为不同边界网格尺寸的耦合模型网格示例。

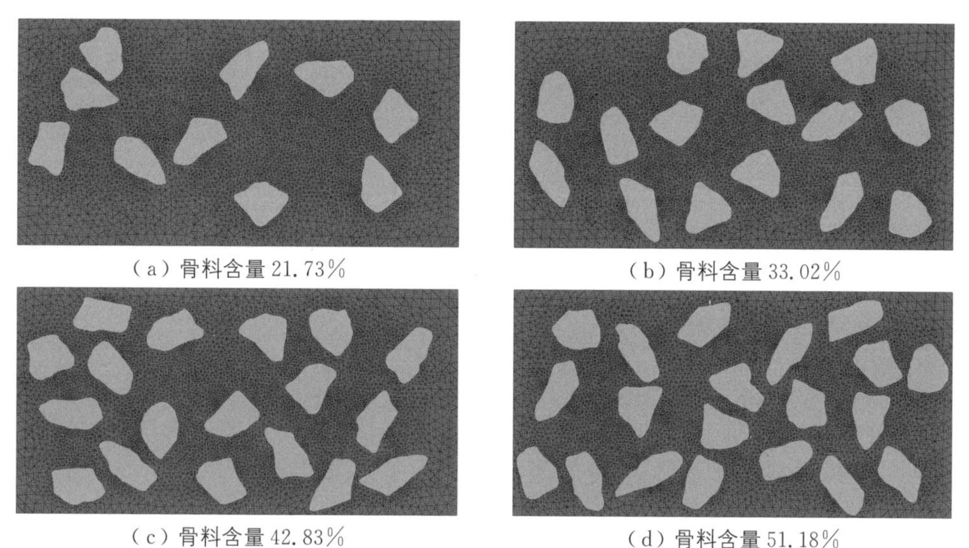

（a）骨料含量21.73%　　（b）骨料含量33.02%

（c）骨料含量42.83%　　（d）骨料含量51.18%

图3.14　不同骨料含量FEM-VEM耦合模型网格(边界网格尺寸4 mm)

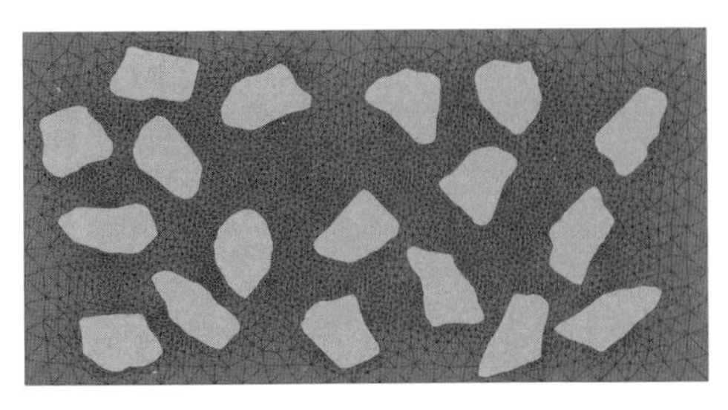

（a）边界网格尺寸 8 mm

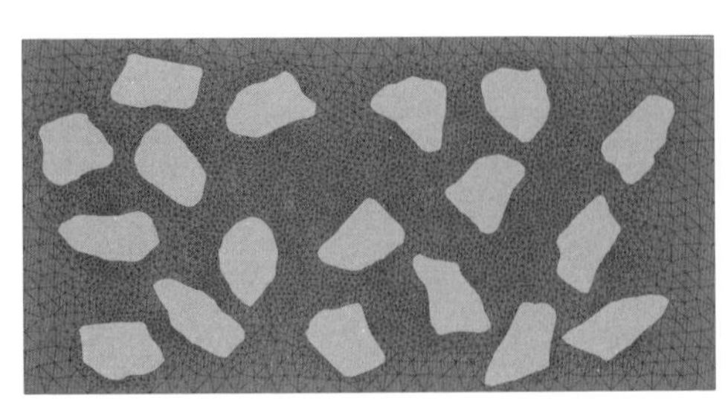

（b）边界网格尺寸 6 mm

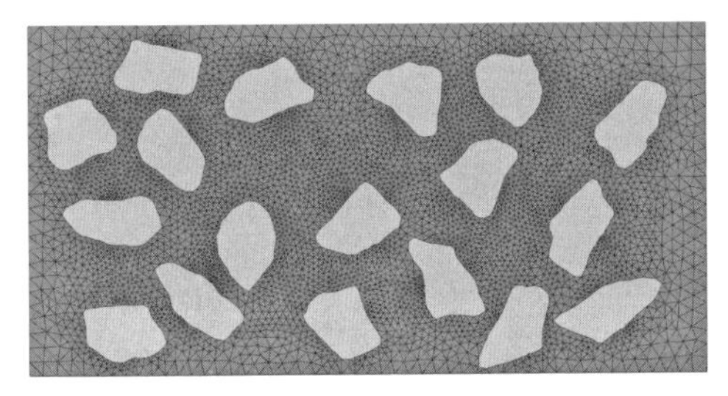

（c）边界网格尺寸 4 mm

（d）边界网格尺寸 2 mm

图 3.15　不同边界网格尺寸耦合模型网格

依次对 32 组模型进行计算，并统计每组模型的总自由度、CPU 计算时间以及模型 A 点 x 方向的位移值，各统计数据如表 3.1 所示。

表 3.1　有限元法和耦合法模型的自由度和计算时间

骨料含量/%	边界网格尺寸/ mm	有限元法			有限元-虚拟元耦合法		
		总自由度	CPU 计算时间/s	A 点 x 向位移（$\times10^{-6}$）/m	总自由度	CPU 计算时间/s	A 点 x 向位移（$\times10^{-6}$）/m
21.73	8	10 258	9.09	7.657	6 864	2.84	7.663
	6	11 030	11.59	7.668	7 586	4.02	7.674
	4	12 162	15.2	7.678	8 718	5.82	7.685
	2	17 156	43.62	7.688	13 656	22.54	7.695
33.02	8	13 862	25.73	7.660	8 680	7.11	7.675
	6	14 506	24.81	7.671	9 250	7.27	7.687
	4	15 358	29.73	7.679	10 102	8.89	7.695
	2	18 964	55.9	7.688	13 632	22.44	7.706
42.83	8	14 694	26.17	7.661	8 610	5.89	7.660
	6	15 356	29.78	7.672	9 122	6.9	7.672
	4	16 102	36.52	7.679	9 866	9.15	7.679
	2	19 240	59.57	7.688	12 842	18.81	7.690

续表

骨料含量/%	边界网格尺寸/mm	有限元法			有限元-虚拟元耦合法		
		总自由度	CPU 计算时间/s	A 点 x 向位移 $(\times 10^{-6})$/m	总自由度	CPU 计算时间/s	A 点 x 向位移 $(\times 10^{-6})$/m
51.18	8	15 034	27.57	7.662	8 516	5.36	7.682
	6	15 626	34.12	7.673	8 938	7.21	7.694
	4	16 436	38.5	7.679	9 744	8.46	7.700
	2	19 514	62.48	7.688	12 656	17.87	7.715

对于不同骨料含量的模型，利用虚拟单元均能一定幅度地降低模型的总自由度。图 3.16 展示了不同骨料含量下模型总自由度下降的比例。一方面，可以发现，随着骨料含量的增加，模型总自由度下降比例也随之增加。骨料含量从 21.73%增加至 51.18%，模型总自由度下降比例在 20.40%至 43.36%之间变化不等，但变化趋势趋于平缓。另一方面，根据设置的边界网格尺寸来看，随着设置尺寸的减小，模型总自由度下降的比例反而是减小的。这是由于模型内部的网格划分受制于骨料复杂的几何边界，ABAQUS 软件自动采取了网格细化的策略，导致骨料内部和周边网格维持一个较小的网格尺寸。当边界网格尺寸细化后，其实质是加密了砂浆的网格。这也可以说明，采用传统的有限元网格对具有复杂边界的真实骨料进行划分时，不论网格精度如何设置，将不可避免地生成数量庞大的不必要网格，从而影响模型的计算效率。

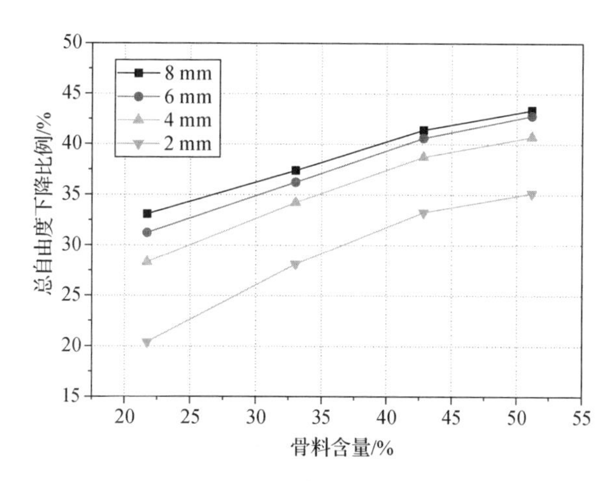

图 3.16　不同骨料含量下耦合模型总自由度下降比例

图 3.17 所示为不同骨料含量下耦合模型 CPU 计算时间减少比例。对比图 3.16 和图 3.17 可知，总自由度下降比例和 CPU 计算时间减少比例有着良好的对应关系。随着骨料含量的增加，CPU 计算时间显著减少，变化区间为 48.30%～80.60%。其

中，骨料含量为 51.18%，边界网格尺寸为 8 mm 时，CPU 计算时间减少最多，为 80.60%。但随着网格密度的增加，CPU 计算时间减少比例不断降低，在骨料含量为 21.73%，边界网格尺寸为 2 mm 时，CPU 计算时间减少最少，为 48.30%。

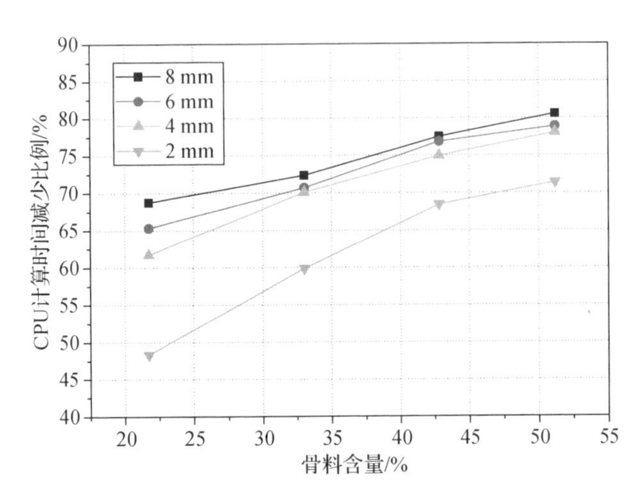

图 3.17　不同骨料含量下耦合模型 CPU 计算时间减少比例

结合图 3.13（c）、（d）和图 3.18 所示的耦合模型位移场可知，骨料的随机分布对模型结果的影响较小。边界网格尺寸在 2～8 mm 之间变化时，耦合模型的位移相对误差数量级均在 10^{-4}～10^{-3} 之间，因而虚拟单元法对骨料随机分布的影响具有较好的稳定性。

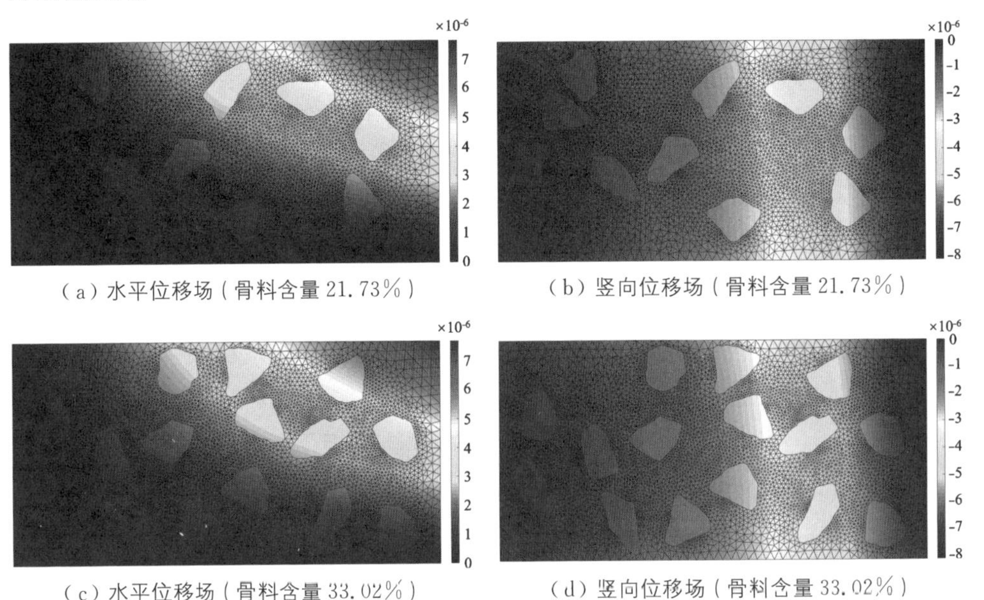

（a）水平位移场（骨料含量 21.73%）　（b）竖向位移场（骨料含量 21.73%）

（c）水平位移场（骨料含量 33.02%）　（d）竖向位移场（骨料含量 33.02%）

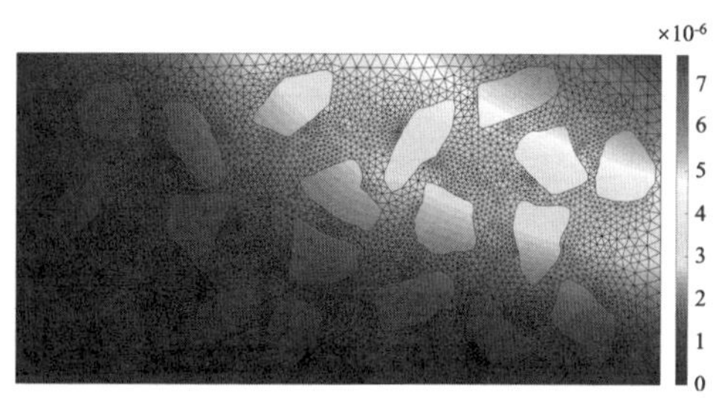

（e）水平位移场（骨料含量 51.18%）

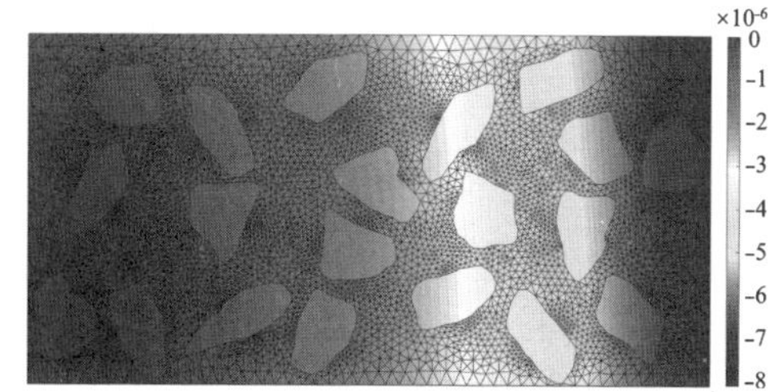

（f）竖向位移场（骨料含量 51.18%）

图 3.18　不同骨料含量下耦合模型位移场

3.4.3　骨料粒径的影响

在 3.4.1 中模型的基础上，对骨料粒径分别为 12 mm、16 mm、20 mm 和 24 mm 的模型进行计算，共生成 4 组有限元模型和 4 组有限元-虚拟元耦合模型，如图 3.19（a）～（d）所示为不同骨料粒径模型的网格。模型边界网格尺寸设置为 4 mm，图 3.19（a）～（d）中骨料含量依次为 33.08%、32.99%、33.02%和 33.41%，荷载与边界条件同前。

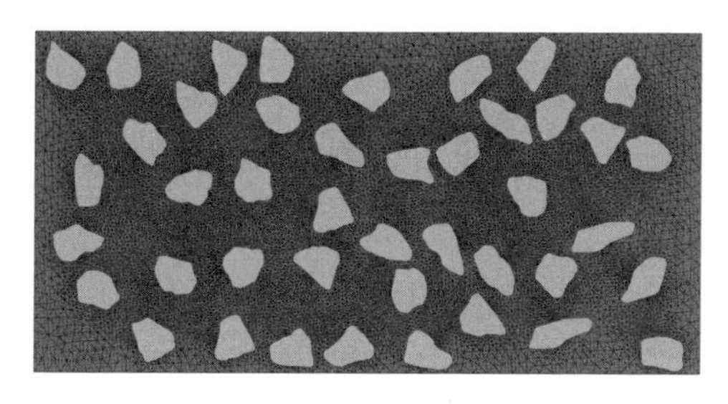

（a）骨料粒径 12 mm

（b）骨料粒径 16 mm

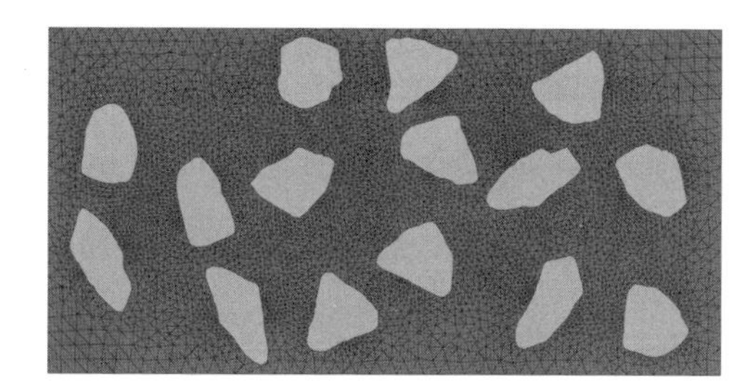

（c）骨料粒径 20 mm

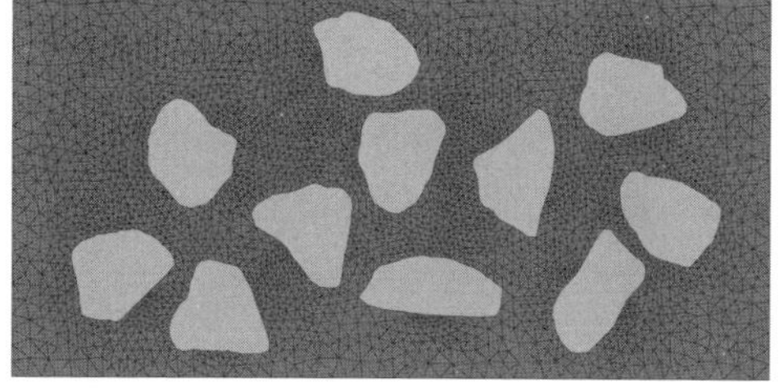

（d）骨料粒径 24 mm

图 3.19　不同骨料粒径模型网格

依次对 8 组模型进行计算，并统计每组模型的总自由度、CPU 计算时间以及模型 A 点 x 方向的位移值，各统计数据如表 3.2 所示。

表 3.2 不同骨料粒径模型的自由度和计算时间

骨料粒径/mm	骨料含量/%	有限元法			有限元-虚拟元耦合法		
		总自由度	CPU 计算时间/s	A 点 x 向位移 ($\times 10^{-6}$)/m	总自由度	CPU 计算时间/s	A 点 x 向位移 ($\times 10^{-6}$)/m
12	33.08	44 378	1 410.96	7.683	29 562	229.59	7.671
16	32.99	23 964	106.57	7.681	15 000	26.08	7.687
20	33.02	16 102	36.41	7.679	9 866	9.73	7.679
24	33.41	10 594	10.11	7.679	6 586	2.41	7.707

由图 3.20 可知，利用虚拟单元对骨料单元进行简化后，耦合模型网格相比有限元模型网格减少约 33%～39%，基本与骨料含量相当，因而骨料粒径对耦合模型自由度减少不敏感。结合表 3.2 和图 3.19 不同骨料粒径模型网格可知，当骨料含量一定时，随着骨料粒径的减小，模型网格更加密集，单元数量更多。这导致整体模型的计算量大幅上升，粒径 12 mm 模型 CPU 计算时间是粒径 24 mm 模型的约 140 倍。由于大粒径骨料对结构力学性能的影响更大，适当简化小粒径骨料的形状复杂度来改善网格有利于提高模型的计算效率。

图 3.21 显示了耦合模型相比有限元模型 CPU 计算时间的变化。由于模型自由度的降低，刚度矩阵的规模呈现自由度 2 次方倍的数量下降，CPU 计算时间显著降低，不同粒径的耦合模型 CPU 计算时间下降在 73%～84%之间。计算时间下降幅度的差异同样是由骨料复杂几何缩小和放大导致骨料周边网格尺寸和数量变化所引起的。

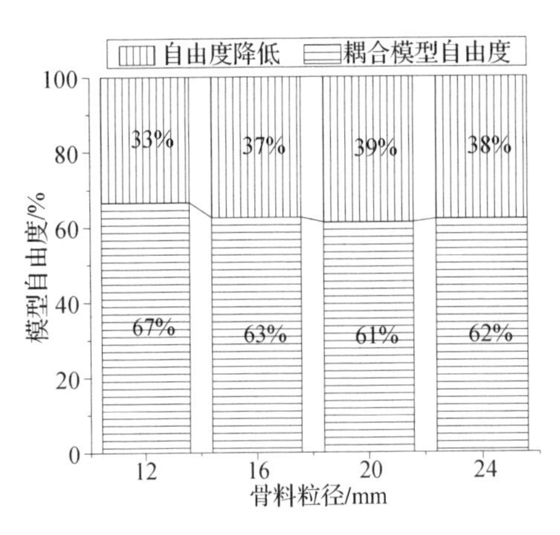

图 3.20 耦合模型相比有限元模型自由度变化

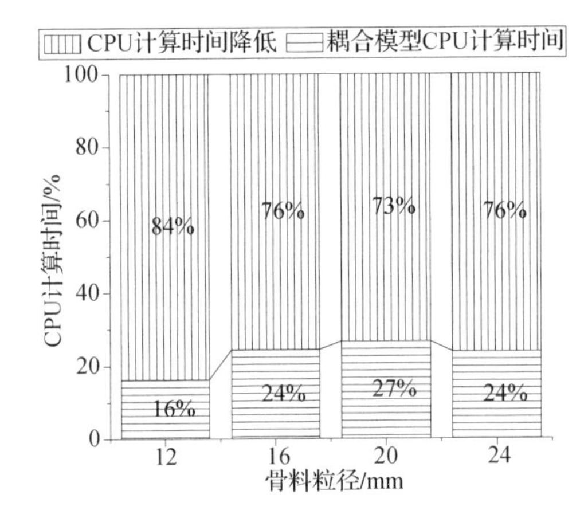

图 3.21 耦合模型相比有限元模型 CPU 计算时间变化

骨料粒径在 12～24 mm 之间变化时，耦合模型的位移相对误差数量级也均在 10^{-4}～10^{-3} 之间，各模型位移结果接近，如图 3.22 所示。结合本节和 3.4.2 节的计算结果可知，利用虚拟单元来代替骨料与有限元进行耦合计算，在保证计算精度的前提下，可以大幅降低模型的计算时间，提高模型的计算效率。

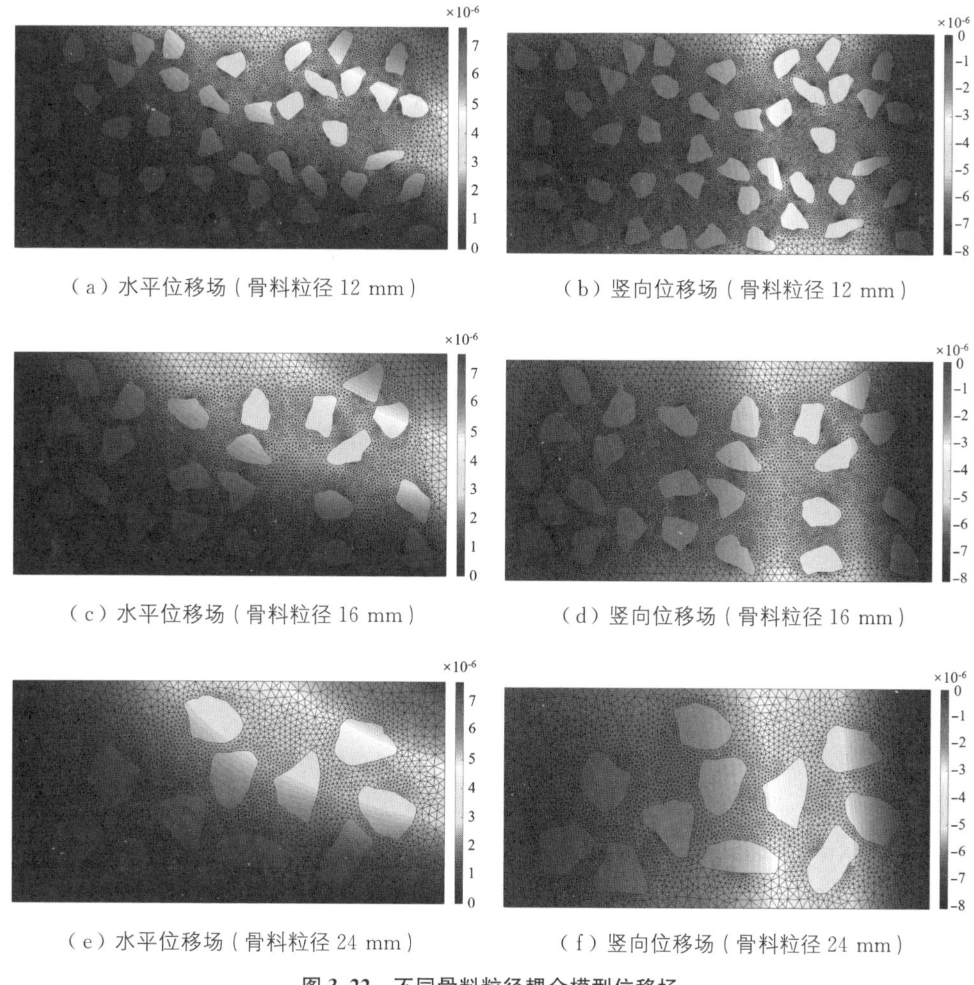

（a）水平位移场（骨料粒径 12 mm）　（b）竖向位移场（骨料粒径 12 mm）

（c）水平位移场（骨料粒径 16 mm）　（d）竖向位移场（骨料粒径 16 mm）

（e）水平位移场（骨料粒径 24 mm）　（f）竖向位移场（骨料粒径 24 mm）

图 3.22　不同骨料粒径耦合模型位移场

3.5　虚拟单元法-有限单元法耦合模型的裂缝计算方法

3.5.1　裂缝计算方法流程

虚拟单元法耦合有限单元法的断裂计算模型如图 3.23 所示。其中，三角形单元表示有限单元，用以模拟混凝土的砂浆；四边形单元表示内聚力单元，作为可发生开裂的裂缝路径；多边形单元表示虚拟单元，用以模拟单个骨料。图中实线表示节点与节点连接构成单元，虚线表示该节点被两种不同类型的单元共享，为相同节点。

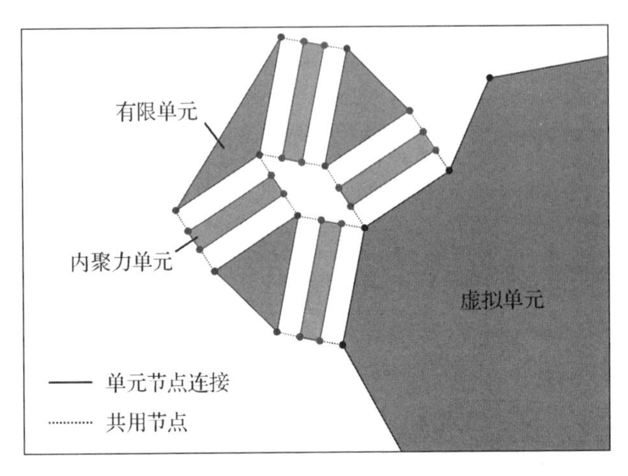

图 3.23　有限元-零厚度粘结单元-虚拟元耦合断裂模型示意

耦合模型的算法流程如图 3.24 所示。建模过程中，主要通过 MATLAB 对 ABAQUS 的 inp 文件中的初始数据进行更新重组，形成新的 inp 文件后导入 ABAQUS 中进行计算，其主要流程如下：

（1）生成混凝土细观几何模型，对其进行网格划分，得到初始 inp 文件。基于第二章的骨料投放算法获得指定尺寸、级配的混凝土细观几何模型；导入 ABAQUS 中进行装配，利用三角形单元对其进行离散，随后创建 job 并写入 inp 文件。

（2）读取初始 inp 文件节点和单元信息，插入内聚力单元及转换骨料单元。通过 MATLAB 读取初始 inp 文件中节点编号、坐标信息，以及单元编号，节点连接排序信息；分别利用上述方法和 3.1 节方法在单元间插入内聚力单元并转换骨料单元。

（3）写入节点、单元信息至 inp 文件，赋予边界、荷载条件及子程序路径后进行计算。将得到的节点、单元信息重新写入 inp 文件，包含三种类型单元 CPE/S3、COH2D4 和 USER ELEMENT；在 inp 文件中对边界节点进行编组，设置边界条件和荷载条件；同时，利用 FORTRAN 编写虚拟单元刚度矩阵的子程序. for 文件，在 job 菜单中的 general 子菜单添加子程序路径。在计算时，ABAQUS 会将虚拟单元几何信息通过 UEL 子程序接口传输，并通过 FORTRAN 程序计算后将单元刚度矩阵返回给 ABAQUS。

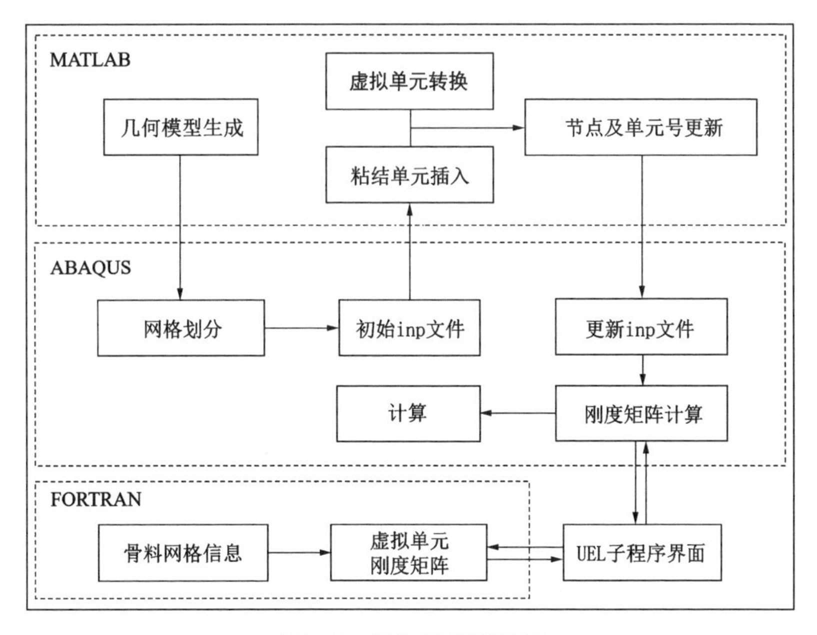

图3.24　耦合模型算法流程

3.5.2　ABAQUS自定义单元的实现

在本节中，我们主要阐述如何应用ABAQUS中的UEL子程序将虚拟单元嵌入有限元模型中。在此我们将围绕input文件和UEL外部程序.for的代码结构入手实施。在ABAQUS中input文件包含模型的几何信息，例如节点坐标、不同单元类型的节点连接号等。此外，input文件也包含了关于节点和单元的集合set，用于设置输入/输出条件，如设置荷载条件或者后处理输出结果。利用inp文件可以在文本文档中对数值模型进行建模和修改，并在ABAQUS中直接创建job进行计算。UEL子程序在数值计算中通过获取inp文件中单元的几何和材料数据计算单元刚度矩阵AMATRX和右手端项RHS。

这里以一个简单的细观混凝土拉伸模型为例，如图3.25所示。图中的数字编号为节点编号，带圈数字为单元编号。其中单元1～13为砂浆单元，单元14～31为界面单元，单元32为一个五边形骨料单元。

表3.3描述了该自定义单元的input关键字的表达。除了三角形平面应变单元CPE3和内聚力单元COH2D4之外，关键词*USER ELEMENT和*UEL PROPERTY用于创建用户自定义单元以及设定用户自定义属性。其中，第一项包含了节点、变量和坐标信息；第二项包含特定单元的材料属性。

具体实施上，在关键词 * USER ELEMENT 中，NODES 定义单元的节点数量；TYPE 为用户定义的标识单元类型的标记，U 后面设置为一个用于识别的数字，此处标记为 U5；PROPERTIES 表示单元材料属性数量，该值指定定义这个用户单元所需的属性的总数；COORDINATES 表示坐标维度，例如对于五边形元素，自由度数为 10，ABAQUS 根据节点初始化全局元素或局部矩阵的适当大小；VARIABLES 表示状态变量的数量。关键字 * ELEMENT 创建了对应单元类型 U5 的单元编号及节点序列，此处单元编号为 32，节点编号从 1 到 5。在当前的 UEL 关键词 * UEL PROPERTY 中有两个属性：弹性情况下的杨氏模量和泊松比。

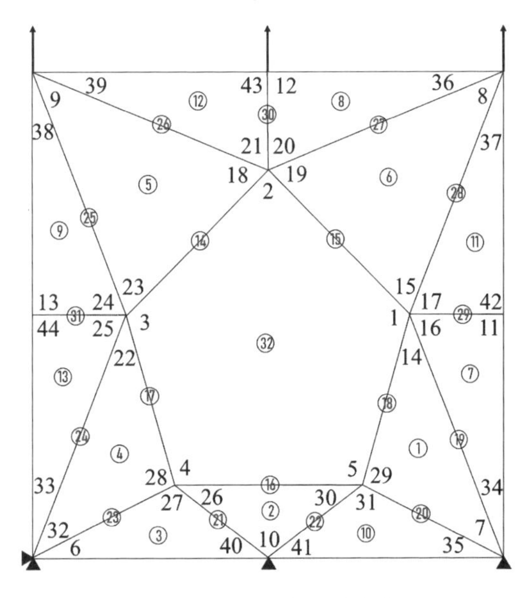

图 3.25　五边形骨料模型

表 3.3　inp 文件的结构

```
…
*NODE
1, 0.08, 0.05
2, 0.05, 0.08
…
44, 0, 0.05
*ELEMENT, TYPE=CPE3
1, 29, 7, 14
2, 10, 30, 26
…
```

```
13, 44, 33, 25
*ELEMENT, TYPE=COH2D4
14, 3, 2, 18, 23
15, 2, 1, 15, 19
…
31, 24, 13, 44, 25
*USER ELEMENT, NODES=5, TYPE=U5, PROPERTIES=2, COORDINATES=2, VARIABLES=12
1, 2
*ELEMENT, TYPE=U5
32, 1, 2, 3, 4, 5
*ELSET, ELSET=FIVE
32,
*UEL PROPERTY, ELSET=FIVE
2.6E10, 0.16
…
```

在 input 文件中设置边界条件时，利用关键字 *BOUNDARY 指定 Dirichlet 边界条件，如表 3.4 所示。首先指定节点的集合 BOTTOM、BOTTOMLEFT 和 TOP，随后设置要约束的自由度，最后设置指定位移值，零位移可不设置。本例中顶部节点 Y 方向设置固定约束，底部中点设置 X 方向约束，顶部顶点 Y 方向设置 0.1 mm 的位移荷载。

表 3.4　inp 文件荷载边界条件的结构

```
…
*NSET, NSET=BOTTOM
6, 7, 10, 32, 33, 34, 35, 40, 41
*NSET, NSET=BOTTOMLEFT
6, 32, 33
*NSET, NSET=TOP
8, 9, 12, 36, 37, 38, 39, 43
** BOUNDARY CONDITIONS
*BOUNDARY
BOTTOM, 1, 1
BOTTOMLEFT, 2, 2
TOP, 2, 2, 0.0001
…
```

3.5.3 UEL 子程序文件的结构与调用

实现 VEM 的 UEL 采用 FORTRAN 编写。 UEL 以子程序的名称开始，括号中包含一系列参数，如表 3.5 所示。 当前侧重于线性问题的实现，通过 UEL 提供的两个最重要的变量 RHS 和 AMATRX，计算内外的不平衡力以及弹性单元刚度矩阵。ABAQUS 求解器构造根据输入文件中提供的连接性信息，调用每个单元的 UEL 来获得整体刚度矩阵。

表 3.5 UEL 子程序文件结构

```
  SUBROUTINE UEL(RHS,AMATRX,SVARS,ENERGY,NDOFEL,NRHS,NSVARS,
1     PROPS,NPROPS,COORDS,MCRD,NNODE,U,DU,V,A,JTYPE,TIME,DTIME,
2     KSTEP,KINC,JELEM,PARAMS,NDLOAD,JDLTYP,ADLMAG,PREDEF,
3     NPREDF,LFLAGS,MLVARX,DDLMAG,MDLOAD,PNEWDT,JPROPS,NJPROP,
4     PERIOD)

INCLUDE 'ABA_PARAM.INC'

  parameter(zero=0.d0, half=0.5, one=1.d0, two=2.d0),
  DIMENSION RHS(MLVARX,*),AMATRX(NDOFEL,NDOFEL),
1     SVARS(NSVARS),ENERGY(8),PROPS(*),COORDS(MCRD,NNODE),
2     U(NDOFEL),DU(MLVARX,*),V(NDOFEL),A(NDOFEL),TIME(2),

   ** variable definition
   ** Stiffness matrix calculation
   ** RHS calculation

  END
```

3.6 几何本征骨料混凝土细观虚拟单元法模型的开裂计算

建立几何尺寸为 50 mm×50 mm 的混凝土试块模型。 其中，骨料粒径范围为 2.36～19 mm，骨料含量为 23.14%，如图 3.26 所示。 采用三角形平面应变单元对计算区域进行划分，网格种子布置为 1 mm，初始网格数量为 11 080。 生成基于预定义裂缝场的有限单元法模型和有限单元法-虚拟单元法耦合模型。 有限元模型网格如图 3.27（b）～(d)所示，包含 3 023 个骨料单元（CPE3）、8 057 个砂浆单元（CPE3）、571 个 ITZ 界面单元（COH2D4）以及 11 700 个砂浆界面单元

(COH2D4)；耦合模型在有限元模型基础上，减少 3 006 个三角形平面应变单元，增加 17 个虚拟单元。模型左侧边界设置 X 方向约束，左侧边界中点设置 Y 方向约束，模型右侧设置 0.1 mm 的位移荷载，如图 3.27(a) 所示。材料参数取自表 3.6，对 ITZ 界面单元初始刚度进行调整，设置为 10^5 MPa/mm。

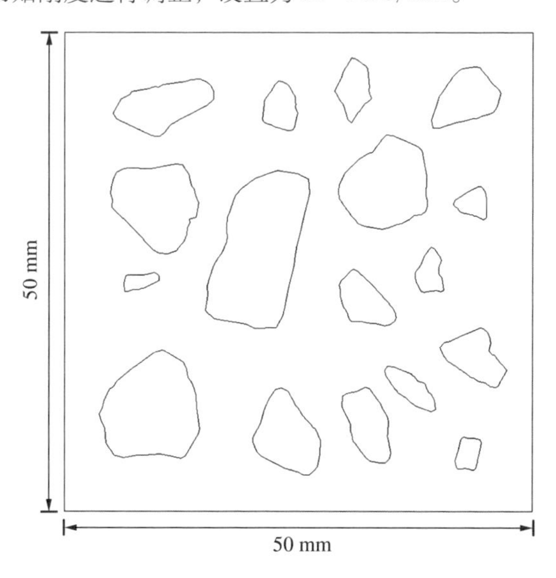

图 3.26　几何模型

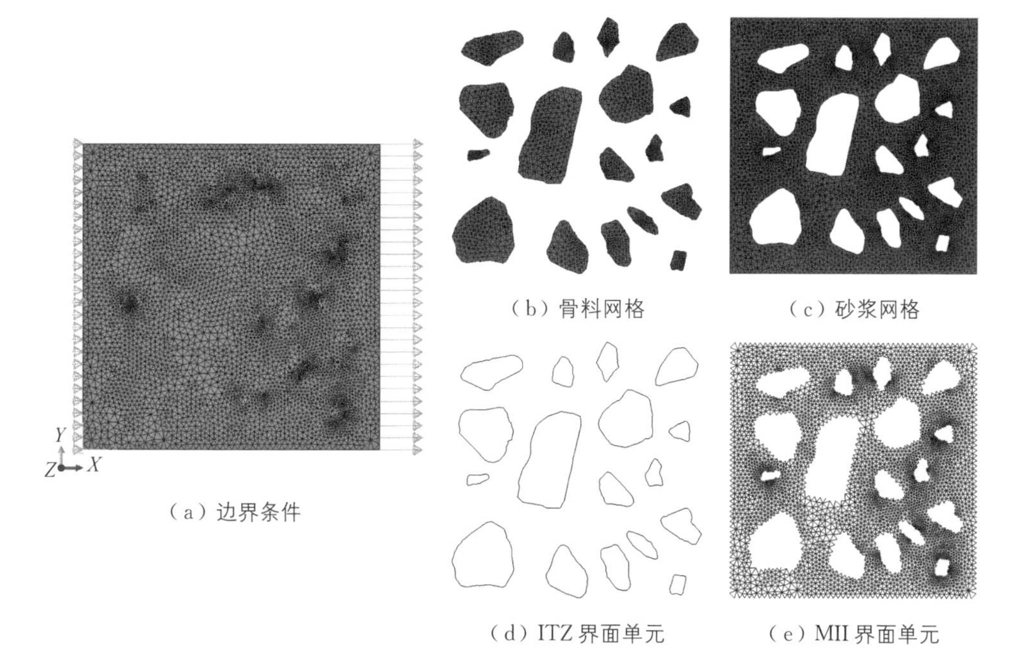

图 3.27　网格与边界条件

表 3.6　材料参数表

参数	骨料	砂浆	混凝土	ITZ	砂浆界面
弹性模量 E/GPa	72	28	33	—	—
初始刚度 k_n/(MPa · mm^{-1})	—	—	—	24	10^6
泊松比 μ	0.2	0.2	0.2	—	—
拉伸强度 f_t/MPa	—	—	—	2.5	4
剪切强度 f_τ/MPa	—	—	—	10	30
Ⅰ型断裂能 G_{I}/(N · mm^{-1})	—	—	—	0.025	0.1
Ⅱ型断裂能 G_{II}/(N · mm^{-1})	—	—	—	0.625	2.5
收缩系数 α_{sh}/(‰ · h^{-1})	—	4.8	1.3	—	—

图 3.28 所示为有限元模型和耦合模型的拉伸应力-应变全过程曲线。两类模型应力-应变曲线变化趋势基本吻合，耦合模型应力峰值略大于有限元模型，前者为 4.23 MPa，后者为 4.05 MPa。观察裂缝发展过程可知，初始裂缝都发生在骨料界面处，并从上下发展贯通，两类模型裂缝形态和应力-应变曲线的一致性表明了耦合模型的有效性。

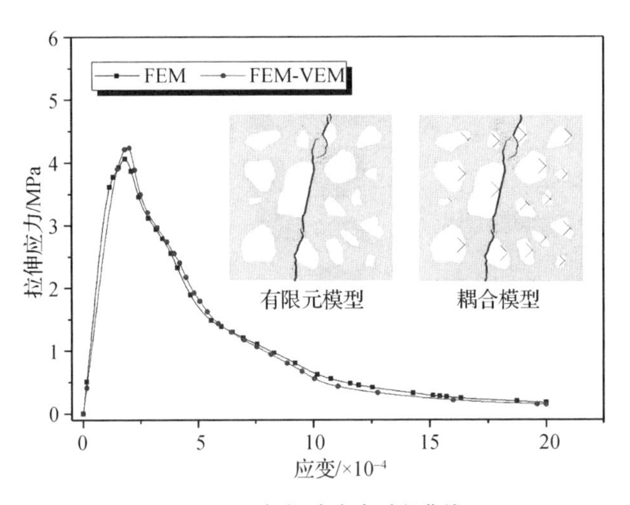

图 3.28　应力-应变全过程曲线

图 3.29 所示为拉伸应变为 2.6×10^{-4} 时 x 方向的应力分布，此时受拉裂缝已产生并逐渐扩展。由于 ABAQUS 无法识别用户自定义单元，因此无法显示耦合模型中骨料的应力分布。从图 3.29（a）中可以看出，在弹性阶段，各相材料应力分布较为均匀；进入软化阶段后，由于不同相材料之间力学性能的差异，ITZ 处首先达到极

限强度并且开裂，开裂后骨料附近的拉伸应力迅速减小，如图 3.29（a）中深色低应力区域，这也说明了假设骨料为弹性体的合理性。

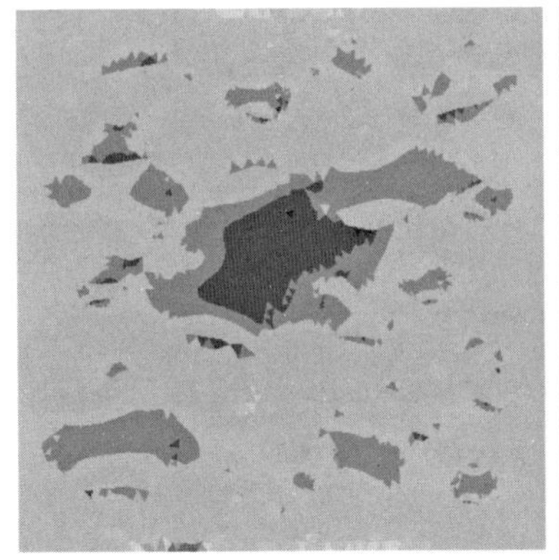

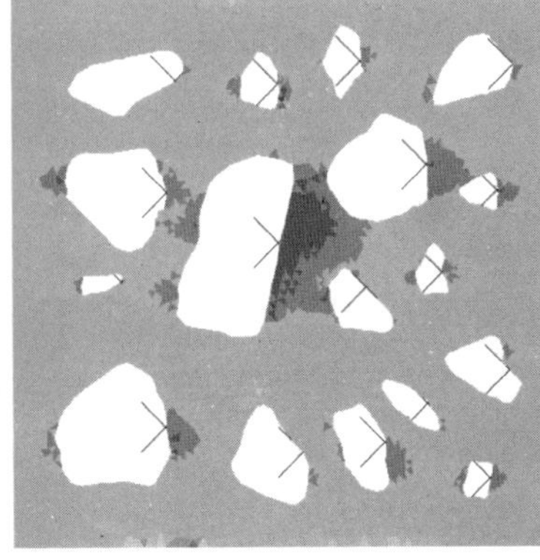

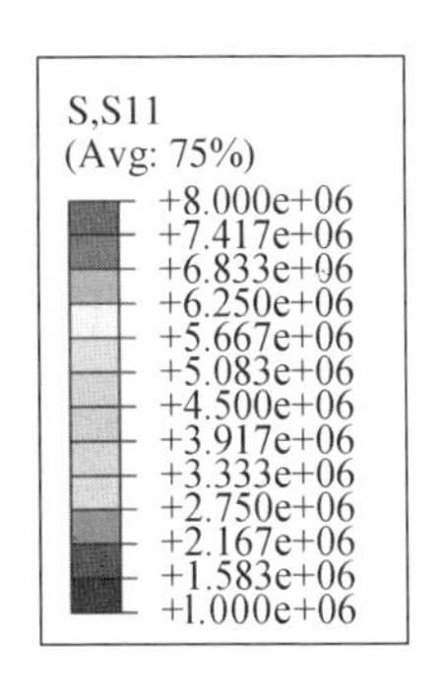

（a）有限元模型　　（b）耦合模型

图 3.29　x 方向应力分布

参考文献

[1] 金浩，周瑜亮. 基于虚拟元-有限元耦合的隧道内道床干缩裂缝细观研究[J]. 土木工程学报，2022,55(4)：11.

[2] VEIGA L B D，BREZZI F，MARINI L D. Virtual elements for linear elasticity problems [J]. Siam Journal on Numerical Analysis，2013,51(2)：794 - 812.

[3] GAIN A L，TALISCHI C，PAULINO G H. On the virtual element method for three-dimensional linear elasticity problems on arbitrary polyhedral meshes [J]. Computer Methods in Applied Mechanics and Engineering，2014(282)：132 - 160.

[4] CHI H，VEIGA L B D，PAULINO G H. Some basic formulations of the virtual element method (VEM) for finite deformations[J]. Computer Methods in Applied Mechanics and Engineering，2017(318)：148 - 192.

[5] ARTIOLI E，DE MIRANDA S，LOVADINA C，et al. A stress/displacement virtual element method for plane elasticity problems[J]. Computer Methods in Applied Mechanics and Engineering，2017(325)：155 - 174.

[6] WRIGGERS P，RUST W T，REDDY B D. A virtual element method for contact[J]. Computational Mechanics，2016,58(6)：1039 - 1050.

[7] TAYLOR R L, ARTIOLI E. VEM for inelastic solids[J]. Advances in Computational Plasticity, 2018(46): 381 - 394.

[8] BENEDETTO M F, CAGGIANO A, ETSE G. Virtual elements and zero thickness interface-based approach for fracture analysis of heterogeneous materials[J]. Computer Methods in Applied Mechanics and Engineering, 2018(338): 41 - 67.

[9] ANTONIETTI P F, BRUGGI M, SCACCHI S, et al. On the virtual element method for topology optimization on polygonal meshes: a numerical study[J]. Computers & Mathematics with Applications, 2017,74(5): 1091 - 1109.

[10] WRIGGERS P, REDDY B D, RUST W T, et al. Efficient virtual element formulations for compressible and incompressible finite deformations[J]. Computational Mechanics, 2017,60(2): 253 - 268.

[11] JIN H, ZHOU Y L, ZHAO C. Mesoscale analysis of dry shrinkage fractures in concrete repair systems using FEM and VEM[J]. International Journal of Pavement Engineering, 2023,24(2).

[12] TIMOSHENKO. Theory of elasticity[M]. New York: McGraw-Hill, 1951.

第 4 章　混凝土细观模型计算参数的反演

混凝土细观模型涉及骨料、砂浆、骨料-砂浆界面过渡区等的计算参数。通常情况下，骨料、砂浆等单一材料的计算参数可以直接通过试验测得，而界面过渡区等的计算参数较难获取。本章以橡胶混凝土中橡胶-砂浆界面过渡区阻尼比反演为例，介绍了几何本征骨料混凝土细观模型在计算参数反演方面的应用。通过自由衰减法测试了不同界面处理、不同损伤状态下橡胶混凝土梁的阻尼比；基于几何本征骨料混凝土细观模型建立了橡胶混凝土梁模型；以试验测得的自由衰减曲线为目标，采用 Isight 搭建反演分析平台，得到不同界面处理、不同损伤状态下橡胶-砂浆界面过渡区的阻尼比。

4.1 反演方法概述

随着有限元分析方法的不断发展，采用试验结果与有限元分析相结合的反演分析方法已成为确定材料参数的有效分析方法[1-2]。反演分析的本质是通过调整数值模型参数，使数值仿真得到的目标结果与试验结果达到良好匹配，此时数值模型中的参数便是材料的准确参数。

在反演方法中存在以下几个关键问题：① 试验数据信息。选取合适的试验结果数据，用于建立反演对比流程中的目标函数，如试件位移、应力、应变信息等。② 正演模型。在基质材料、尺寸、试验边界条件已知的情况下，利用数值模拟方法，建立与试验对应的正演力学模型，获取数值模拟结果信息，并与试验数据结合建立反演目标函数。③ 优化算法。选取合适的优化算法，确定单次反演计算循环中数值模型参数的取值，直至反演目标函数达到收敛条件，也即使数值模拟结果与试验结果达到最佳吻合。

4.2 橡胶混凝土梁的阻尼比试验

4.2.1 试验介绍

本书分别用水、氢氧化钠处理粒径为 3～5 mm 的橡胶颗粒，以 C35 混凝土配合比为基础，用 5%体积分数的橡胶颗粒替代混凝土中的细砂，浇筑橡胶混凝土梁阻尼比测试试件，试件尺寸如图 4.1 所示。

通过四点弯曲加载为橡胶混凝土梁施加荷载，采用悬臂梁形式的自由衰减法测试橡胶混凝土梁的阻尼比。本书共设置 5 个损伤等级，以加载点挠度为损伤分级方法，损伤等级分别为 0 mm、0.05 mm、0.10 mm、0.15 mm 和 0.20 mm，自由衰减法测试阻尼比与四点弯曲加载交替进行[3]，探究不同橡胶-砂浆界面处理及不同界面损伤状态下橡胶混凝土梁的阻尼性能，试验流程如图 4.2 所示。

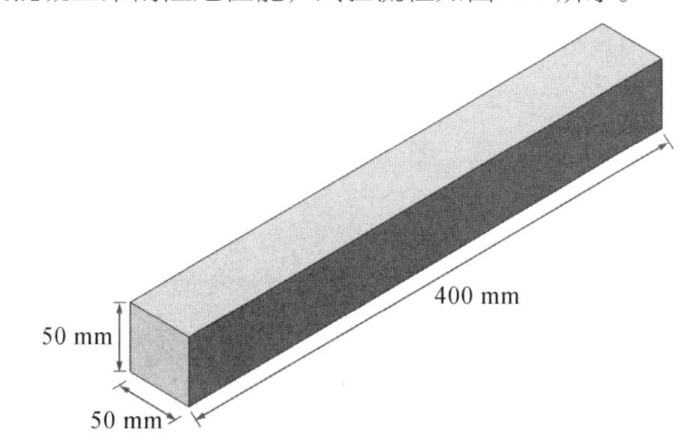

图 4.1　橡胶混凝土梁试件尺寸

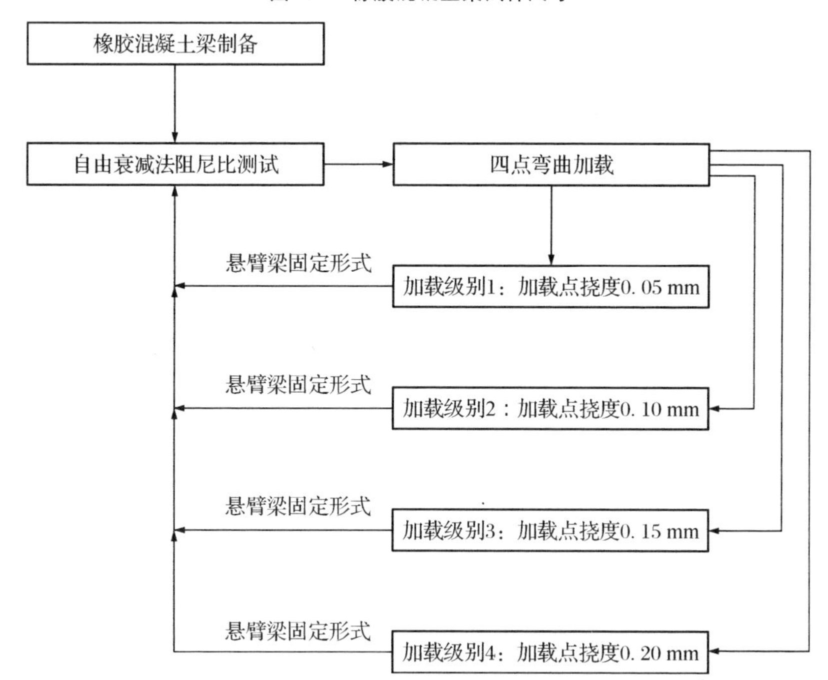

图 4.2　橡胶混凝土梁阻尼比试验流程

4.2.1.1　自由衰减法阻尼比试验

振型为体系的一种固有特性，与固有频率相对应。结构动力学表明，相较于高阶振型，低阶振型对结构振动的影响更大。一阶振型容易出现，而高阶振型需要输入较大的能量才能出现，且振型阶次越大，对体系的影响越小。因此，本书试验选用较简单的悬臂梁试件作为研究对象，在自由端作用较小荷载时，悬臂梁主要以一阶振型为主。

采用 MTS810 型电液伺服疲劳试验机夹持橡胶混凝土梁，形成悬臂梁系统。梁的固定端深入两块夹持钢板间，夹持长度为 70 mm，悬臂长度为 330 mm。加速度传感器布置于距离自由端 70 mm 的试件上表面，力锤敲击于距离试件自由端 25 mm 的上表面，悬臂梁自由振动试验装置如图 4.3 所示。

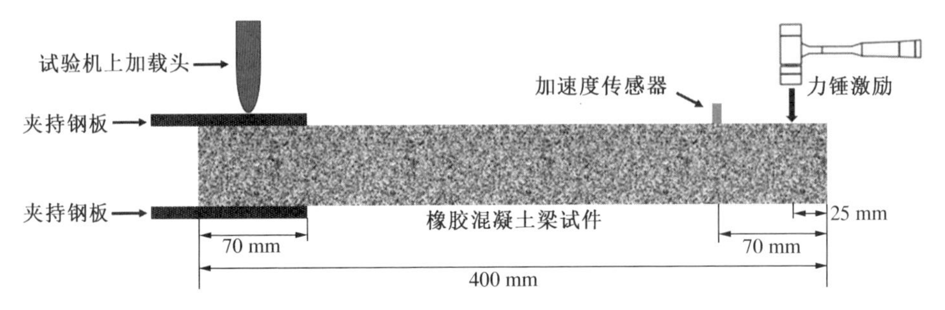

图 4.3　悬臂梁自由振动试验示意

根据加速度传感器记录的梁自由振动衰减曲线，采用下述公式计算橡胶混凝土梁的阻尼比。

$$\xi=\frac{1}{2\pi n}\ln\left(\frac{A_k}{A_{k+n}}\right) \tag{4.1}$$

式中：ξ——橡胶混凝土梁阻尼比；

n——计算所取连续波峰数；

A_k、A_{k+n}——悬臂梁自由振动衰减曲线第 k、$k+n$ 周期加速度峰值。

4.2.1.2　四点弯曲加载试验

利用 UTM-25 伺服液压多功能材料试验机，采用四点弯曲加载方式对橡胶混凝土梁进行分级加载，加载方式如图 4.4 所示。

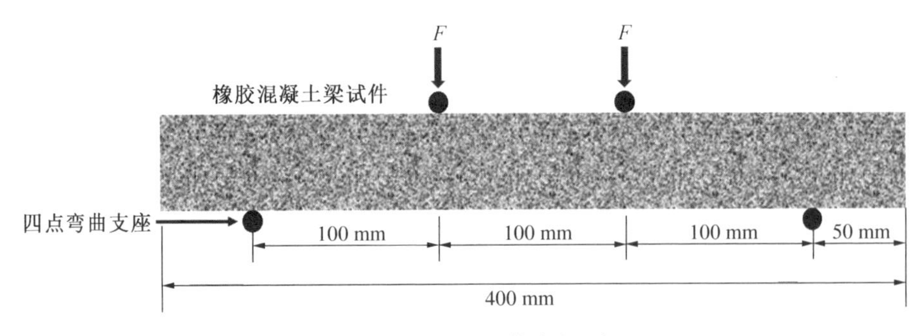

图 4.4　四点弯曲加载试验示意

4.2.2　试验材料及设备

4.2.2.1　试验材料

橡胶混凝土梁采用陕西长美科技有限公司生产的粒径 3～5 mm 的橡胶颗粒，如图 4.5 所示。C35 基准混凝土配合比为水泥∶砂∶石子∶水＝463∶543∶1 089∶185。本书以 5％体积分数的橡胶颗粒替代混凝土中的砂，浇筑橡胶混凝土梁，得出橡胶混凝土配合比为水泥∶砂∶石子∶水∶橡胶＝463∶458∶1 089∶185∶56，即拌和每立方米橡胶混凝土需水泥、砂、石子、水和橡胶颗粒的质量分别为 463 kg、458 kg、1 089 kg、185 kg 和 56 kg。

图 4.5　橡胶颗粒

4.2.2.2　试验设备

橡胶混凝土梁阻尼比测试所使用的测试设备来自北京东方振动和噪声技术研究所，包括 INV9828 型加速度传感器、INV9313 型力锤、INV3062－C1 型信号采集分析仪，如图 4.6 所示，配合 DASP－V11 动态测试分析平台软件，组成动态测试信号采集与分析系统。

悬臂梁自由振动试验中采用 MTS810 型电液伺服疲劳试验机夹持试件，采用 UTM－25 伺服液压多功能材料试验机进行橡胶混凝土梁的四点弯曲加载。

（a）加速度传感器

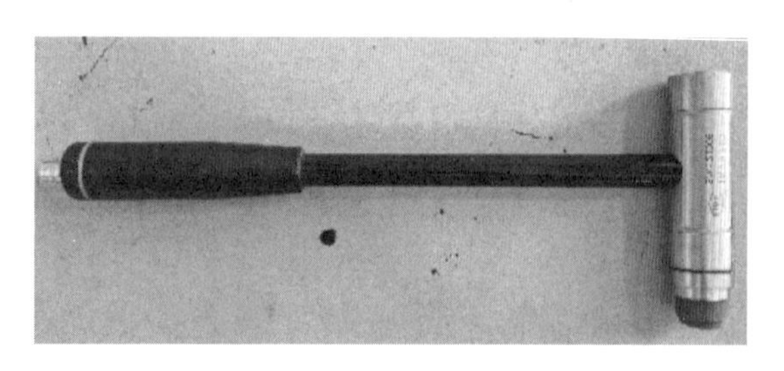

（b）力锤

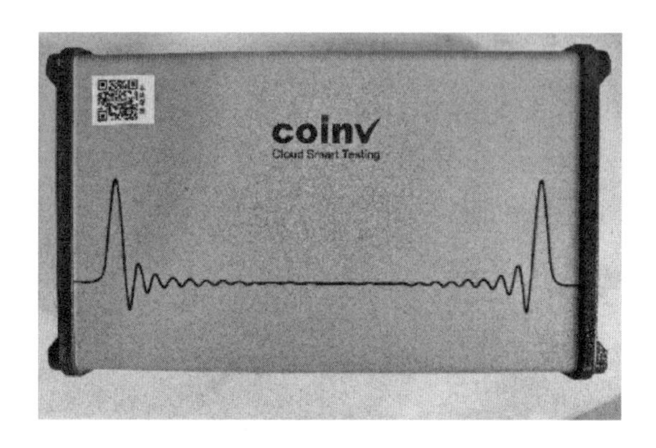

（c）信号采集分析仪

图 4.6　振动激励与采集设备

4.2.3　试验过程

4.2.3.1　橡胶颗粒表面改性

本书分别采用水、氢氧化钠处理橡胶颗粒，得到两种不同表面的橡胶颗粒。

（1）水处理方法

将橡胶颗粒浸泡于自来水中，每 15 min 搅拌一次，共浸泡 2 h；用自来水冲洗橡胶颗粒 1 min，平铺自然晾干备用，如图 4.7 所示。

（2）氢氧化钠处理方法

将橡胶颗粒浸泡于 5%质量分数的氢氧化钠标准溶液中，每 15 min 搅拌一次，共浸泡 2 h，如图 4.8 所示。其中橡胶颗粒质量与氢氧化钠溶液质量比为 1∶5；用自来水冲洗橡胶颗粒，直至废液 pH＜8 后，平铺自然晾干备用。

图 4.7　水处理橡胶颗粒

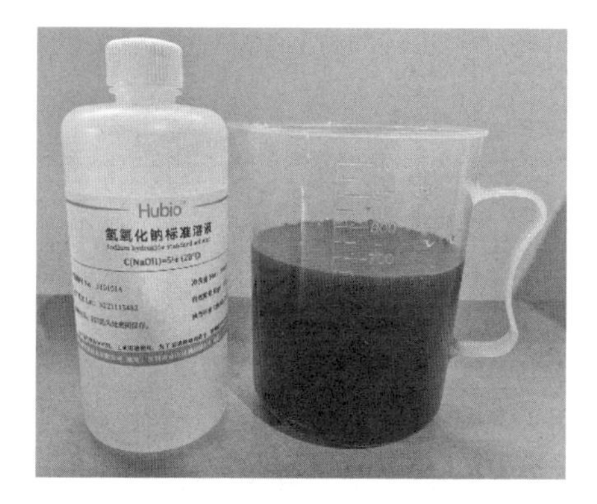

图 4.8　氢氧化钠浸泡橡胶颗粒

4.2.3.2　橡胶混凝土试件成型与养护

定制内表面尺寸为 50 mm×50 mm×400 mm 的铝制 U 型槽，如图 4.9 所示。内部均匀涂抹脱模油，用于橡胶混凝土梁的制备。

图 4.9　橡胶混凝土梁模具

依据橡胶混凝土配合比，称取拌和混凝土所需材料，人工搅拌均匀，浇筑于铝制模具中并使用振动台振实。对每种表面改性处理方法各浇筑 10 根，共制备 30 根橡胶混凝土梁，如图 4.10 所示。

图 4.10　橡胶混凝土梁试件浇筑

试件浇筑完成后静置 30 h 拆模。拆模后将试件置于饱和石灰水中养护 28 天，如图 4.11 所示。结束养护后，粘贴用于固定加速度传感器的磁片，如图 4.12 所示，完成橡胶混凝土梁试件的制备。

图 4.11　橡胶混凝土梁试件养护

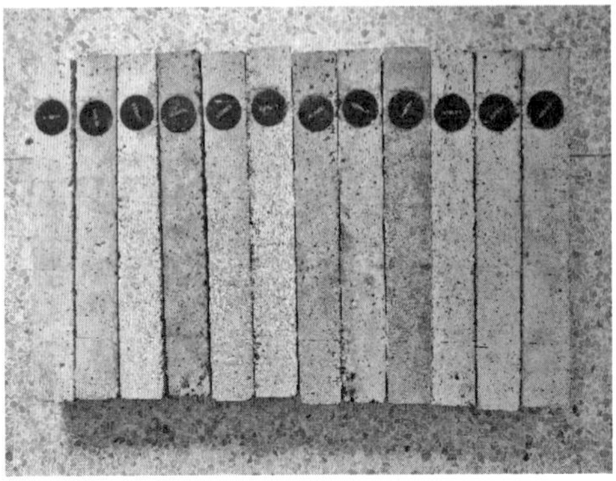

图 4.12　试件粘贴磁片

4.2.3.3　不同损伤状态下橡胶混凝土梁的阻尼比测试

橡胶混凝土梁自由振动试验如图 4.13 所示。疲劳试验机上的加载头夹持住试件后，关闭油泵，减小油泵运行产生的振动对试验结果的影响。用装备橡胶头的力锤敲击橡胶混凝土梁的加载点，记录振动测试点的加速度时程曲线。每根梁、每一加载等级状态下，记录三条时程曲线。

图 4.13　悬臂梁自由振动试验

橡胶混凝土梁的四点弯曲加载如图 4.14 所示。试件加载控制方式为位移控制，加载速率为 0.1 mm/min。首先对梁进行 0.1 kN 预加载，预加载完成后开始记录加载点位移，当加载点位移达到各加载等级时（加载点挠度分别为 0.05 mm、0.10 mm、0.15 mm和0.20 mm）立即卸载，进行悬臂梁自由振动试验，测试不同加载等级下橡胶混凝土梁的阻尼比。

图 4.14　四点弯曲加载试验

4.2.4　试验结果

图 4.15 为典型橡胶混凝土梁自由振动衰减曲线。 由图 4.15 可知，试件的振动衰减并非完全的指数衰减形式，曲线前几周期波峰与波谷值相差较大且曲线形式存在一些微小的变化，由此导致采用式(4.1)计算阻尼比时，计算结果与所取波峰位置和采用连续波峰的数量相关。

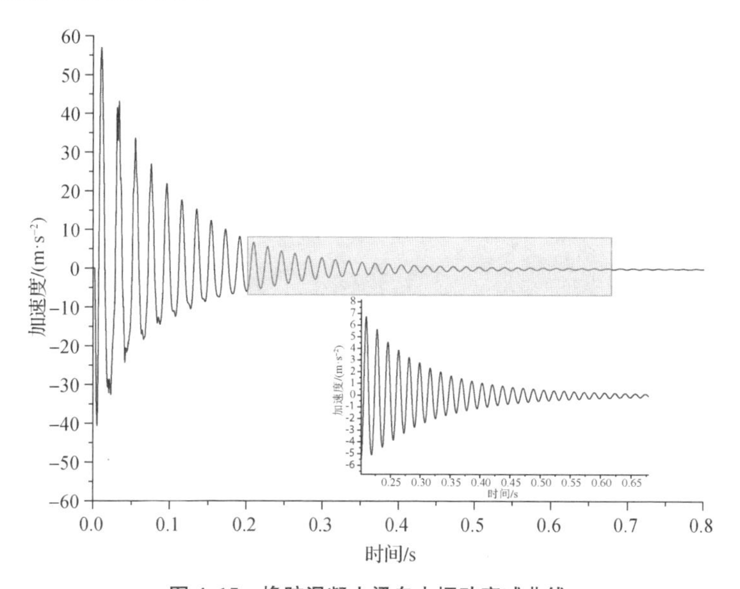

图 4.15　橡胶混凝土梁自由振动衰减曲线

Lin[4]与袁勇[5]等人研究发现，采用自由衰减法测量橡胶混凝土梁阻尼比，当计算周期数大于10时可获得稳定的计算结果。本书在处理橡胶混凝土梁自由振动衰减曲线时，取计算的首个周期为：波峰加速度衰减至 $A_k<5\ m/s^2$ 时的第一个波峰，计算周期数为16，统计得到两种橡胶-砂浆界面的橡胶混凝土梁在5种损伤等级下阻尼比并列于表4.1中。为简化描述，以下简称采用两种表面改性橡胶颗粒浇筑的橡胶混凝土梁分别为水处理橡胶混凝土（RC－W）、氢氧化钠橡胶混凝土（RC－N）。

表4.1 橡胶混凝土梁阻尼比统计

损伤等级	RC－W阻尼比/%	RC－N阻尼比/%
0 mm	2.324	2.253
0.05 mm	2.470	2.337
0.10 mm	2.673	2.598
0.15 mm	2.748	2.662
0.20 mm	2.809	2.768

以水处理橡胶颗粒浇筑的橡胶混凝土梁阻尼比为基准值，在梁无损状态下（加载挠度0 mm，不进行四点弯曲加载），氢氧化钠橡胶混凝土阻尼比减小3.06%。

橡胶混凝土梁的损伤程度会显著影响其阻尼比，随着损伤程度的增加，橡胶混凝土梁的阻尼比均增加，但增加程度不同。表4.2统计了三种橡胶混凝土梁相邻损伤等级下阻尼比的增量。

表4.2 相邻损伤等级下橡胶混凝土梁阻尼比增量

相邻损伤等级	RC－W阻尼比增量/%	RC－N阻尼比增量/%
0～0.05 mm	0.147	0.085
0.05～0.10 mm	0.203	0.260
0.10～0.15 mm	0.075	0.064
0.15～0.20 mm	0.061	0.107

为解释上述试验结果，需从橡胶混凝土耗能机理方面分析。从材料方面分析，橡胶本身具有黏弹性，在施加荷载的瞬间，应变滞后于应力，使橡胶颗粒具有较大的内耗[6]，从而整体提升橡胶混凝土的黏滞阻尼，增加了应力波通过橡胶混凝土时的损耗与衰减[7]。从应力波角度分析，当应力波在多组分介质中传播时，由于介质的波阻不同，应力波会在介质的界面发生反射和折射。介质中应力波的能量密度可由式(4.2)表示：

$$I=I_0\mathrm{e}^{-2\alpha x} \tag{4.2}$$

其中，I_0 和 I 分别为应力波在距离 $x=0$ 和 $x=x$ 处的强度；α 为介质的能量吸收系数。因此，应力波在介质中的能量密度与波的传播距离和介质的能量吸收系数呈负相关。混凝土中存在的微裂缝、微孔隙及各组分间的界面均可以使应力波在传播中发生反射和折射，从而增加波的传播路径，消耗应力波能量[8]。

在混凝土中加入橡胶颗粒后，由于橡胶具有较强憎水性，水泥在橡胶表面水化不完全，所形成的薄弱 ITZ 会形成明显的缝隙[9]，如图 4.16 所示。此外，橡胶的加入会增加砂浆中微孔隙与微裂缝的数量[10]，增加应力波在传播时反射与折射的次数，从而增加橡胶混凝土的能量耗散。

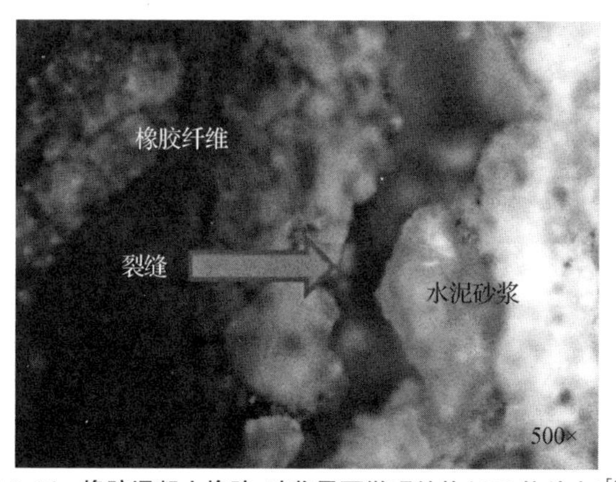

图 4.16　橡胶混凝土橡胶-砂浆界面微观结构(500 倍放大)[11]

在四点弯曲试验中，当橡胶混凝土梁持荷时，混凝土内会产生新的微裂缝并发生扩展，但荷载不足以形成宏观裂缝。随着加载等级的增加，微裂缝数量及宽度增加，从而引起橡胶混凝土梁阻尼比随损伤程度的增长而逐渐增大。由于采用两种橡胶表面改性方法所形成的橡胶-砂浆界面强度不同，ITZ 对应力波的反射、折射程度不同。

4.3　橡胶混凝土梁的细观模型

基于几何本征骨料混凝土细观模型，构建由骨料、砂浆、橡胶、橡胶-砂浆界面过渡区组成的橡胶混凝土梁细观模型。

4.3.1　几何模型

建立与橡胶混凝土梁试件尺寸相同的细观有限元模型，模型三维尺寸为 50 mm

×50 mm×400 mm，如图 4.17 所示。

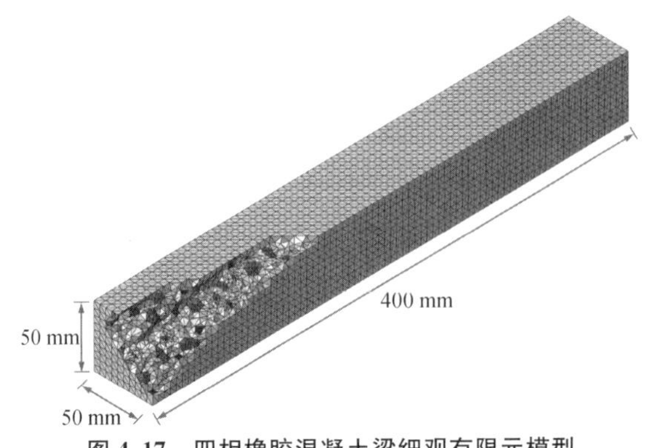

图 4.17　四相橡胶混凝土梁细观有限元模型

模型中骨料投放级配范围为 4.75～9.5 mm，体积含量为 20%。 橡胶采用边长为 4 mm 的立方块模拟，体积含量 5%。 橡胶-砂浆界面采用零厚度粘结单元模拟。本书认为橡胶混凝土梁细观模型中，粒径小于 4.75 mm 的骨料为细骨料，其与水泥共同组成砂浆组分，体积含量 75%，细观模型中各组分示意如图 4.18 所示。

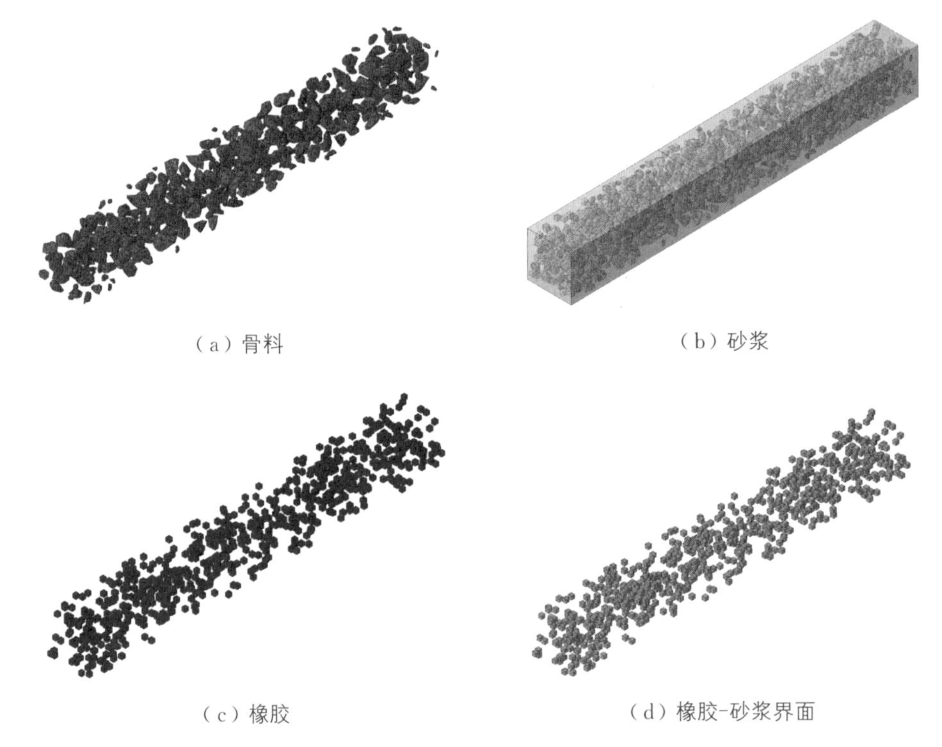

图 4.18　细观有限元模型中的组分

4.3.2　材料参数

橡胶颗粒是提供橡胶混凝土阻尼性能的最主要来源之一。为建立准确的橡胶混凝土梁细观模型，需先通过试验确定本书所使用橡胶材料的阻尼性能参数。通过对哑铃状橡胶试样进行循环加载测试[11]，得到橡胶循环加载滞回曲线，通过滞回环面积计算橡胶的损耗因子与阻尼比。

理想的弹性体服从胡克定律，应力正比于应变，当应力恒定时，应变为一常数，卸载后应变立即恢复为 0。理想的黏性液体服从牛顿定律，应力正比于应变速率，在恒定应力作用下，应变随时间增加而增加，卸载后应变不恢复，产生永久变形。橡胶介于两者之间，具有黏弹性，在交变应力作用下应变的变化落后于应力，即应力 σ 与应变 ε 间存在相位差 φ，如图 4.19 所示。定义相位差的正切 $\tan\varphi$ 为损耗因子 η，损耗因子越大，黏弹性材料的内耗越大。

黏弹性材料由于具有滞后现象，在循环荷载作用下会产生应力-应变滞回曲线，如图 4.20 所示。

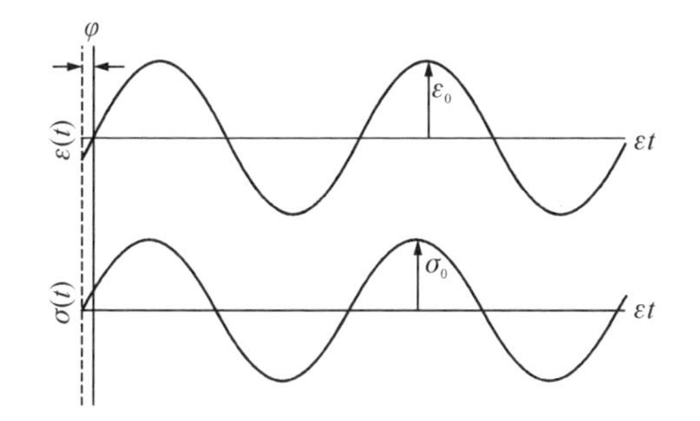

图 4.19　黏弹性材料在交变应力作用下的应力与应变

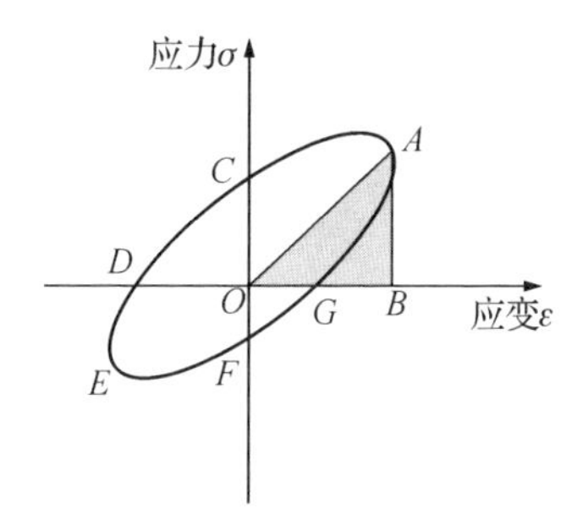

图 4.20　黏弹性材料的滞回曲线

损耗因子 η 的定义为

$$\eta=\frac{D}{2\pi E} \tag{4.3}$$

式中：D——一个应力周期内材料的耗能，即图 4.20 中滞回环面积；

E——最大变形时的弹性能，即图 4.20 中三角形 OAB 面积。

采用 Kelvin-Voigt 描述黏弹性材料的应力-应变滞回环时，可等效为弹簧和黏壶并联，如图 4.21 所示。此种等效的实现有两个前提条件：① 所取阻尼系数 c 的值应使图 4.21 中两个滞回环包围的面积相等；② 所取弹簧刚度 k 的值应使弹簧与黏壶并联后的滞回环与图 4.21 中滞回环的倾斜量相等。

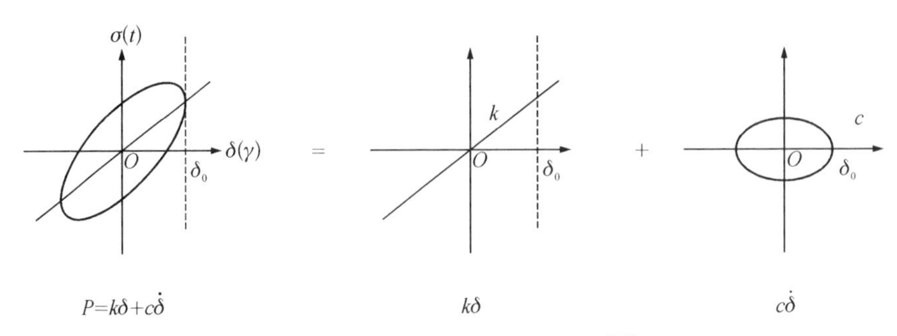

图 4.21　黏弹性材料滞回环的等效[12]

根据式(4.3)可得：

$$D=2\pi E\eta \tag{4.4}$$

当条件②满足时，$E=\frac{1}{2}k\delta_0^2$。

单一黏壶元件的耗能面积为

$$D^* =\oint\sigma\,\mathrm{d}\delta =\oint c\sigma'\,\mathrm{d}\delta =\int_0^{2\pi/\omega} c\sigma'^2\,\mathrm{d}t =\pi c\omega\delta_0^2 \tag{4.5}$$

当条件①满足时，令式(4.4)与式(4.5)相等，即 $D=D^*$，得到：

$$\eta=\frac{\pi c\omega\delta_0^2}{2\pi E}=2m\omega\xi\times\frac{\pi\omega\delta_0^2}{2\pi\times\frac{1}{2}k\delta_0^2}=2\xi \tag{4.6}$$

式中：m——质量；

ξ——单自由度系统的阻尼比$\left(\xi=\frac{c}{2m\omega}\right)$；

ω——单自由度系统的自振频率。

由此，推导得黏弹性材料损耗因子与阻尼比的关系式为

$$\eta=2\xi \tag{4.7}$$

本书设计橡胶循环加载试验，根据试验所得橡胶的应力-应变滞回曲线，采用式(4.3)计算橡胶的损耗因子，便可根据式(4.7)计算本节所使用橡胶的阻尼比。

在CMT4204微机控制电子万能试验机上编写循环加载程序，控制橡胶循环应变水平为0.55～1.65，3个哑铃状试件各循环加载2个周期后卸载。以试件1为例，测试得到的橡胶应力-应变滞回环如图4.22所示。

在AutoCAD中绘制各滞回环并计算其面积，再计算橡胶的损耗因子。以3个试件测试所得6个滞回环损耗因子的平均值作为损耗因子的统计值，得本书试验所用橡

胶的损耗因子为 0.111 3，相应的阻尼比为 0.055 65。

骨料和砂浆采用线弹性本构，除阻尼比外的材料参数如表 4.3 所示。

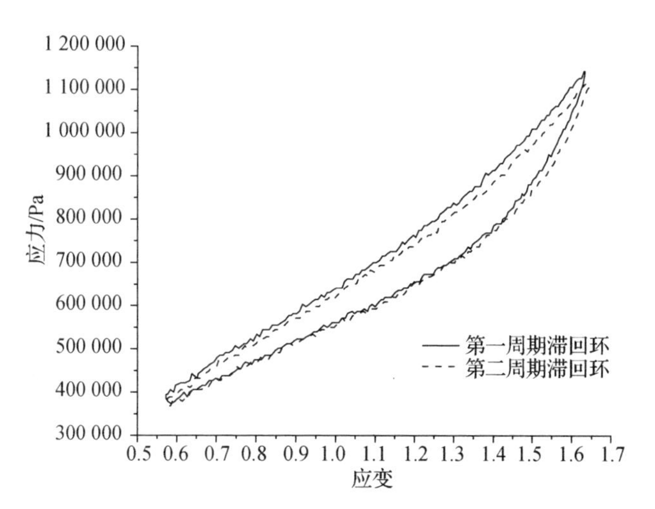

图 4.22　橡胶循环加载应力-应变滞回环

表 4.3　骨料与砂浆材料参数

材料	密度 ρ/(kg·m^{-3})	弹性模量 E/GPa	泊松比 μ
骨料	2 600	50	0.2
砂浆	2 100	26	0.2

两种界面处理所对应内聚力模型的材料参数，所涉及的界面刚度、法向粘结强度和断裂能列于表 4.4 中。

表 4.4　内聚力模型参数

界面类型	刚度 K_0/(Pa·m^{-1})	法向粘结强度 σ_{max}/MPa	断裂能 G_n^c/(J·m^{-2})	荷载-位移曲线相对误差/%
水处理	2.155×10^9	0.142	19.39	7.4
氢氧化钠处理	9.779×10^8	0.146	19.67	8.0

对于由张力-位移关系定义的内聚力模型材料，其密度表示每单位面积的质量而不是每单位体积的质量。由于在几何模型中粘结单元的实际体积为 0，因此需定义材料的本构厚度，默认为 1。当内聚力模型材料的厚度为 1 时，密度需设置为材料的真实厚度与真实密度之积，即

$$\bar{\rho}_c=\rho_c T_c \tag{4.8}$$

式中：$\bar{\rho}_c$——粘结单元材料密度（kg/m^2）；

ρ_c——界面的真实密度（kg/m^3）；

T_c——界面的真实厚度（m）。

张海波等[13]采用显微硬度计确定橡胶颗粒与水泥基体间 ITZ 厚度为 130 μm。Erdem 等[14]认为 ITZ 的密度与其硬度成正相关，测得 ITZ 硬度为砂浆硬度的 6/7，因此，橡胶-砂浆 ITZ 的真实密度可取为 1 800 kg/m^3。根据式(4.8)计算本书所取橡胶-砂浆界面粘结单元材料密度为 0.234 kg/m^2。

4.3.3 网格划分及边界条件

ABAQUS 中模拟橡胶-砂浆界面粘结单元设置为四节点三维内聚力单元（COH3D6），设置单元可以发生损伤，当刚度下降率增加至 1 时界面完全失效，但不删除单元。骨料、砂浆与橡胶颗粒设置为 C3D4 单元。

为模拟悬臂梁自由振动试验，固定梁的一端形成悬臂梁，在自由端施加瞬时荷载，如图 4.23 所示。

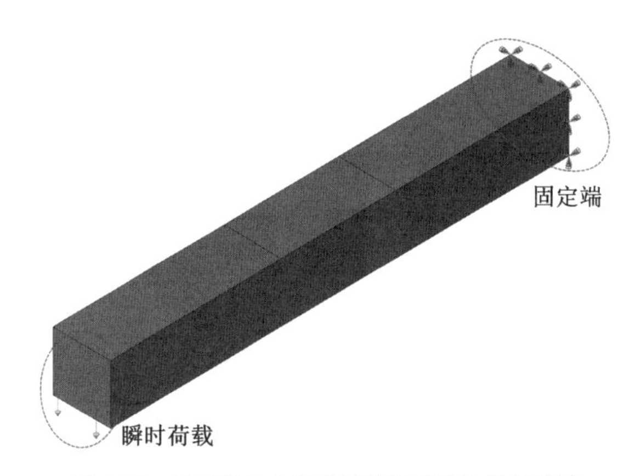

图 4.23 悬臂梁自由振动试验模拟的边界和荷载

4.4 橡胶-砂浆界面过渡区阻尼比的反演

4.4.1 优化算法

利用 Isight 平台中自带的优化算法进行反演优化计算。本书需反演的目标函数可能存在非线性、非连续问题，同时变量及约束也可能是非线性或离散变量集。对于这些不存在导数、梯度信息可利用的问题，需采用全局优化算法找到全局最优解。Isight 提供的全局算法包括多岛遗传算法（Multi-Island Genetic Algorithm，MIGA）、进化算法（Evolutionary Optimization，Evol）、自适应模拟退火算法（Adaptive Simulated Annealing，ASA）和粒子群优化算法（Particle Swarm Optimization，PSO）等。全局优化算法能求解全局最优解，避免了集中在局部区域的搜索，但相对来说计算量较大。因此需选取高效且精度较高的优化算法。赖宇阳[15]对比了上述四种算法对同一问题的优化效率与准确度，结果表明自适应模拟退火算法在效率上略逊于粒子群优化算法与进化算法，但得到的解更接近真值。相较于优化效率，本书更关注参数的优化精度，可通过建立合理有限元模型控制单次计算时间，提高反演效率。因此，本书采用自适应模拟退火算法作为调配整个反演分析过程的优化算法。

4.4.2　反演结果

在反演无损界面阻尼比时，设置细观模型内骨料与砂浆的阻尼比为 0.022[16]，橡胶颗粒的阻尼比采用 4.3.2 节通过橡胶循环加载测试所得橡胶材料阻尼比试验值。以橡胶-砂浆界面阻尼比为待反演参数，结合试验所得自由振动衰减目标曲线与计算得到的自由振动衰减曲线，以两者间误差最小化构建界面阻尼比反演目标函数为

$$\min R = \frac{1}{N}\sum_{i=1}^{N}\left|U_{t_i}^{\mathrm{sim}}(\xi) - U_{t_i}^{\mathrm{aim}}\right| \tag{4.9}$$

式中：R——两曲线间的平均偏差；

N——采样点数量；

$U_{t_i}^{\mathrm{sim}}$、$U_{t_i}^{\mathrm{aim}}$——模拟所得与自由振动目标衰减曲线上时间为 t_i 时的位移；

ξ——橡胶-砂浆界面的阻尼比。

最终，可以反演得到水处理界面的阻尼比为 0.101 79，氢氧化钠处理界面的阻尼比为 0.024 99。

参考文献

[1]　饶玉文，林仁邦，杨颜志，等. 基于人工蜂群算法的复合材料层间内聚力模型参数反演[J]. 机械强度，2021,43(2)：287－292.

[2]　BOUHALA L，MAKRADI A，BELOUETTAR S，et al. An XFEM/CZM based inverse

method for identification of composite failure parameters[J]. Computers & Structures, 2015(153): 91 - 97.

[3] RAHMAN M, AL-GHALIB A, MOHAMMAD F. Anti-vibration characteristics of rubberised reinforced concrete beams[J]. Materials and Structures, 2014,47(11): 1807 - 1815.

[4] LIN C, YAO G C, LIN C. A study on the damping ratio of rubber concrete[J]. Journal of Asian Architecture and Building Engineering, 2010,9(2): 423 - 429.

[5] 袁勇，郑磊. 橡胶混凝土动力性能试验研究[J]. 同济大学学报(自然科学版)，2008，36(9): 1186 - 1190.

[6] CHI L, LU S, YAO Y. Damping additives used in cement-matrix composites: A review [J]. Composites Part B: Engineering, 2019(164): 26 - 36.

[7] 陈俊豪，曾晓辉，谢友均，等. 橡胶自密实混凝土填充层结构的减振性能[J]. 建筑材料学报，2023,26(4): 353 - 360, 388.

[8] CHEN J, ZENG X, ABDULLAHI U H, et al. Study of the vibration reduction performance of rubberized self-compacting concrete filling layer in prefabricated slab track [J]. Journal of Materials in Civil Engineering, 2023,35(6): 04023150.

[9] LIU R, ZHANG L. Utilization of waste tire rubber powder in concrete[J]. Composite Interfaces, 2015,22(9): 823 - 835.

[10] LI N, LONG G C, MA C, et al. Properties of self-compacting concrete (SCC) with recycled tire rubber aggregate : A comprehensive study [J]. Journal of Cleaner Production, 2019(236): 117707.

[11] GUPTA T, SIDDIQUE S, SHARMA R K, et al. Effect of elevated temperature and cooling regimes on mechanical and durability properties of concrete containing waste rubber fiber[J]. Construction and Building Materials, 2017(137): 35 - 45.

[12] JIN H, TIAN Q, LI Z. Aging test and performance prediction of rubber in mortar medium[J]. Journal of Cleaner Production, 2022(331): 129981.

[13] 张海波，管学茂，刘小星，等. 废旧橡胶颗粒对混凝土强度的影响及界面分析[J]. 材料导报，2009,23(8): 65 - 67.

[14] ERDEM S, DAWSON A R, THOM N H. Influence of the micro-and nanoscale local mechanical properties of the interfacial transition zone on impact behavior of concrete made with different aggregates[J]. Cement and Concrete Research, 2012,42(2): 447 - 458.

[15] 赖宇阳. Isight 参数优化理论与实例详解[M]. 北京:北京航空航天大学出版社，2012: 249.

[16] TIAN Y, LU D, ZHOU J, et al. Damping property of cement mortar incorporating damping aggregate[J]. Materials, 2020,13(3):792.

第 5 章　混凝土宏观力学指标的获取

混凝土结构数值计算需要赋予模型物理力学参数。通常情况下，可以通过物理力学试验获取计算参数。随着混凝土细观模型的发展及计算机性能的提升，通过数值试验替代物理试验，不仅能够快速获取不同类型混凝土的宏观力学指标，还能进一步分析混凝土结构性能。本章利用几何本征骨料混凝土细观模型，介绍了混凝土弹性模量、泊松比以及阻尼比的获取。最后，通过获取的宏观力学指标分析了混凝土结构性能。

5.1 获取方法概述

获取混凝土宏观力学指标是几何本征骨料混凝土细观模型的典型应用之一。首先，明确混凝土宏观力学指标的实验方法。大部分混凝土宏观力学指标的实验方法可以通过相关标准规范确定。对于没有标准规范的宏观力学指标，可以通过查阅文献确定实验方法。其次，针对特定的宏观力学指标，采用几何本征骨料混凝土细观构建对应的数值模型，再按照实验要求，确定数值模型的荷载条件、边界条件，等等。最后，根据实验方法得出混凝土宏观力学指标。

5.2 橡胶混凝土宏观力学指标获取

本节以橡胶混凝土宏观力学指标为例，采用几何本征骨料混凝土细观模型，获取橡胶混凝土的弹性模量、泊松比、阻尼比。

5.2.1 弹性模量获取

5.2.1.1 弹性模量试验

根据《混凝土物理力学性能试验方法标准》(GB/T 50081—2019)中的要求，进行混凝土弹性模量试验。

利用标准试块即边长为150 mm×150 mm×300 mm的棱柱体试件和万能试验机进行橡胶混凝土弹性模量试验。试验设备还包括弹性模量试验装置，如图5.1所示。

利用万能试验机对应的软件配置弹性模量试验加载程序：加荷至基准应力为0.5 MPa的初始荷载值F_0，保持恒载60 s并在以后的30 s内记录每个测点的变形读

数 ε_0。然后立即连续均匀地加荷至应力为轴心抗压强度 1/3 时的荷载值 F_a，保持恒载 60 s 并在以后的 30 s 内记录每一测点的变形读数 ε_a。以与加荷速度相同的速度卸荷至基准应力 0.5 MPa 并保持恒载 60 s；应用同样的加荷和卸荷速度以及 60 s 的保持恒载至少进行两次反复预压。在最后一次预压完成后，应在基准应力 0.5 MPa 持荷 60 s 并在以后的 30 s 内记录每一测点的变形读数 ε_0；再用同样的加荷速度加荷至 F_a，持荷 60 s 并在以后的 30 s 内记录每一测点的变形读数 ε_a。加载过程示意图如图 5.2 所示。

图 5.1　试块加载

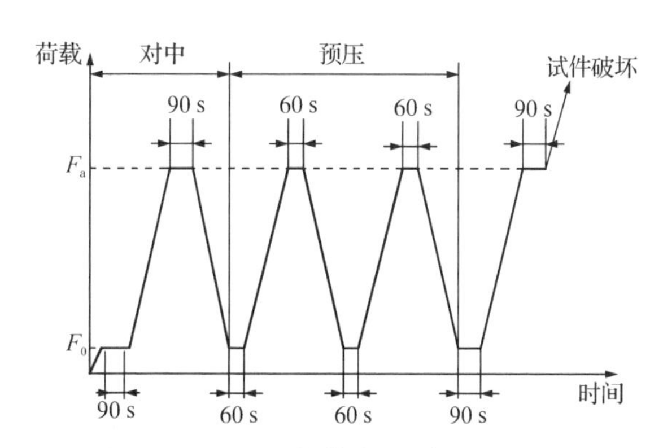

图 5.2　加载过程示意图

混凝土静压受力弹性模量值应按下列公式计算：

$$E_c = \frac{F_a - F_0}{A} \times \frac{L}{\Delta n} \tag{5.1}$$

$$\Delta n = \varepsilon_a - \varepsilon_0$$

式中：E_c——混凝土静压受力弹性模量（MPa），计算结果应精确至 100 MPa；

F_a——应力为 1/3 轴心抗压强度时的荷载（N）；

F_0——应力为 0.5 MPa 时的初始荷载（N）；

A——试件承压面积（mm^2）；

L——测量标距（mm）；

Δn——最后一次从 F_0 加荷至 F_a 时试件两侧变形的平均值（mm）；

ε_a——F_a 时试件两侧变形的平均值（mm）；

ε_0——F_0 时试件两侧变形的平均值（mm）。

5.2.1.2 弹性模量试验的细观模拟

为了获得橡胶混凝土弹性模量，基于本书提出的细观尺度下橡胶混凝土有限元建模方法，建立如图 5.3 所示橡胶混凝土立方体试块的细观有限元模型，立方体模型尺寸为 150 mm × 150 mm × 300 mm。

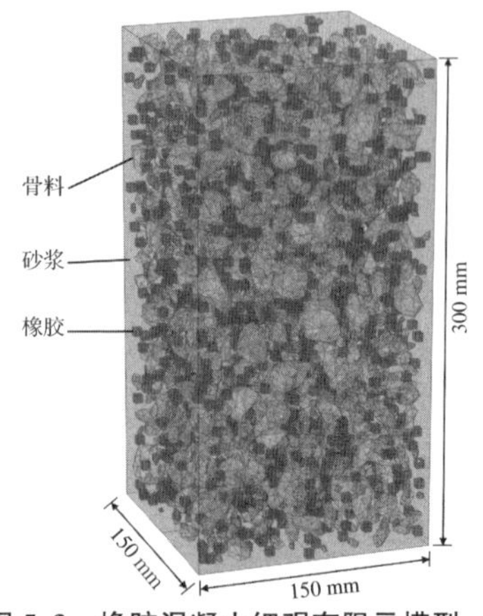

图 5.3　橡胶混凝土细观有限元模型

模型中橡胶采用 Mooney-Rivlin 超弹性本构，骨料采用线弹性本构，弹性模量为 50 GPa，泊松比为 0.2；砂浆采用 ABAQUS 自带的 CDP 塑性损伤本构，材料属性如表 5.1 所示。

表 5.1　砂浆材料属性

弹性模量/GPa	泊松比	剪胀角/(°)	偏心率	压缩强度比值	屈服常数 K	黏性系数
26	0.2	38	0.1	1.16	0.666 7	0.001

通过有限元软件模拟混凝土立方体试块的单轴压缩试验，获得橡胶混凝土应力-应变曲线。在立方体试块的上端施加 Z 方向的荷载，约束立方体试块下端的 Z 向位移，并在下端面中点的连线上分别约束 X 位移和 Y 位移，橡胶混凝土试块的边界条件如图 5.4 所示。

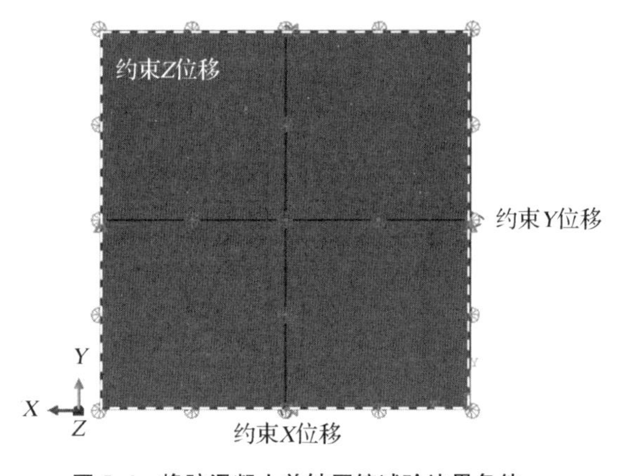

图 5.4　橡胶混凝土单轴压缩试验边界条件

弹性模量是混凝土结构设计与分析中的重要材料参数，用于衡量混凝土抵抗弹性变形的能力。橡胶混凝土的弹性模量可表示为混凝土立方体试件在单轴压缩过程中，弹性阶段内混凝土应力与应变的比值，即

$$E=\frac{\sigma}{\varepsilon}=\frac{\sigma}{\Delta L/L} \tag{5.2}$$

式中：E——混凝土弹性模量；

σ——混凝土弹性阶段的轴向应力；

ε——混凝土弹性阶段的轴向应变；

ΔL——混凝土弹性阶段的轴向位移；

L——混凝土的轴向边长。

5.2.2　泊松比获取

5.2.2.1　泊松比试验

根据《混凝土物理力学性能试验方法标准》(GB/T 50081—2019)中的要求，进行混凝土泊松比试验。

利用标准试块即边长为 150 mm×150 mm×300 mm 的棱柱体试件和万能试验机进行橡胶混凝土泊松比试验。泊松比试验在弹性模量试验的基础上，增加应变片、位移计和静态应变测试仪（图 5.5）。应变片型号：BMB120 - 30AA（11）- P150 - D，电阻值(120.0±0.3) Ω，灵敏系数(2.11±1)%。位移计型号 YWC - 20。静态应变测试仪采用江苏东华测试技术股份有限公司生产的 DH3818Y 型，相应软件如图 5.6 所示。

试验前，将混凝土试块擦拭干，在光滑的测试表面用砂纸打磨，再用铅笔在试块中心位置画出十字交叉线，在相对的表面水平位置粘贴应变片，即先在试件上涂抹 502 胶，然后将应变片按压粘贴，确保无气泡，再用 703 胶附着在试件上用于保护应变片。应变片长度为 10 cm，横向粘贴，主要用于测量混凝土试块的横向变形。再将弹性模量试验装置固定，试验装置固定好后插入位移应变计，应变计用于测量竖向应变。位移计、应变片与静态应变测试仪、电脑相连，在试验过程中实时记录数据。

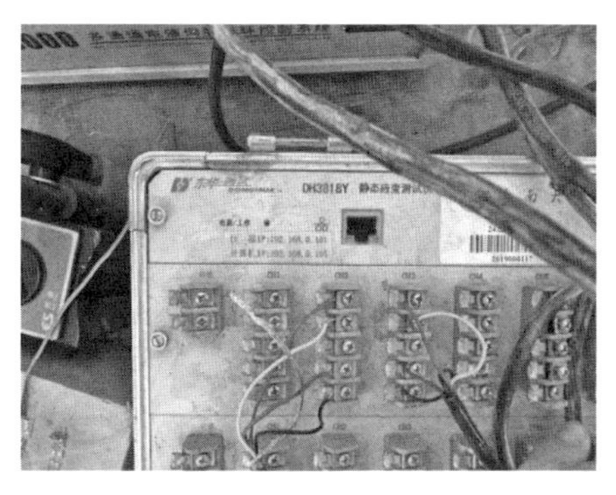

图 5.5　静态应变测试仪

图 5.6　测试软件

泊松比计算公式：

$$\mu=\frac{\varepsilon_{ta}-\varepsilon_{t0}}{\varepsilon_{a}-\varepsilon_{0}} \tag{5.3}$$

式中：μ——混凝土泊松比；

ε_{ta}——最后一次 F_a 时时间两侧横向应变平均值（$\times10^{-6}$）；

ε_{t0}——最后一次 F_0 时时间两侧横向应变平均值（$\times10^{-6}$）；

ε_{a}——最后一次 F_a 时时间两侧竖向应变平均值（$\times10^{-6}$）；

ε_{0}——最后一次 F_0 时时间两侧竖向应变平均值（$\times10^{-6}$）。

5.2.2.2 泊松比试验的细观模拟

为了获得橡胶混凝土泊松比，基于本书提出的细观尺度下橡胶混凝土有限元建模方法，模量同 5.2.1.2 节。

泊松比是混凝土结构设计与分析中的重要材料参数，泊松比表示混凝土侧向变形与轴向变形的比值。橡胶混凝土的泊松比可表示为混凝土立方体试件在单轴压缩过程中，弹性阶段内混凝土水平方向应变与轴向应变的比值，即

$$\mu_x=\frac{\varepsilon_x}{\varepsilon_z}=\frac{\Delta L_x/L}{\Delta L/L}=\frac{\Delta L_x}{\Delta L} \qquad \gamma_y=\frac{\varepsilon_y}{\varepsilon_z}=\frac{\Delta L_y/L}{\Delta L/L}=\frac{\Delta L_y}{\Delta L} \tag{5.4}$$

式中：μ_x——混凝土 x 方向的泊松比；

μ_y——混凝土 y 方向的泊松比；

ε_x——混凝土 x 方向的应变；

ε_y——混凝土 y 方向的应变；

ε_z——混凝土 z 方向的应变；

ΔL_x——混凝土弹性阶段的 x 向位移；

ΔL_y——混凝土弹性阶段的 y 向位移。

橡胶混凝土在宏观尺度内认为是各向同性材料，因此橡胶混凝土的等效泊松比表示为：

$$\mu=\frac{\mu_x+\mu_y}{2} \tag{5.5}$$

5.2.3 阻尼比获取

5.2.3.1 阻尼比试验

振型为体系的一种固有特性，与固有频率相对应。结构动力学表明，相较于高阶振型，低阶振型对结构振动的影响更大。一阶振型容易出现，而高阶振型需要输

入较大的能量才能出现，且振型阶次越大，对体系的影响越小。因此，本书试验选用较简单的悬臂梁试件作为研究对象，在自由端作用较小荷载时，悬臂梁主要以一阶振型振动为主。

采用 MTS810 型电液伺服疲劳试验机夹持橡胶混凝土梁，形成悬臂梁系统。梁的固定端深入两块夹持钢板间，夹持长度 30 mm，悬臂长度 240 mm。加速度传感器布置于与自由端距离为 a 的试件上表面，力锤敲击于与试件自由端距离为 $a/2$ 的上表面，悬臂梁自由振动试验装置如图 5.7 所示。

利用加速度传感器接收到的振动传递数据分析橡胶混凝土梁阻尼比，获取橡胶混凝土梁荷载端在荷载消失后时域下的位移曲线。阻尼比计算公式为：

$$\xi=\frac{1}{2\pi n}\ln\left(\frac{A_k}{A_{k+n}}\right) \tag{5.6}$$

式中：ξ——橡胶混凝土梁阻尼比；

A_k——时域曲线的第 k 个位移幅值；

A_{k+n}——时域曲线的第 $k+n$ 个位移幅值。

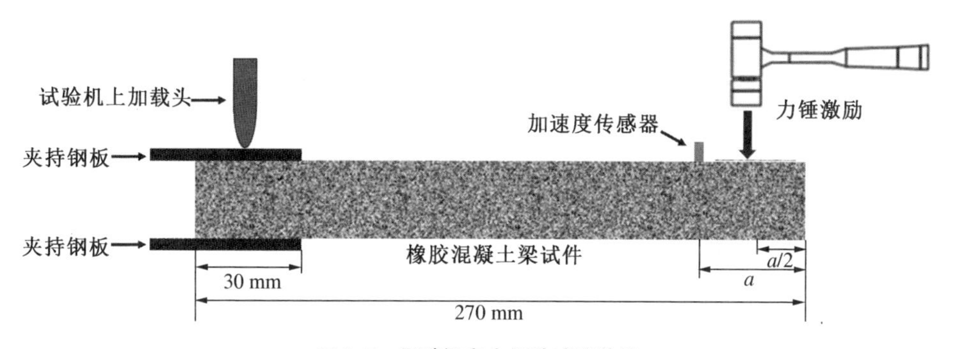

图 5.7　悬臂梁自由振动试验装置

5.2.3.2　阻尼比试验的细观模拟

基于橡胶混凝土细观建模方法，建立橡胶混凝土阻尼比计算的三维细观有限元模型，橡胶混凝土梁三维尺寸为 30 mm×30 mm×240 mm，如图 5.8 所示。模型中骨料采用扫描所得真实骨料形状，投放级配范围 4.75～9.5 mm，模型中骨料体积含量为 20%。橡胶采用边长为 4 mm 的立方块模拟，体积含量 5%。橡胶-砂浆界面采用零厚度内聚力单元模拟，无实际体积。本书认为橡胶混凝土细观模型中，粒径小于 4.75 mm 的骨料为细骨料，其与水泥共同组成砂浆组分，体积含量 75%。

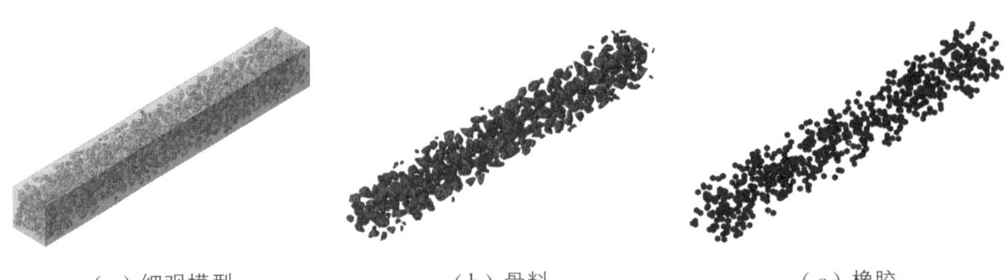

图 5.8　橡胶混凝土阻尼比计算模型

橡胶混凝土阻尼比计算为动力计算，橡胶采用 Mooney-Rivlin 超弹性本构；骨料和砂浆均采用线弹性本构，具体材料属性如表 5.2 所示。

表 5.2　橡胶混凝土梁骨料与砂浆材料属性

材料	弹性模量/GPa	泊松比	密度/(kg・m^{-3})	阻尼比
骨料	50	0.2	2 600	0.01
砂浆	26	0.2	2 100	0.01

模拟橡胶-砂浆界面的内聚力单元设置为四节点三维内聚力单元(COH3D6)，设置单元可以发生损伤，当刚度下降率增加至 1 时界面完全失效，但不删除单元。骨料、砂浆与橡胶颗粒设置为 C3D4 单元。

通过橡胶混凝土梁的自由振动衰减法计算橡胶混凝土梁的宏观阻尼比，将混凝土梁一端固定，形成悬臂梁，在另一端施加一瞬时荷载。其中，在底面两支座位置约束 X 与 Y 方向位移，底面中心位置约束 Z 方向位移，在顶面两支座位置根据试验加载级别设置对应的 Y 方向位移，如图 5.9 所示。

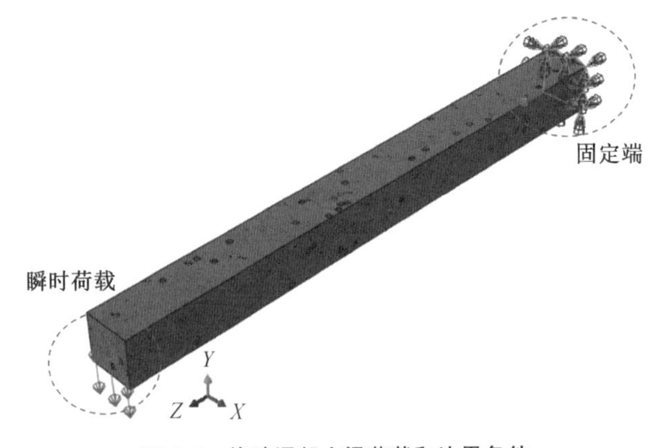

图 5.9　橡胶混凝土梁荷载和边界条件

模拟锤击法阻尼比测试，获取橡胶混凝土荷载端在荷载消失后时域下的位移曲线。阻尼比计算公式同式（5.6）。

5.3　橡胶混凝土道床减振性能分析

5.3.1　不同橡胶含量下橡胶混凝土宏观力学指标

研究重点放在橡胶含量变化对材料的密度、弹性模量、泊松比以及阻尼比这4个关键力学指标的影响上，以此来评估橡胶混凝土作为道床材料在减振方面的性能表现。这些力学指标的变化趋势不仅对理解材料本身的物理行为至关重要，也对确保轨道结构的安全、稳定以及乘坐舒适具有指导意义。因此，深入分析这些指标将有助于指导实际工程中橡胶混凝土道床的设计和应用，实现对轨道交通噪声与振动的有效控制。

5.3.1.1　密度

橡胶混凝土的配合比确定后，所形成的橡胶混凝土的密度也唯一确定。因此可根据橡胶混凝土中骨料、橡胶、砂浆各相所占的比例确定橡胶混凝土的密度。

橡胶混凝土密度计算公式为：

$$\rho_{橡胶混凝土}=\rho_{骨料}\alpha_{骨料}+\rho_{橡胶}\alpha_{橡胶}+\rho_{砂浆}\alpha_{砂浆} \tag{5.7}$$

式中：ρ——密度；

α——体积分数。

橡胶混凝土细观模型中各组分的密度如表5.3所示，根据橡胶混凝土中各组分的密度和体积分数即可计算橡胶混凝土的密度。

表5.3　橡胶混凝土各组分的密度

混凝土组分	密度/(kg·m^{-3})
骨料	2 600
橡胶	1 120
砂浆	2 100

由于骨料投放时，难以生成较大骨料含量的模型。本书所有模型中骨料含量均为20%，因此当橡胶体积分数为5%时，砂浆体积分数为75%，此时可计算5%橡胶含量的橡胶混凝土的密度为：

$$\begin{aligned}\rho_{5\%橡胶混凝土}&=\rho_{骨料}\alpha_{骨料}+\rho_{橡胶}\alpha_{橡胶}+\rho_{砂浆}\alpha_{砂浆}\\&=2\ 600\ kg/m^3\times20\%+1\ 120\ kg/m^3\times5\%+2\ 100\ kg/m^3\times75\%\\&=2\ 151\ kg/m^3\end{aligned} \tag{5.8}$$

通过计算，不同橡胶含量下橡胶混凝土密度如表 5.4 所示。

表 5.4　不同橡胶含量下橡胶混凝土密度

橡胶含量/%	橡胶混凝土密度/(kg·m^{-3})
2.5	2 176
5	2 151
7.5	2 127

5.3.1.2　弹性模量和泊松比

通过计算，不同橡胶含量下橡胶混凝土的弹性模量如表 5.5 所示。

表 5.5　不同橡胶含量下橡胶混凝土弹性模量

橡胶含量/%	弹性模量/GPa	下降比例/%
2.5	26.86	4.4
5	26.44	5.9
7.5	25.37	9.7

橡胶含量由 2.5%增加到 7.5%，橡胶混凝土的弹性模量由 26.86 GPa 非线性下降到 25.37 GPa，降低 5.5%，如图 5.10 所示。

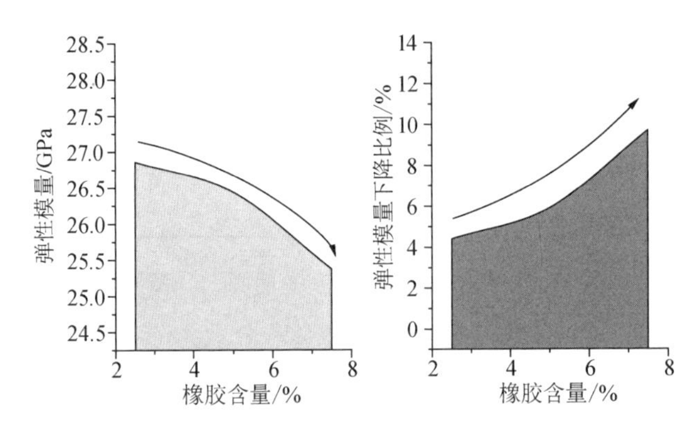

图 5.10　不同橡胶含量下橡胶混凝土弹性模量

通过计算，不同橡胶含量下橡胶混凝土的泊松比如表 5.6 所示。

表 5.6　不同橡胶含量下橡胶混凝土泊松比

橡胶含量/%	泊松比	下降比例/%
2.5	0.199 5	0.25
5	0.197 3	1.35
7.5	0.196 1	1.95

橡胶含量由 2.5%增加到 7.5%，橡胶混凝土的泊松比从 0.199 5 非线性下降到 0.196 1，降低 1.7%，如图 5.11 所示。

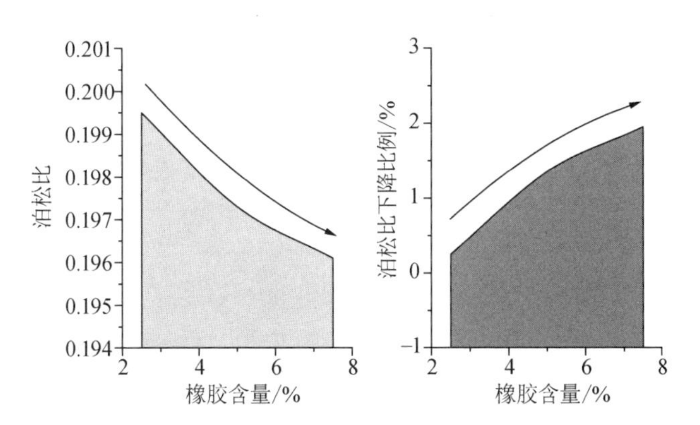

图 5.11　不同橡胶含量下橡胶混凝土泊松比

5.3.1.3　阻尼比

不同橡胶含量下橡胶混凝土的阻尼比如表 5.7 所示。

表 5.7　不同橡胶含量下橡胶混凝土阻尼比

橡胶含量/%	阻尼比/‰	增加比例/%
2.5	10.61	5.7
5	11.24	12
7.5	11.88	18.3

橡胶含量由 2.5%增加到 7.5%，橡胶混凝土的阻尼比从 10.61‰近似线性增加到 11.88‰，增加 12%，如图 5.12 所示。

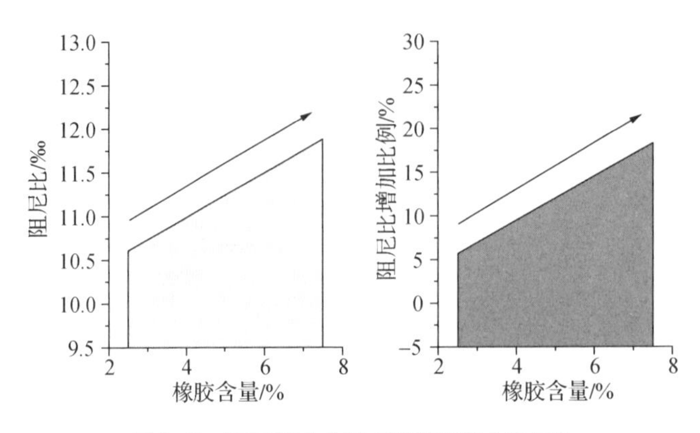

图 5.12　不同橡胶含量下橡胶混凝土阻尼比

5.3.2　橡胶混凝土道床锤击试验模拟

5.3.2.1　橡胶混凝土道床计算模型

盾构隧道外径 6.2 m，内径 5.5 m，环宽 1.2 m。管片厚度为 0.35 m，采用错缝拼装方式进行拼装。管片的混凝土强度等级为 C50，材料属性如表 5.8 所示。

表 5.8　管片材料属性

材料	弹性模量/GPa	泊松比	阻尼比/‰	密度/(kg·m^{-3})
C50	34.5	0.2	10.00	2 420

管片块与块之间采用 2 根环向螺栓连接，相邻两环管片之间每隔 22.5°设置一根纵向螺栓。环向及纵向螺栓采用强度等级为 5.8 级 M30 弯螺栓。管片主筋为 HRB335 钢筋，分布筋、箍筋为 HRB235 钢筋。螺栓和钢筋的材料属性如表 5.9 所示。

表 5.9　螺栓、钢筋材料属性

材料	弹性模量/GPa	泊松比	屈服强度/MPa	抗拉强度/MPa
5.8 级 M30 弯螺栓	200	0.3	400	500
HRB235 钢筋	210	0.3	235	370
HRB335 钢筋	200	0.3	335	435

管片与管片之间切向摩擦系数为 0.5，法向采用“硬接触”。道床底面和管片内弧面进行节点绑定。钢筋、接头螺栓采用嵌入方法植入管片，不考虑钢筋、螺栓与管片混凝土之间的相对滑移。

锤击力施加在道床中心，道床采样点设置在道床宽 1/6 处，计算模型如图 5.13 所示。

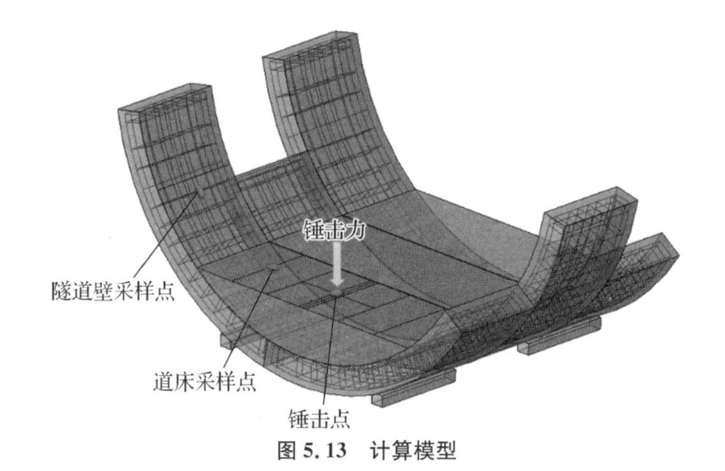

图 5.13　计算模型

5.3.2.2　实验验证

东南大学道路与铁道工程实验室的道床足尺实验平台如图 5.14 所示，与图 5.13 计算模型完全相同，道床厚度为 0.6 m。 锤击点和道床采样点同计算模型。 采集仪采用 NV3062C 网络分布式采集仪，设置力信号采样频率 5 120 Hz，振动加速度信号采样频率 640 Hz。 振动加速度传感器采用 INV9828 振动加速度传感器，量程 10 g，频率范围 0.5～1 kHz。 锤击采用 IEPE 型力棒，铝制锤头，下落高度 115 mm。

图 5.14　道床足尺实验平台

对比实验结果和计算结果，如图 5.15 所示。 从图 5.15 中可以看到，计算结果和实验结果在各主要频段的振动加速度级基本相同。除中心频率为 12.5 Hz 和 200 Hz 所在频段，计算结果和实验结果有差别。笔者进行了大量的模型验算（近 100 组模型），认为造成该差异的原因，主要是管片连接件（即环缝螺栓和纵缝螺栓）预紧力不同引起。

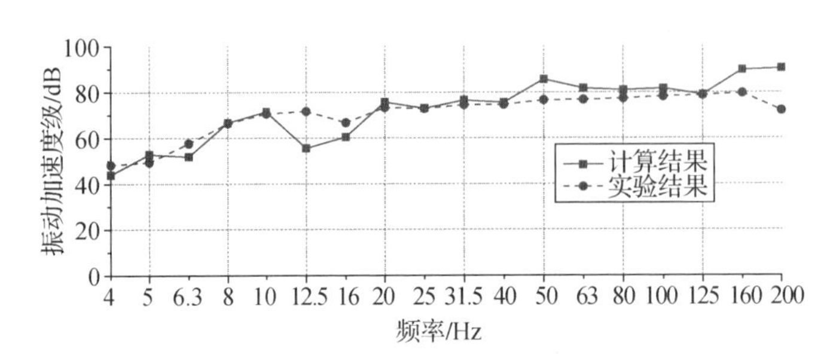

图 5.15　实验结果和计算结果对比

5.3.3　橡胶混凝土道床动力特性分析

通过道床足尺实验验证了橡胶混凝土道床有限元模型的可靠性。本节通过道床有限元模型对不同橡胶含量的橡胶混凝土道床的动力特性进行分析。由于地铁环境振动的主要关心频段在 4～200 Hz 之间。因此，本书各测点数据处理仅给出 4～200 Hz 频段的结果。

5.3.3.1　振动加速度级

不同橡胶含量下，道床振动加速度的 1/3 倍频程如图 5.16 所示，可以看到：① 当橡胶含量较低时，即 2.5%和 5%，道床振动加速度几乎相同。② 橡胶含量上升到 7.5%，在中心频率小于 40 Hz 的频段，道床振动加速度峰值频率和 2.5%、5%相同，但是幅值降低；在中心频率大于 40 Hz 的频段，道床振动加速度峰值频率和 2.5%、5%有所不同，表明结构自振频率产生了变化。

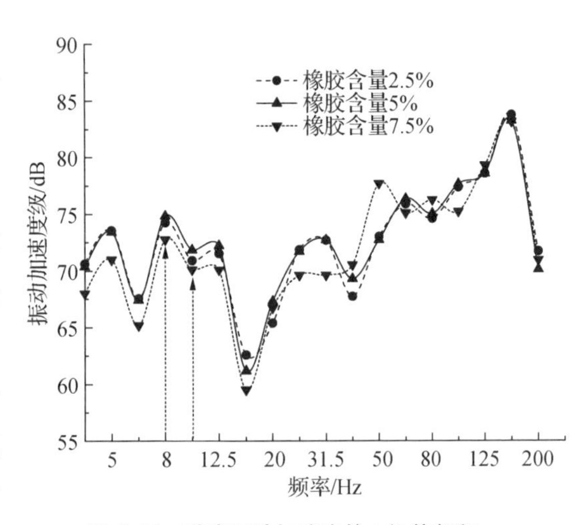

图 5.16　道床振动加速度的 1/3 倍频程

不同橡胶含量下，隧道壁振动加速度的 1/3 倍频程如图 5.17 所示，可以看到：① 当橡胶含量为 2.5%和 5%时，隧道壁振动加速度几乎相同。② 当橡胶含量为 7.5%时，4～200 Hz 频段的振动加速度与 2.5%和 5%接近，但在中心频率小于 31.5Hz 的频段，振动加速度略小于 2.5%和 5%。

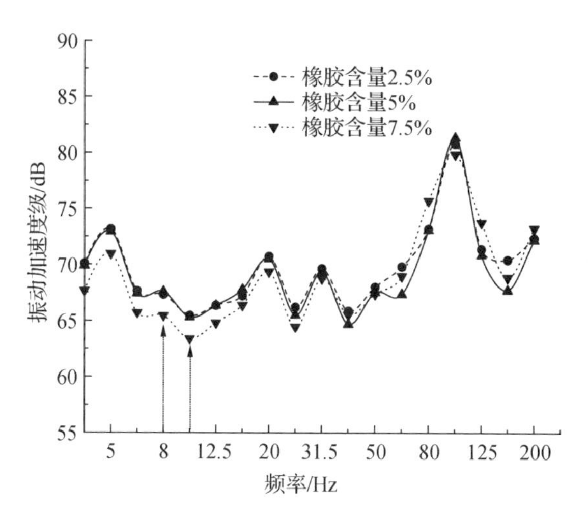

图 5.17　隧道壁振动加速度的 1/3 倍频程

5.3.3.2　传递损失

根据道床振动加速度级和隧道壁振动加速度级，可以得到从道床到隧道壁的振动加速度传递损失，如图 5.18 所示，可以看到：在 4～200 Hz 频段，2.5%、5%和 7.5%橡胶含量的橡胶混凝土道床的传递损失在大部分频段都表现为正值，也即振动得到有效衰减。但是，在中心频率为 16 Hz、20 Hz、100 Hz 和 200 Hz 时，传递损失表现为负值，说明隧道壁振动加速度相较于道床得到放大。

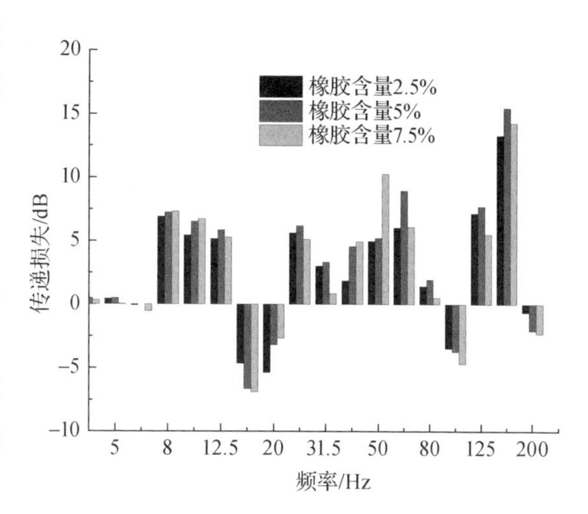

图 5.18　道床到隧道壁的振动加速度传递损失

结合道床振动加速度级和隧道壁振动加速度级的分析，随着橡胶含量的增大，橡胶混凝土道床不仅能够有效吸收自身的低频振动，同时能够有效降低传递到隧道壁的低频振动，尤其在中心频率 8～10 Hz 的频段。

5.3.3.3　插入损失

普通混凝土道床为无减振工况，不同橡胶含量的橡胶混凝土道床为减振工况。插入损失定义为普通混凝土道床的振动加速度级减去橡胶混凝土道床的振动加速度级。插入损失为正值表明橡胶混凝土比普通混凝土减振性能好。道床测点的插入损失如图 5.19 所示。

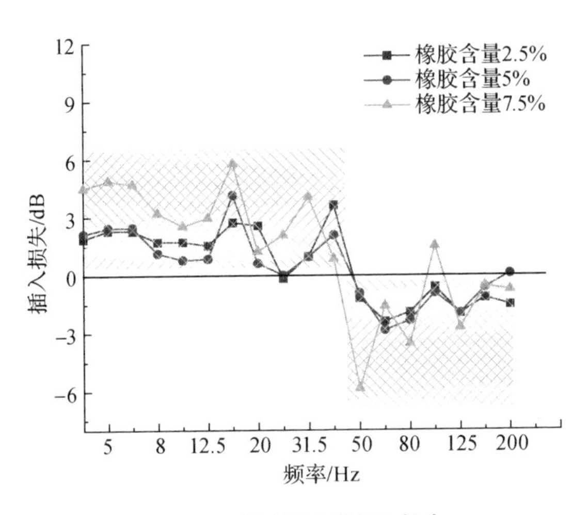

图 5.19　道床测点的插入损失

由图 5.19 可知：中心频率小于 40 Hz 的频段，橡胶混凝土道床的插入损失基本为正值。同时，随着橡胶含量的增大，中心频率小于 40 Hz 的频段，插入损失呈增大趋势，说明橡胶混凝土道床对低频段振动具有较好的耗能作用。

第 6 章　细观尺度下混凝土性能研究

本章全面介绍了几何本征骨料混凝土细观模型在混凝土性能研究方面的应用。以混凝土、橡胶混凝土、钢筋橡胶混凝土为研究对象，采用几何本征骨料混凝土细观模型，对混凝土、橡胶混凝土、钢筋橡胶混凝土的力学性能等进行了细观尺度分析，具体内容包括：混凝土受压损伤的细观分析、混凝土干缩开裂的细观分析、三点弯曲梁断裂的细观分析、含横向裂缝混凝土氯盐侵蚀所致锈裂面的细观分析、橡胶混凝土电导特性的细观分析、橡胶混凝土中钢筋锈蚀的细观分析。

6.1 混凝土受压损伤的细观分析

研究表明，混凝土力学性能与骨料形状密切相关[1]。为了研究骨料形状对混凝土力学性能的影响，基于获得的数字骨料库，利用几何本征骨料混凝土细观模型进行了混凝土受压损伤数值试验。

6.1.1 混凝土受压损伤细观模型

在有限元模型中，骨料和砂浆之间的界面层简化为厚度为 0.2 mm 的均质层，该层通过将骨料形状进行几何内缩而生成。利用线性三角形平面应变单元对求解区域进行划分，不同模型之间维持模型网格尺寸相同。模型底部设置了竖直方向的约束。此外，模型底部左侧端点设置了水平方向约束以消除潜在的刚体位移。为了获得试块的应力应变全曲线，模型顶部采用位移加载的模式，加载量为使试块产生 0.002 压缩应变的位移量。混凝土受压损伤细观模型如图 6.1 所示。

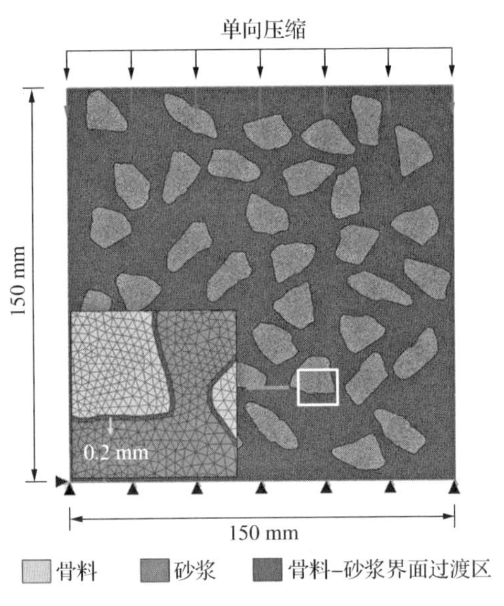

图 6.1 混凝土受压损伤细观模型

6.1.2 骨料形状指标

本书进行了三组不同骨料粒径组别的数值试验以测试骨料形状对结构力学性能的影响。其中，每组包含 10 个试块模型，共 30 个模型。试验模型尺寸大小为

150 mm×150 mm。对参数变量进行单一化处理，忽略骨料等级，保持三组粒径分别为 16 mm、12 mm 和 8 mm，各模型的骨料含量约为 50%。与简单的形状不同，由于模型中的骨料由真实骨料生成，因而每个模型的形状分布具有随机性。为统一量化骨料形状，引入伸长率、圆度和粗糙度三个形状指标来描述模型中骨料的形状特性。其中，伸长率定义为形状的最长弦长与垂直于该形状的最长弦长之比；圆度描述为与该形状面积相同的圆的周长与该形状的实际周长之比；粗糙度定义为周长与凸周长的比值。各形状指标的计算简图如图 6.2 所示，各形状指标的计算方程为

$$\text{伸长率} = W/L \tag{6.1}$$

式中：L——骨料的主轴线长度；

W——骨料的次轴线长度。

$$\text{圆度} = \frac{p^2}{(4\pi)A} \tag{6.2}$$

式中：p——骨料颗粒的周长；

A——骨料颗粒的面积。

$$\text{粗糙度} = p/p_c \tag{6.3}$$

式中：p_c——骨料颗粒的凸包多边形周长。

通过计算 30 个模型中骨料的伸长率、圆度和粗糙度指标，将它们的出现频率分布图以不同粒径组别的形式画出来，如图 6.3～图 6.5 所示。其中，试块的命名表示为 SJ＋试件标号-骨料粒径。从不同粒径骨料的形状指标的分布结果可知：① 随着粒径的变化，分布变化显著；② 伸长率指标大部分在 1.1～1.75 范围内，圆度指标主要在 1.1～1.35 范围内，粗糙度指标主要在 1～1.01 范围内；③ 随着粒径的减小，同粒径组内模型的三个形状指标分布趋于相似，且在伸长率 1.5、圆度 1.15、粗糙度 1.005 附近的出现概率明显增大。这是由于模型中的骨料数量增加，其分布趋向于数字骨料库的统计分布。为了统一度量三个形状指标对混凝土的影响，假设它们都服从正态分布，并计算 30 个模型的平均值 μ 和方差 σ^2 的统计参数来表示形状特征，如表 6.1 所示。

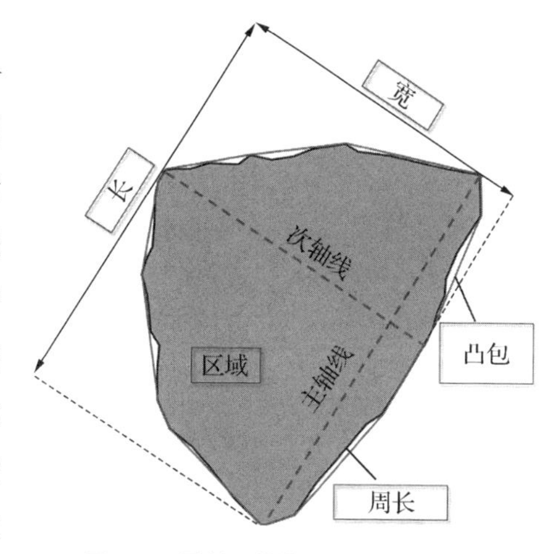

图 6.2　骨料形状指标的计算简图

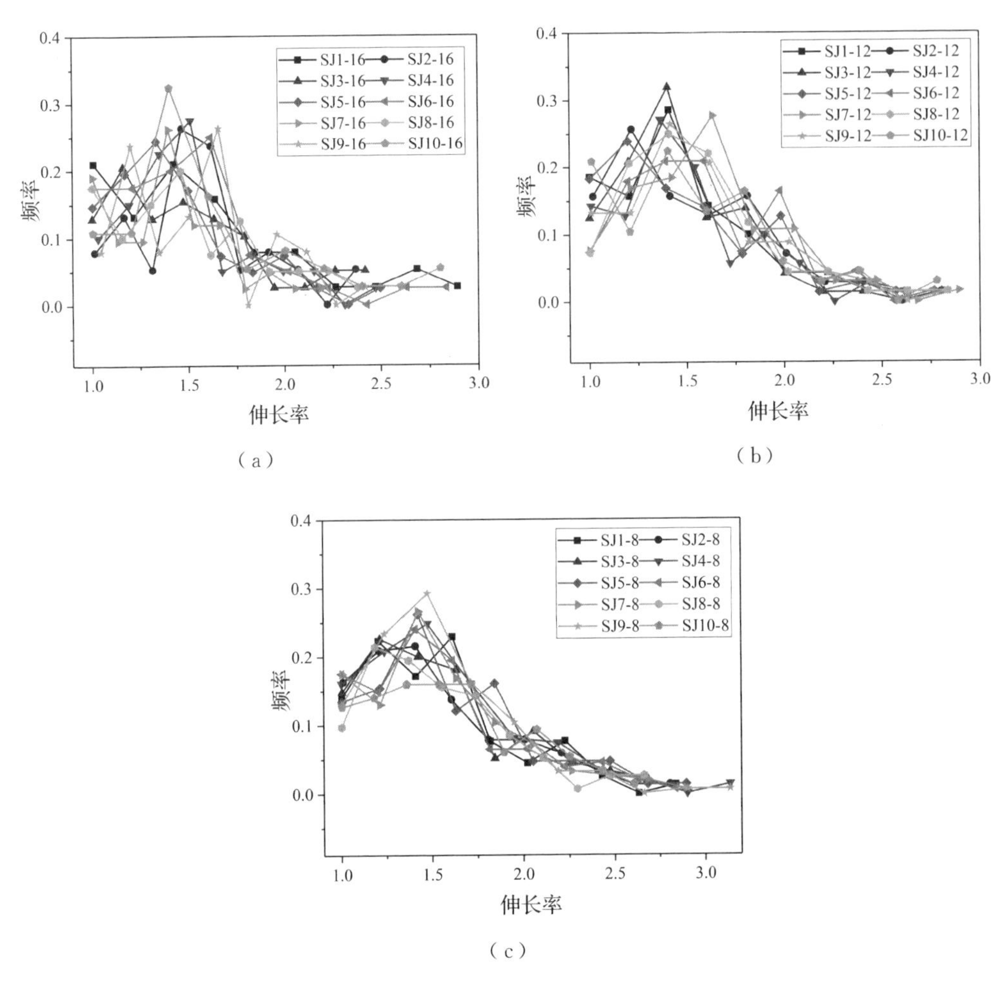

（a） （b）

（c）

图 6.3　不同粒径骨料伸长率指标分布

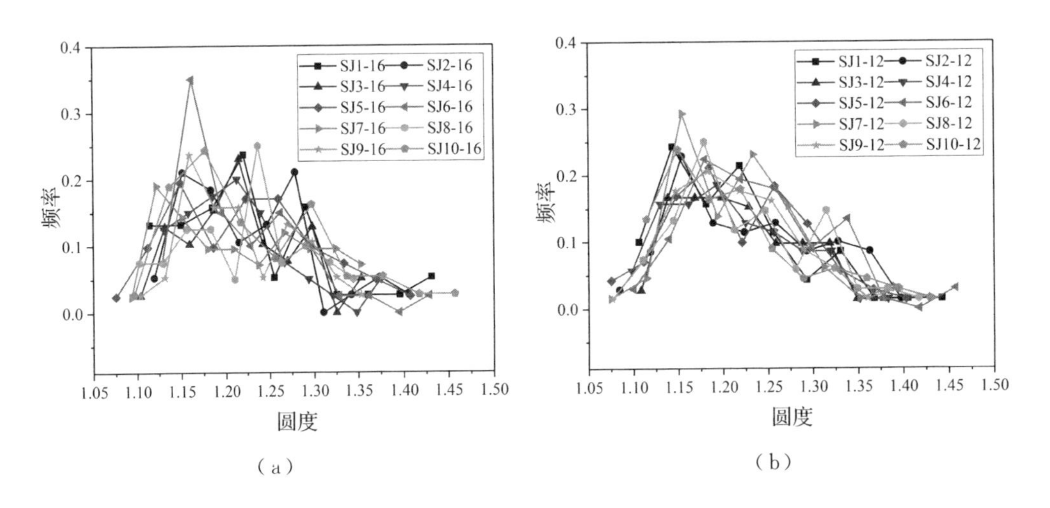

（a） （b）

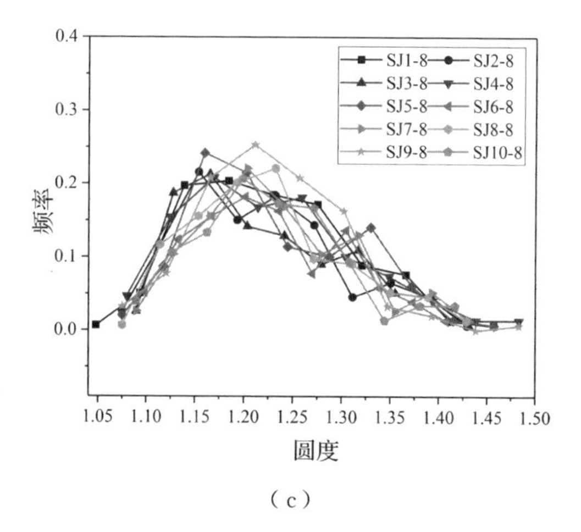

（c）

图 6.4　不同粒径骨料圆度指标分布

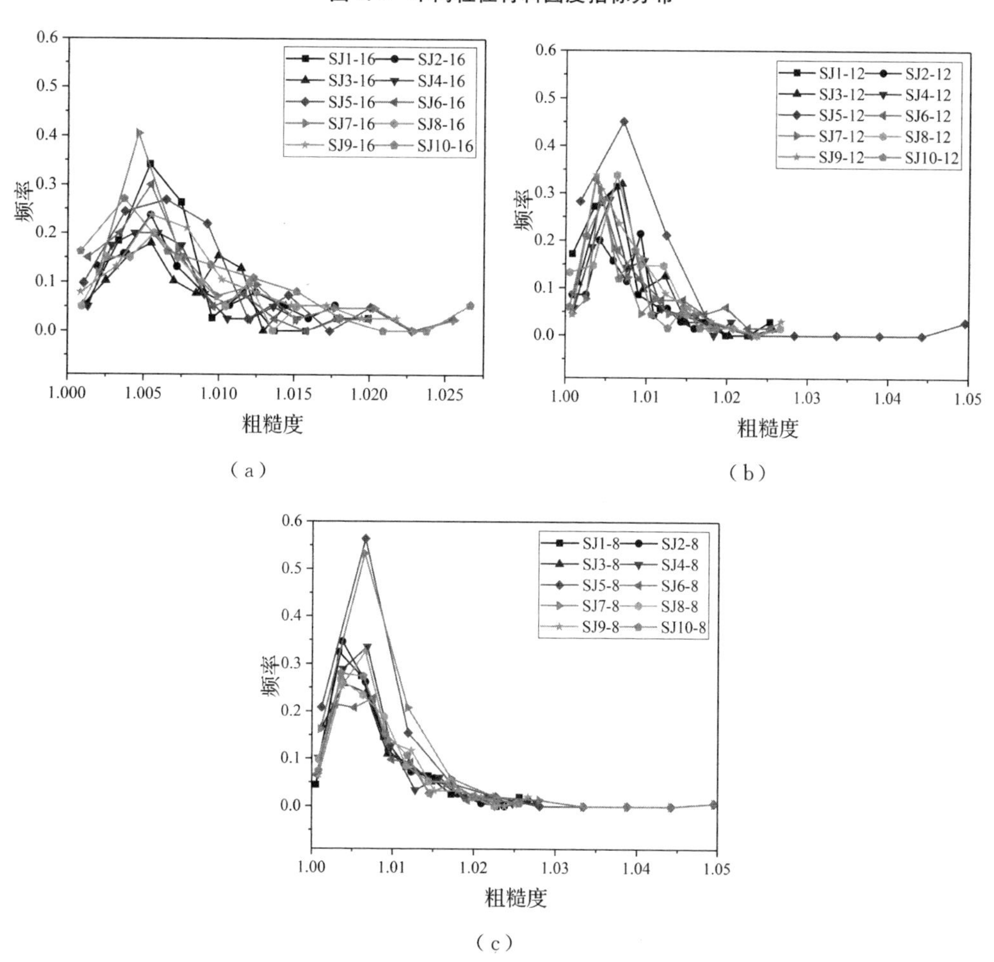

图 6.5　不同粒径骨料粗糙度指标分布

表 6.1　形状指标的统计

形状指标	伸长率		圆度		粗糙度	
	μ	σ^2	μ	σ^2	μ	σ^2
SJ1-16	1.577 1	0.246 0	1.227 1	0.006 8	1.006 8	1.46×10^{-5}
SJ2-16	1.539 7	0.111 6	1.225 3	0.005 3	1.007 4	1.96×10^{-5}
SJ3-16	1.503 0	0.158 3	1.214 4	0.004 2	1.007 0	1.29×10^{-5}
SJ4-16	1.488 2	0.114 3	1.211 4	0.003 7	1.006 2	1.19×10^{-5}
SJ5-16	1.444 9	0.120 8	1.221 6	0.006 2	1.007 8	2.96×10^{-5}
SJ6-16	1.487 4	0.175 4	1.216 0	0.004 8	1.006 4	1.75×10^{-5}
SJ7-16	1.407 9	0.090 4	1.215 2	0.006 2	1.008 1	2.98×10^{-5}
SJ8-16	1.495 2	0.144 8	1.220 0	0.004 4	1.006 6	1.29×10^{-5}
SJ9-16	1.547 5	0.126 4	1.217 5	0.004 2	1.008 2	2.59×10^{-5}
SJ10-16	1.617 9	0.218 2	1.232 1	0.008 2	1.007 9	4.01×10^{-5}
SJ1-12	1.490 7	0.169 9	1.210 7	0.006 0	1.006 4	2.536×10^{-5}
SJ2-12	1.501 7	0.161 9	1.226 0	0.006 2	1.006 7	1.3079×10^{-5}
SJ3-12	1.468 0	0.116 7	1.216 9	0.004 4	1.007 3	1.9383×10^{-5}
SJ4-12	1.500 2	0.130 5	1.209 6	0.005 0	1.007 3	1.8752×10^{-5}
SJ5-12	1.486 7	0.168 2	1.217 0	0.005 7	1.008 3	6.5604×10^{-5}
SJ6-12	1.596 1	0.140 2	1.235 2	0.005 9	1.008 3	3.4544×10^{-5}
SJ7-12	1.598 9	0.146 5	1.217 9	0.005 0	1.006 8	1.6141×10^{-5}
SJ8-12	1.551 4	0.148 0	1.222 5	0.005 5	1.007 6	2.3786×10^{-5}
SJ9-12	1.550 9	0.147 9	1.214 8	0.004 8	1.007 9	3.0521×10^{-5}
SJ10-12	1.543 2	0.187 8	1.212 1	0.006 2	1.006 2	1.5791×10^{-5}
SJ1-8	1.514 5	0.154 5	1.224 8	0.006 0	1.007 2	2.442×10^{-5}
SJ2-8	1.529 7	0.176 5	1.216 7	0.006 3	1.007 0	2.1993×10^{-5}
SJ3-8	1.528 5	0.179 5	1.219 6	0.006 5	1.007 5	2.6575×10^{-5}
SJ4-8	1.569 3	0.200 6	1.225 8	0.007 5	1.007 2	2.5452×10^{-5}
SJ5-8	1.587 0	0.195 3	1.229 9	0.006 7	1.007 3	3.1587×10^{-5}
SJ6-8	1.531 2	0.179 6	1.223 6	0.005 6	1.007 3	2.0775×10^{-5}
SJ7-8	1.542 3	0.170 2	1.232 3	0.005 9	1.008 3	0.1702
SJ8-8	1.536 9	0.147 7	1.224 0	0.005 9	1.007 5	2.1759×10^{-5}
SJ9-8	1.527 7	0.139 1	1.223 0	0.004 6	1.007 9	2.5196×10^{-5}
SJ10-8	1.577 6	0.159 6	1.224 7	0.005 7	1.007 6	2.41×10^{-5}

6.1.3　结果分析

对 30 个数值模型进行模拟求解，典型压缩损伤结果如图 6.6 所示。其中，图 6.6（a）～（c）为 16 mm 粒径组；图 6.6（d）～（f）为 12 mm 粒径组；

图6.6(g)～(i)为8 mm粒径组。结果表明，相同粒径组的不同模型受压损伤存在明显差异，不同粒径组的模型产生的损伤形态大致可分为三种形式：① N形，如图6.6(a)、(d)、(g)所示；② V形，如图6.6(b)、(e)、(h)所示；③ 离散形式，如图6.6(c)、(f)、(i)所示。大粒径组模型产生的裂缝宽度和长度均大于小粒径组，小粒径组的模型则产生密集且宽度较小的裂缝。

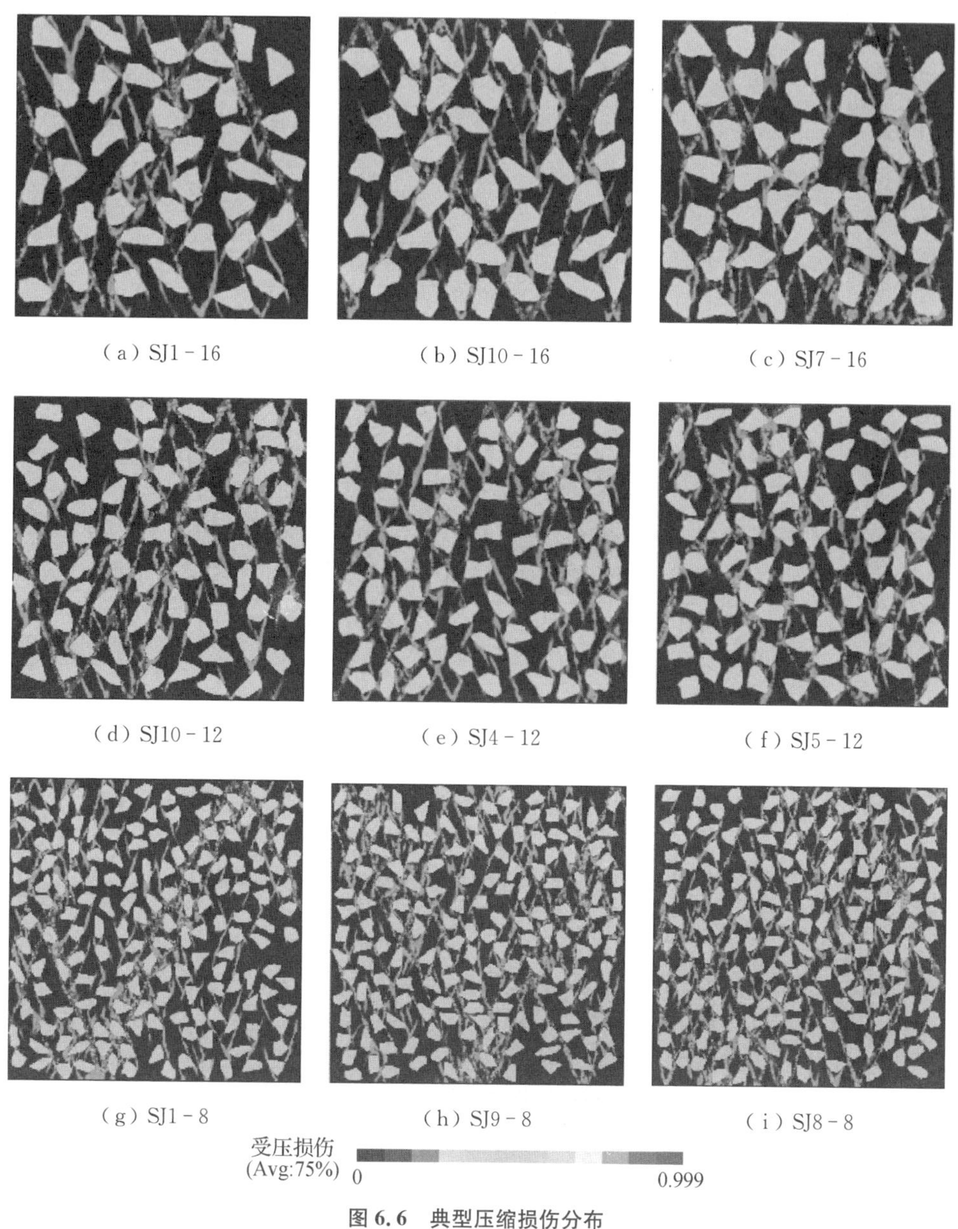

图6.6　典型压缩损伤分布

图 6.7 为不同粒径组模型的应力-应变曲线。结果表明，各组模型在弹性段曲线变化基本一致，但在模型发生损伤后，曲线斜率明显减小。随着损伤程度的增加，曲线达到峰值并逐渐软化。每个模型具有类似的曲线变化过程，但不同粒径组模型间的峰值应力波动较为明显。统计峰值应力并画成箱形图，如图 6.8(左 Y 轴坐标)所示。箱形图中显示了平均数、中位数和四分位数等结果，该数据表明 16 mm 粒径组模型的峰值应力波动范围较大，但 12 mm、8 mm 粒径组的峰值应力波动幅度小。这是由于与小粒径骨料相比，大粒径骨料对裂缝路径具有更强的引导作用，且因为裂缝路径受骨料几何形状的影响，裂缝路径的局部改变导致了结构强度的不确定性。

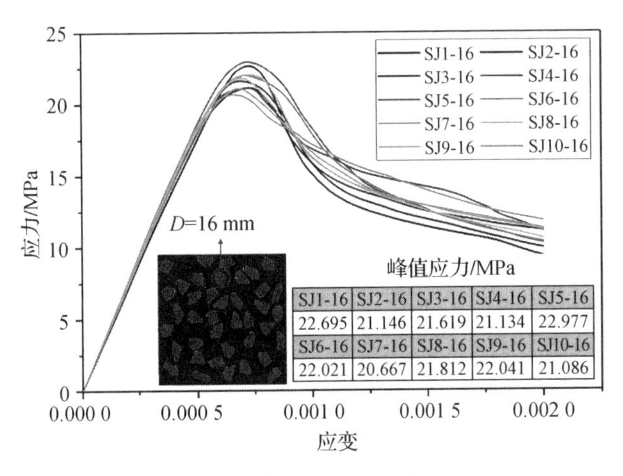

（a）骨料 16 mm 粒径组

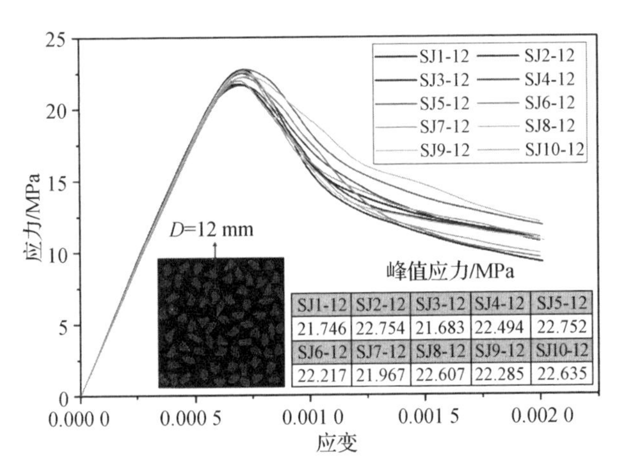

（b）骨料 12 mm 粒径组

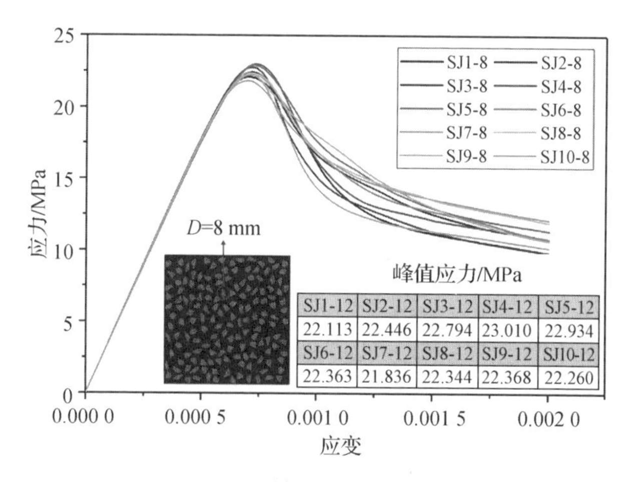

（c）骨料 8 mm 粒径组

图 6.7　不同粒径组模型的应力-应变曲线

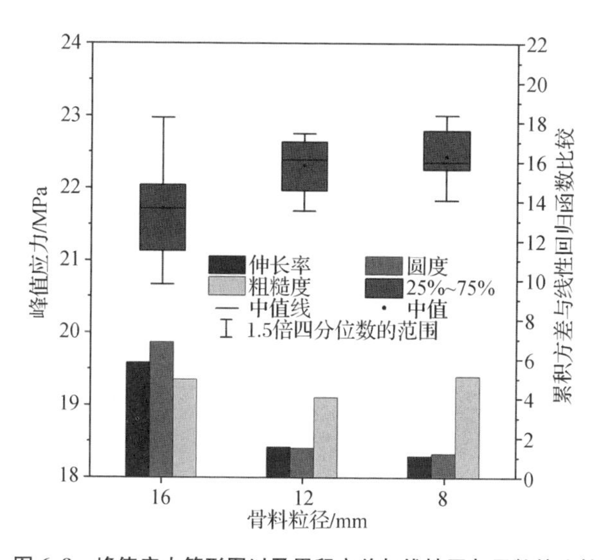

图 6.8　峰值应力箱形图以及累积方差与线性回归函数的比较

为了建立骨料形状与混凝土强度之间的关系，对各粒径模型的骨料形态的统计参数进行计算分析。绘制了统计参数与峰值应力的三维散点图，并对各点进行三维线性回归，如图 6.9 所示。其中，直线为回归线。此外，计算了不同粒径组中三维点与回归线的累积方差。结果表明：① 峰值应力与伸长率、圆度呈正相关。伸长率平均值越小或差异越大，峰值强度越高；同时，圆度平均值和方差越大，峰值强度越高；但峰值应力与粗糙度之间的相关性较小。② 16 mm 粒径组的伸长率和圆度及其回归线的累积方差远大于 12 mm 和 8 mm 粒径组，但不同粒径粗糙度的累积方差无显著差异。结合峰值应力的分布，模型中骨料的伸长率和圆度的分布差异是导致混凝土强度波动的主要原因。

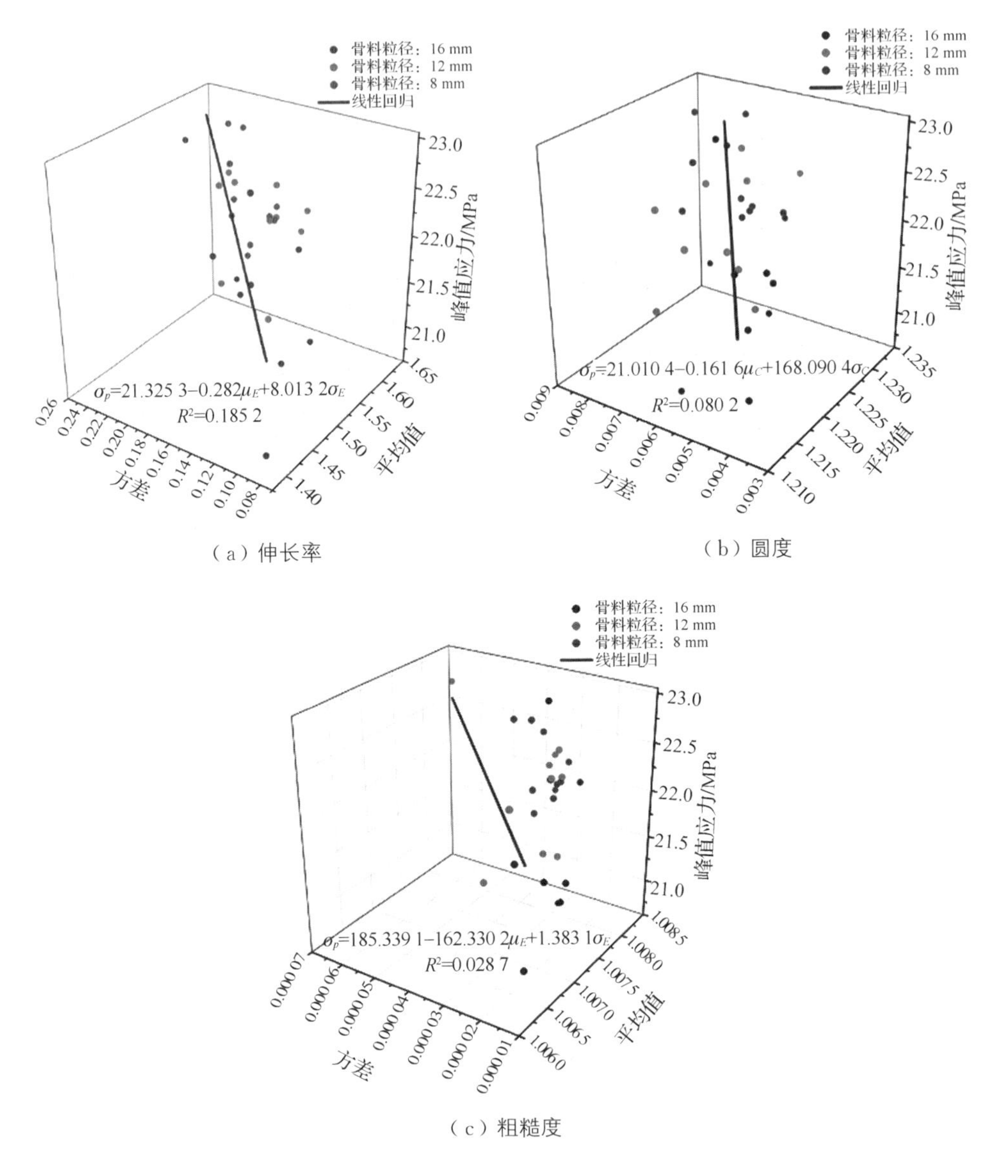

（a）伸长率

（b）圆度

（c）粗糙度

图 6.9　峰值应力与骨料形状统计参数的线性回归

6.2　三点弯曲梁断裂的细观分析

6.2.1　三点弯曲梁断裂细观模型

为研究骨料形状对裂缝路径扩展及宏观力学性能的影响，选取了不同椭圆度（骨料等效椭圆长轴与短轴）的骨料，分别生成三组试件，如图 6.10 所示。骨料含量均在 42%左右，椭圆度在每组模型中相同，分别为 2.42（狭长形）、1.63（四方形）和 1.98（三角形）。在此基础上进行无缺口三点弯曲梁试验，以便观察裂缝的形成过程以及骨料形状的影响。试件尺寸取为 400 mm×100 mm，由于裂缝多在梁中部发生，为提高模型的计算效率，将中间 100 mm 设置为非均匀模拟区，其余区域设置为均质材料，三点弯曲梁计算简图如图 6.10 所示。

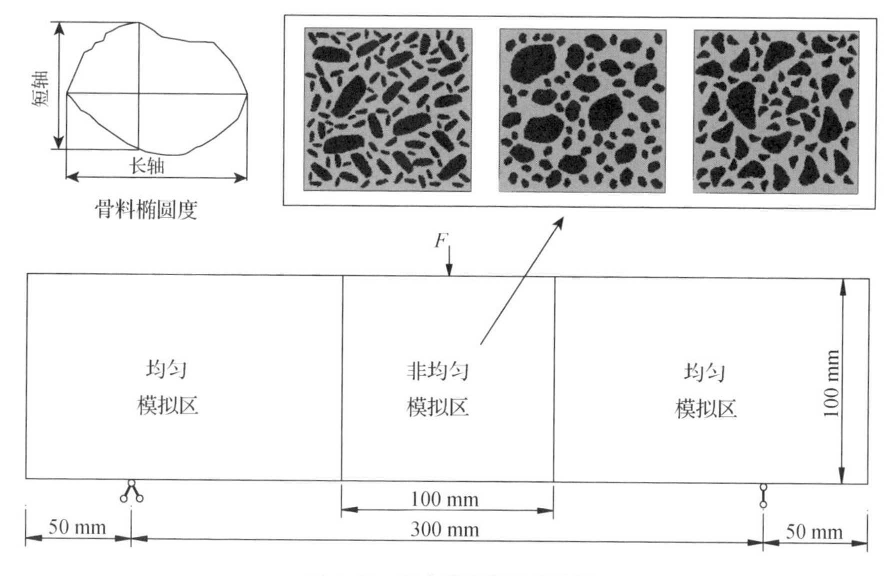

图 6.10　三点弯曲梁计算简图

混凝土作为一种准脆性材料，其明显的特征是在断裂破坏时展现出一定的延性，断裂过程区的存在减小了材料刚度，削弱了材料本身应力传递的能力，因此在数值模拟过程中材料软化本构的选取应能反映混凝土的该种特性。采用 ABAQUS 中损伤塑性模型（Concrete Damage Plastic Model）来描述混凝土各相材料的断裂行为，该模型可通过各相同性弹性损伤结合各相同性拉伸和压缩塑性理论来表征混凝土的非弹性行为。

在混凝土试件的数值计算中，拉伸本构模型若采用应力-应变关系，计算结果会在一定程度上受计算网格大小的影响，引起数值结果的网格依赖性[2]。因此，材料的开裂行为采用 Petersson[3] 提出的双线性软化曲线来描述，裂缝面上传递的拉应力大小决定于它的张开度 ω，即 $\sigma=\sigma(\omega)$，并通过控制材料的断裂能来保证裂缝扩展时所需的能量是唯一的。只需抗拉强度 f_t 和断裂能 G_f 两个参数即可确定材料的软化关系，对于参数取值，Petersson 建议采用 $\sigma_s=f_t/3$、$\omega_s=0.8G_f/f_t$ 和 $\omega_0=3.6G_f/f_t$。具体材料参数如表 6.2 所示。

表 6.2　三点弯曲梁断裂细观模型材料参数

力学参数	骨料	砂浆	界面层(ITZ)
弹性模量/GPa	80	26	25
泊松比	0.16	0.22	0.2
压缩强度/MPa	—	40	30
压缩峰值应变	—	2.399×10^{-4}	2.521×10^{-4}
拉伸强度/MPa	—	3.0	2.4
断裂能/($N\cdot m^{-1}$)	—	100	80
膨胀角/(°)	—	30	30
流动势偏移量 η	—	0.1	0.1
双轴与单轴受压极限强度比 σ_{cc}/σ_c	—	1.16	1.16
不变量应力比 K_c	—	0.666 7	0.666 7
黏滞系数	—	0.000 1	0.000 1

6.2.2　模型验证

选取 Petersson 所做的三点弯曲缺口梁试验[3]进行对比试验。梁的几何尺寸为 2 000 mm×200 mm，缺口尺寸为 40 mm×100 mm。采用几何本征骨料混凝土细观模型生成 3 组试件 SJ1、SJ2、SJ3，骨料粒径范围为 5～40 mm。图 6.11 所示为模拟的三组试件的荷载-挠度曲线，可知模拟结果与试验结果符合良好。数值模拟结果的曲线峰值与试验测试的极限荷载基本一致。然而，由于残余应力的积累，可以观察到软化曲线末端的模拟和试验之间有差异。

6.2.3　结果分析

以含四方形骨料的试件为例，分析其荷载-挠度曲线与裂缝发展过程，如图 6.12 所示。在弹性阶段荷载-挠度基本按线性比例变化，且各组结果基本重合。

在这个过程中，试件中的应变分布较为均匀。在线性阶段后，试件底部附近出现了弥散裂缝，应变分布不再均匀并向中部集中。由于挠度的增长大于荷载的增长，荷载-挠度曲线逐渐变凸，非线性特征逐渐明显。图 6.12 中峰值点前后两个标记圈所包含的范围内（$f \geqslant 0.9f_{peak}$），弥散裂缝逐渐转化为局部集中裂缝。之后，随着挠度的不断增大，局部化效应更加明显，裂缝不断向上扩展贯通，最终形成宏观裂缝并导致试件失稳破坏。

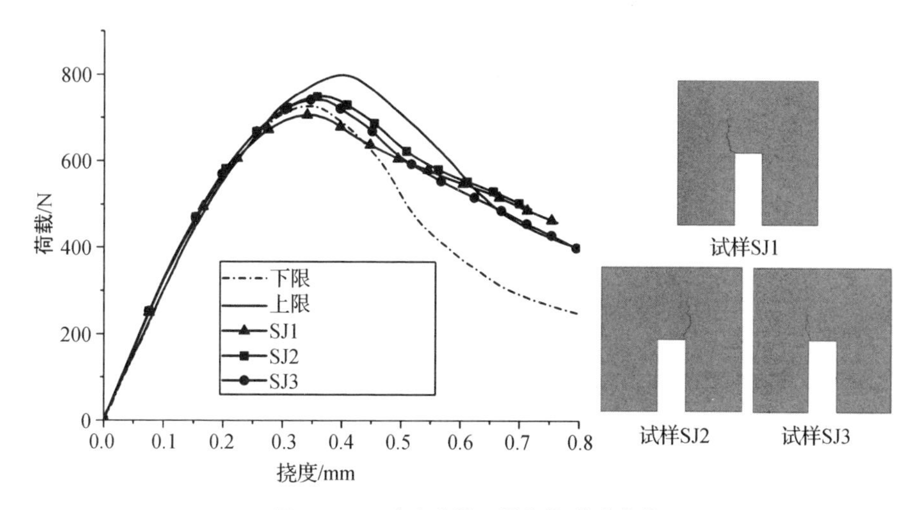

图 6.11　三点弯曲缺口梁荷载-挠度曲线

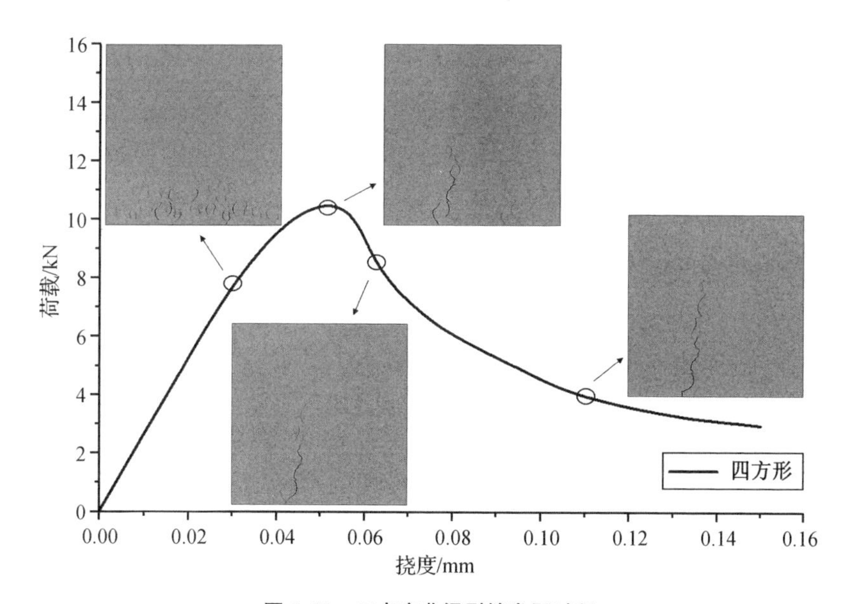

图 6.12　三点弯曲梁裂缝发展过程

根据数值试验结果绘制的荷载-挠度曲线如图 6.13 所示，三组试件的曲线弹性段基本一致，而进入非线性段后各组试件差异逐渐凸显。其中，混凝土内部骨料椭圆度越小，曲线的荷载峰值越大，在软化段则下降得越快，即骨料的椭圆度与极限强度成反相关，与残余强度成正相关。对梁中部的最大主应变进行分析，并将最大主应变作归一化处理。同时，将大于 2×10^{-6} 的应变等效为裂缝，以观察骨料形状对裂缝走向的影响。

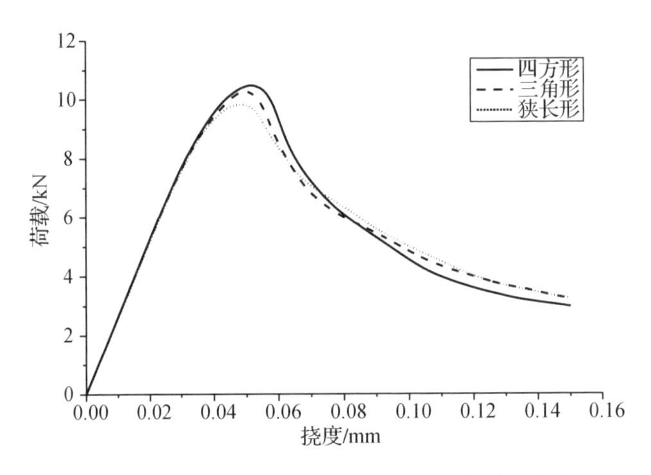

图 6.13　含不同形状骨料三点弯曲梁荷载-挠度曲线

图 6.14 所示为挠度分别为 0.03 mm、0.04 mm、0.05 mm 和 0.06 mm 时三组试件的最大主应变场。四方形试件微裂缝萌生后裂缝较均匀地开展，并逐渐向受荷的中部集中，因其骨料的椭圆度更小，骨料各边的方向及边长分布概率相近，裂缝能绕过骨料按原路径发展，最终裂缝路径的方向指向加载点；三角形试件和狭长形试件初期的微裂缝萌生与四方形试件类似，但由于骨料的椭圆度更大，裂缝扩展时，骨料几何较长的边对裂缝走向有较强的导向和阻裂效应。特别是对于粒径较大的骨料，三角形试件和狭长形试件的长边效应更为明显，导致最终裂缝路径偏离加载点，以及曲线的软化段下降速率变慢。据上述分析可知，相同荷载条件下，混凝土内部的骨料椭圆度越小，对裂缝的导向和阻裂效应越弱，反之越强。

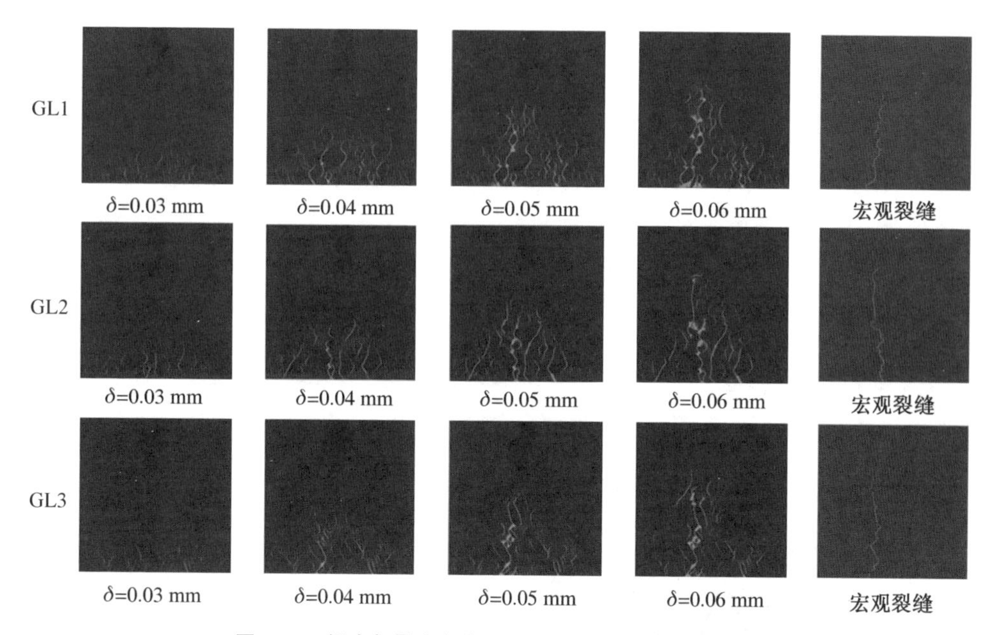

图 6.14　梁中部最大主应变场(归一化)及最终宏观裂缝

6.3　混凝土干缩开裂的细观分析

为解释干燥环境下混凝土的干缩裂缝机理，从细观角度出发，将混凝土看作由骨料和砂浆组成的二相复合材料，对干燥环境下混凝土试块的干缩裂缝扩展行为进行数值模拟。利用商业有限元软件 ABAQUS 进行“湿-力”单向耦合模拟，模拟分为两个步骤：第一步，通过模拟混凝土试块中的湿度扩散，确定湿度场的空间分布。第二步，将第一步的结果作为第二步的初始条件，根据湿度场的变化计算对混凝土试块的收缩应力和裂缝。

尽管 ABAQUS 中没有湿度扩散和湿度应力计算模块，但在不考虑热源的情况下，瞬态场热传导控制方程与湿度扩散控制方程及边界条件的形式相似并可替换使用。对比可知，热传导控制方程相较于湿度扩散控制方程额外多了密度和比热容两个乘项，在 ABAQUS 中将这两个值设为常数 1 即可等价于湿度扩散控制方程。因此，本书采用 ABAQUS 中热传导和热应力模块来计算湿度扩散场和干燥收缩应力场。

6.3.1 混凝土干缩开裂细观模型

有限元模型尺寸为 100 mm×100 mm×100 mm，骨料含量为 23.14%。经过网格敏感性分析，采用四节点线性四面体单元划分网格以及 0.3 mm 网格精度能够较好地表征裂缝发展。划分的网格数量为 743 253，如图 6.15 所示。在湿度扩散模拟中，设置混凝土初始相对湿度为 1，模型的六个表面设置对流交换条件，表面湿度交换系数为 1.5 mm/d，外部干燥环境相对湿度（Relative Humid，RH）设置为 0.6；在湿应力模拟中，模型底部施加 Y 方向的位移约束，并设置预定义湿度场，湿度场数据来自湿度扩散模拟的 ODB 文件，模拟干燥天数为 90 d。此外，设置砂浆收缩系数来反映湿度场对应变场的作用，砂浆收缩系数设置为 0.7‰/h。

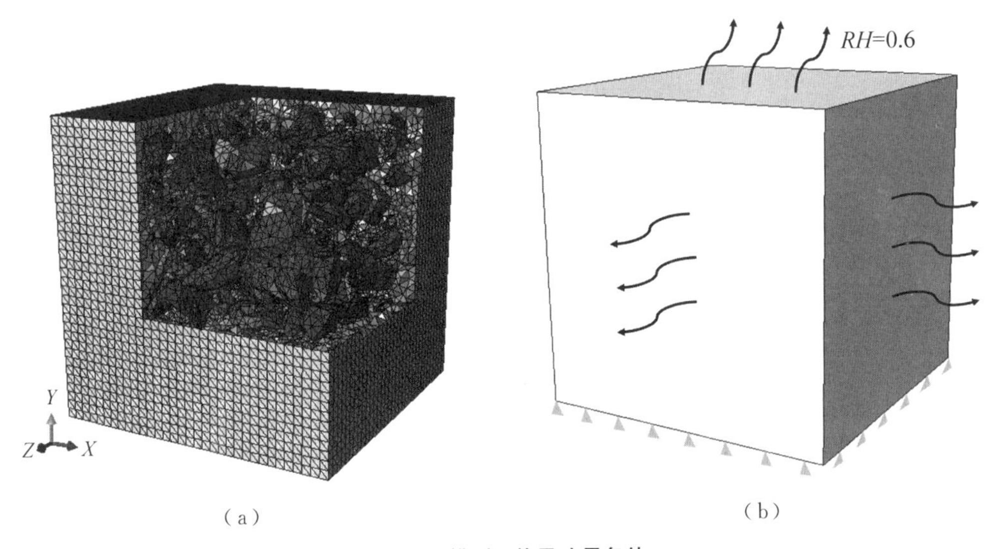

图 6.15 模型网格及边界条件

6.3.2 湿度场分布

研究混凝土湿度场变化能够更好地理解干缩裂缝的扩展规律，尤其是混凝土表面的湿度变化。选取混凝土试块表面 4 个典型变化点进行分析，分别为试块角点，试块棱边中点、试块侧表面中点以及试块几何中心点。图 6.16 所示为该 4 个变化点随干燥时间的湿度变化曲线。其中，试块角点和棱边中点的水分在 $t=5$ d 内迅速减小并趋于稳定，接近环境湿度 0.6。这是由于在角点和棱边处分别存在三个和两个对流面，加速了水分的扩散；试块侧表面中点处由于仅存在 1 个对流面，湿度变化速度相比于角点和棱边中点更慢，所以 $t=90$ d 时相对湿度 $RH=0.62$；试块几何中心由于离干燥边界较远，湿度下降非常缓慢，$t=90$ d 时相对湿度 RH 为 0.72。由此可知，混凝土与干燥环境的对流边界条件对混凝土水分扩散速度和湿度分布影响很大。试块内部相对湿度呈现外部快内部慢的非均匀衰减，特别是在 $t=5\sim15$ d 内变化更为明显。湿度场不均匀分布的特性将导致干缩裂缝更容易在混凝土表面发生。

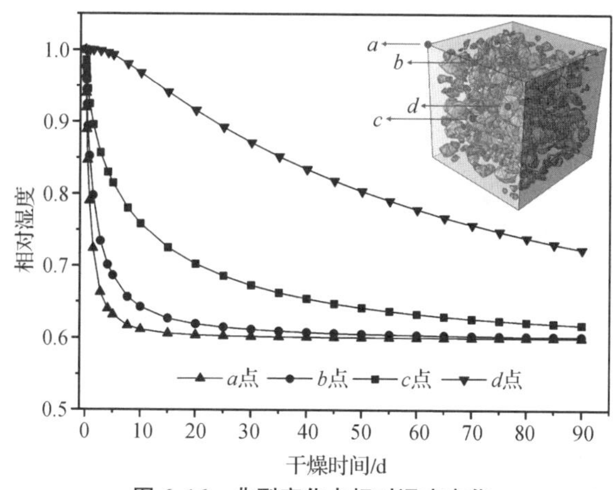

图 6.16　典型变化点相对湿度变化

6.3.3　结果分析

6.3.3.1　干缩开裂过程

伴随着水分的流失，混凝土发生收缩而引起损伤，图 6.17 给出了试块在干燥时间分别为 5 d、10 d、15 d、30 d、50 d 和 90 d 时的湿度场。从图 6.18 中可知，裂缝

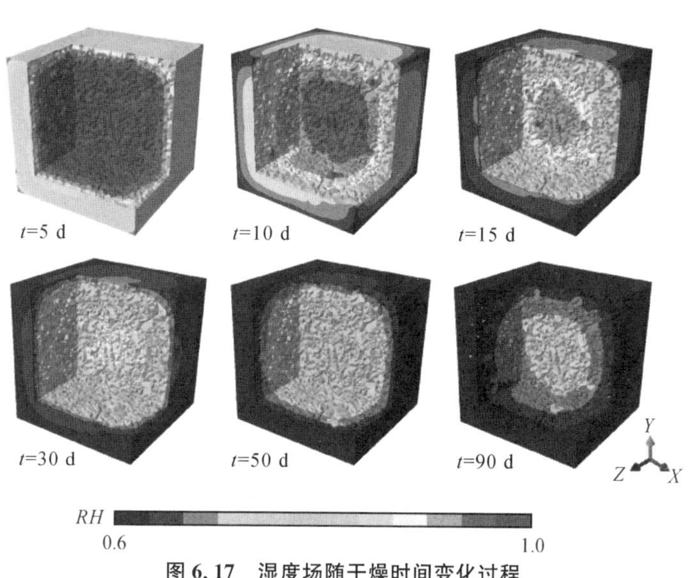

图 6.17　湿度场随干燥时间变化过程

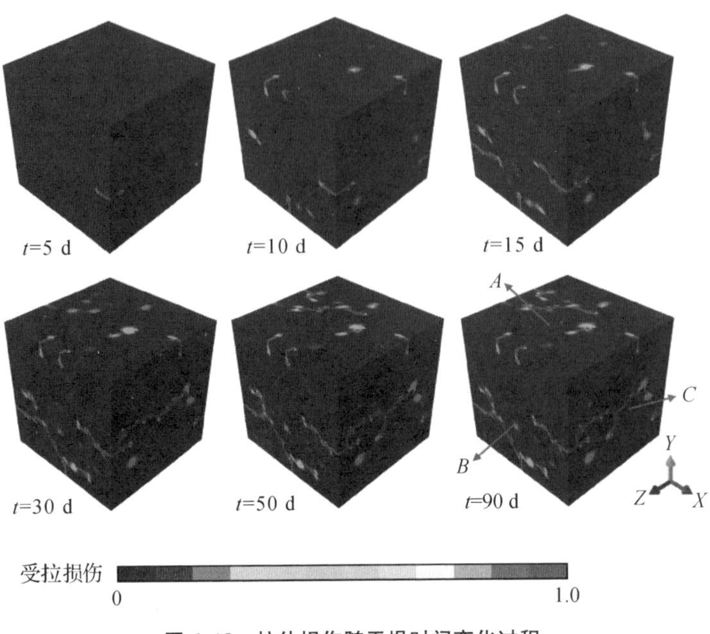

图 6.18　拉伸损伤随干燥时间变化过程

首先发生在试块的各棱边处（$t=15$ d），且集中在棱边靠近中部位置。这是由于棱边中部的累积拉应力更大。此时，试块各表面已出现了点状的损伤，损伤发生位置受表面下骨料分布的影响。随后在 $t=15\sim50$ d 内，棱边处的裂缝向面内的损伤点扩展与连通。$t>50$ d 后，裂缝基本稳定。

为进一步解释裂缝扩展过程中骨料的影响，选取了图 6.18 中 $t=90$ d 时试块的三个表面 A、B 和 C 进行分析。图 6.19 为对应表面 A、B 和 C 下 7 mm 处的骨料和损伤的分布。结合骨料分布和裂缝路径可知，干缩早期棱边处的裂缝均发生在距离棱边较近的骨料处。由于棱边处水分迅速减少，该处骨料与砂浆的变形差异不断增大，导致干缩裂缝在此处率先产生；另外，试件表面内的损伤点位置与表面下的骨料位置重合。损伤点面积大小与此处骨料的粒径和离表面距离有关，骨料粒径越大且至表面距离越小，则损伤点面积越大，反之损伤点面积越小。在干缩裂缝从棱边向面内扩展的过程中，裂缝倾向于连接距离更近的损伤点，进而形成表面的贯通裂缝。

图 6.20 为模型中发生拉伸损伤的单元数量随干燥时间的发展情况（以下分析所述损伤均指拉伸损伤）。$t<5$ d，损伤发展较慢。$t>5$ d 后，模型损伤单元迅速增加，并随着干燥时间的增加不断增长。至 $t=90$ d 时，模型中发生拉伸损伤的总单元数达 57.8%。根据损伤值大于 0.5 和 0.8 的高损伤值单元数量，可将裂缝的扩展分

为三个阶段：① 萌生阶段：在 $t=0\sim15$ d 内，高损伤值单元数量迅速发展；② 扩展和连通阶段：在 $t=15\sim50$ d 内，高损伤值单元数量继续增大，但增长趋势减缓，棱边裂缝向面内扩展；③ 稳定阶段：当 $t>50$ d 后，高损伤值单元数量趋于稳定，模型中表面裂缝不再扩展，裂缝形态基本稳定。

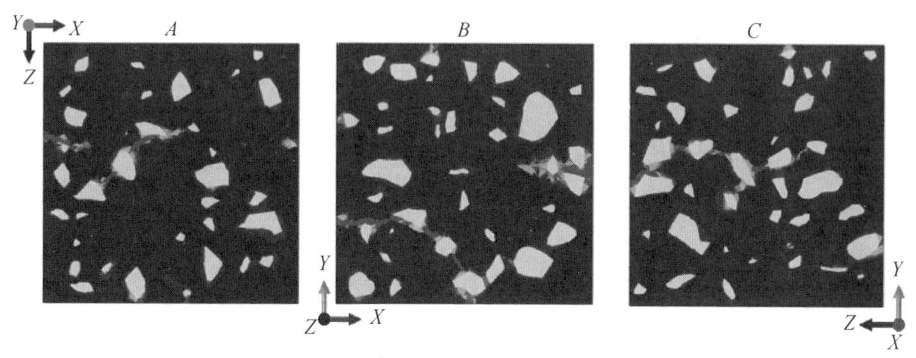

图 6.19　$t=90$ d 表面下 7 mm 处的骨料和损伤的分布

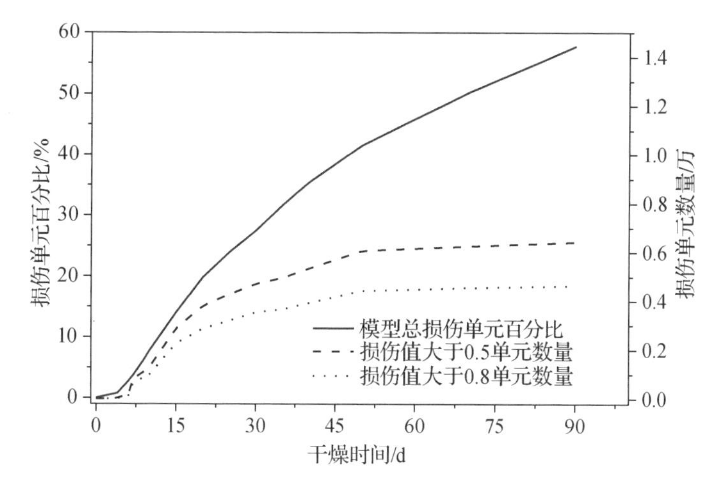

图 6.20　拉伸损伤单元变化曲线

6.3.3.2　环境湿度影响

选取了环境相对湿度从 0.4 至 0.7 变化的 4 个工况来研究不同干燥环境条件的影响。图 6.21 为不同环境相对湿度下干缩裂缝的空间分布。其中，环境相对湿度为 0.7 时，试块内未有明显的损伤，仅有损伤发生在表面下存在骨料的位置。环境相对湿度为 0.6 时，试块棱边多处出现损伤，且试块表面有少量贯通裂缝和损伤点，裂缝影响深度约为 13 mm，试块内部损伤不明显。环境相对湿度为 0.5 时，试块表面损伤点被连通，贯通裂缝增多，且影响深度增加至 19 mm，影响范围内骨料周边均产生明显的损伤。环境相对湿度为 0.4 时，贯通裂缝遍布试块表面，呈现以表面下骨料位置为节点的“龟裂”形态，裂缝影响深度进一步发展至 24 mm，影响范围内砂浆损伤进一步加剧。

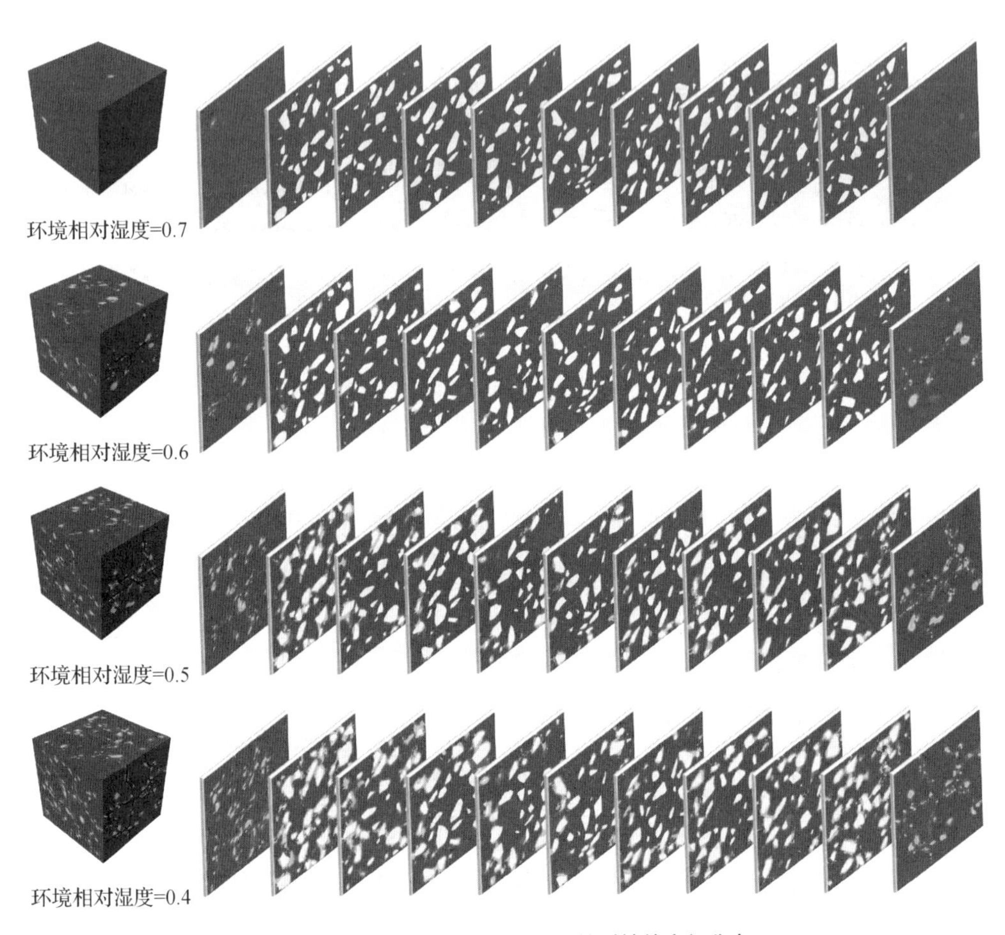

图 6.21 不同环境相对湿度下干缩裂缝的空间分布

提取各模型结果中损伤值大于 0.8 的单元数量进行分析，如图 6.22 所示。随着环境相对湿度的降低，损伤单元数量显著增加，干燥时间 90 d 时累积损伤单元占比依次增大，分别为 0%、0.9%、2.9%、5.8%。可以发现，在各工况下损伤单元在 t=0～15 d 内发展得更快，在此期间累积损伤单元数超过 90 d 时累积损伤单元数的 50%；随后，在 t=15～30 d 内损伤单元增加速度放缓；t>30 d 后，不同环境湿度条件下损伤单元变化趋势有所不同，环境相对湿度为 0.5 和 0.6 的工况下损伤单元数量基本稳定，意味了干缩裂缝已基本形成，而环境相对湿度为0.4的情况下损伤单元仍持续增加，并存在增速的趋势，表明干缩裂缝尚未完全形成。

不同环境湿度下试块的宏观干缩应变发展趋势如图6.23所示。不同环境相对湿度下干缩应变曲线均表现为增速逐渐放缓的对数曲线形式，发展趋势与干缩实验一致[4]。环境相对湿度为0.4～0.7四个工况下90 d的干缩应变分别为233×10^{-6}、206×10^{-6}、175×10^{-6}和143×10^{-6}。结合图6.22各工况的高损伤值单元发展趋势可知，高损伤值单元数量与干缩应变的发展具有一定的正相关性。当环境相对湿度较高时，试块并不会出现明显的表面裂缝，而随着环境相对湿度减小，表面裂缝出现的速度和数量将迅速增加。

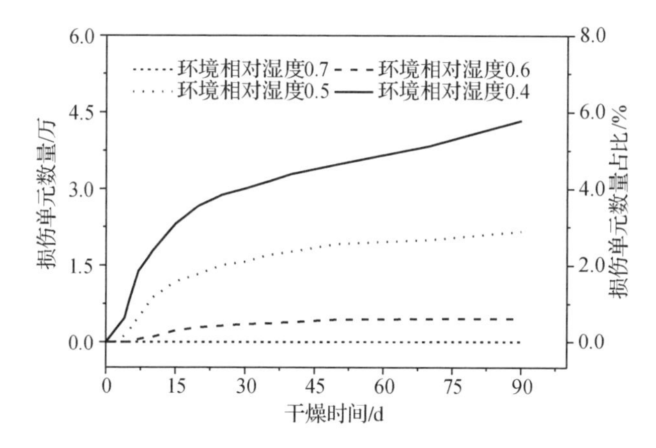

图6.22　不同环境相对湿度下损伤值大于0.8的单元数量变化曲线

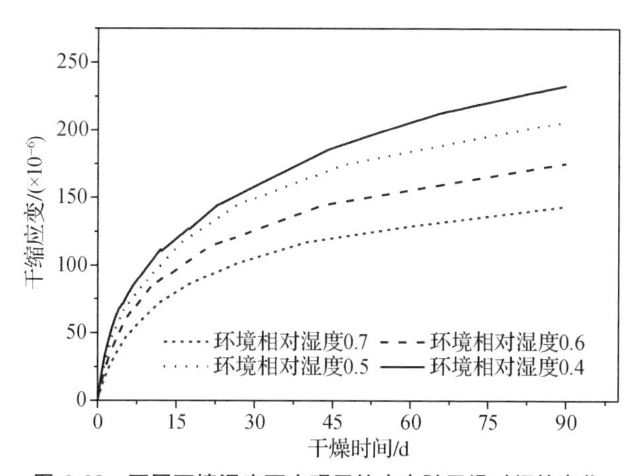

图6.23　不同环境湿度下宏观干缩应变随干燥时间的变化

6.4 含横向裂缝混凝土氯盐侵蚀所致锈裂面的细观分析

6.4.1 含横向裂缝混凝土细观模型

本研究中模型尺寸参考 Yu 等[5]建立的含横向裂缝混凝土模型，模型尺寸为 150 mm×150 mm×150 mm，钢筋直径为 16 cm，预设裂缝宽度为 0.4 mm，裂缝垂直深度为 33.5 mm，如图 6.24 所示。

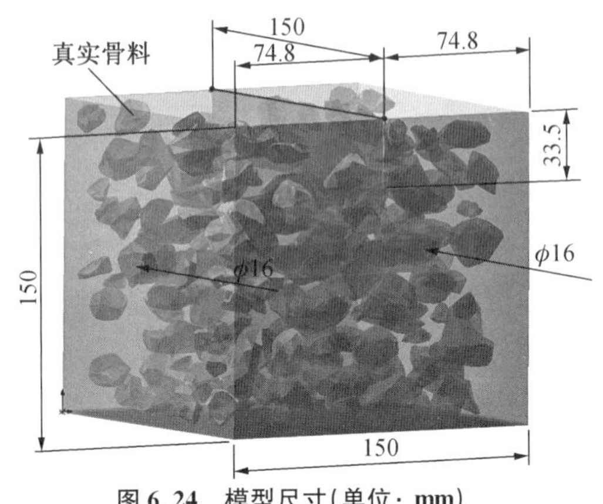

图 6.24 模型尺寸(单位：mm)

各相材料参数取值见表 6.3。

表 6.3 各相材料参数

材料类型	弹性模量/GPa	抗拉/抗压强度/MPa	断裂能/(N・m^{-1})	泊松比
骨料	80	6/80	120	0.16
砂浆	26	3/32	65	0.22
界面	25	2/30	50	0.22

锈胀位移的变化关系如图 6.25 所示，膨胀应力可以用式(6.4)表示。现有研究[6]表明腐蚀产物的弹性模量(E_{corr})在 0.1～0.5 GPa 范围内，Tran 等[7]采用 0.5 GPa 的弹性模量模拟腐蚀开裂并通过试验验证，模型中的腐蚀产物的弹性模量也设定为 0.5 GPa。

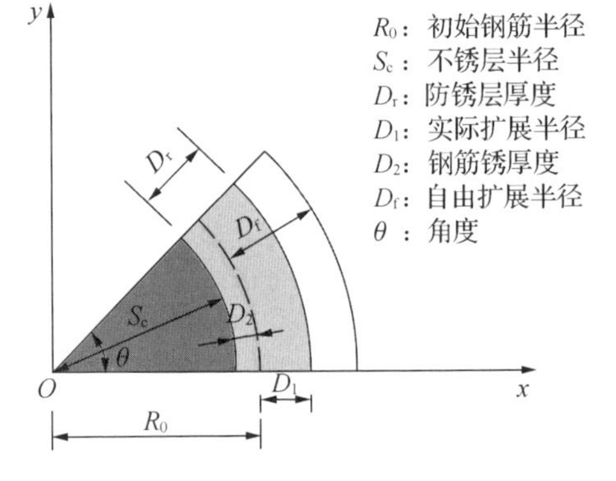

图 6.25 锈胀位移关系

$$\sigma = E_{corr}(\Delta\varepsilon - \Delta\varepsilon_0) = E_{corr} \cdot \frac{\Delta D_1 - \Delta D_f}{D_r} \tag{6.4}$$

式中：ε——总应变；

ε_0——初始应变；

ΔD_f——每个分析步骤中自由扩展的增量；

ΔD_1——每个分析步骤中实际展开 D_1 的增量。

$$D_f(\theta, t) = (\lambda - 1) \cdot D_2 = (\lambda - 1) \cdot S_{corr}(\theta, t) \tag{6.5}$$

式中：$D_{\mathrm{f}}(\theta,t)$——自由扩散范围；

λ——模型中锈胀系数；

S_{corr}——钢筋发生锈蚀的表层厚度。

由于锈胀系数主要受湿度、氧气和氯离子的影响，Zhao 等[8]指出开裂前混凝土结构中钢筋的氧气补充较低，在模型中取锈胀系数 λ 为 2.9。因此，自由扩散范围 D_{f} 可以通过式(6.5)计算。

6.4.2　分析工况

由 Otsuki 等[9]的研究知，有无横向裂缝对混凝土内钢筋的锈蚀速率影响较大。为分析不同锈蚀年限下混凝土内部开裂面形态变化规律，控制横向裂缝深度初始值一定，模型激励为不同锈蚀时间的钢筋锈胀力，分别计算时间 2 年、4 年、6 年、8 年的锈蚀时间。

6.4.3　结果分析

6.4.3.1　锈裂面形态分析

图 6.26 为锈蚀 8 年时，不同截面处沿圆周方向的锈层分布形态，其中截面 A 为裂缝正中心，截面 B 和 B'分别位于距截面 5 mm 的两侧，截面 C 和 C'分别位于距截面 10 mm 的两侧。由此可知，位于裂缝正下方的锈层厚度最大，距中心越远，锈层厚度越小，且两边的锈层呈对称分布。

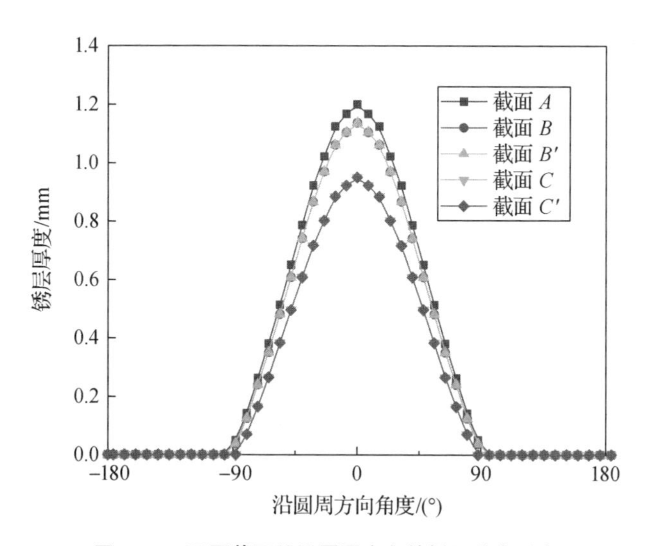

图 6.26　不同截面处沿圆周方向的锈层分布形态

由于混凝土的抗拉极限强度远小于抗压极限强度，故在钢筋锈胀力作用下优先分析其拉伸破坏情况，计算结果如图 6.27 所示，图中深色的区域指开裂面。

由图 6.27 可知，在不同锈蚀年限下，氯盐侵蚀所致的锈裂面均为“双月牙”形态，与文献［5］的实验验证结果一致。在预设裂缝的正下方，开裂面夹角达到最大值、开裂面宽度达到最大值，开裂面最大宽度随着锈蚀年限的增加而增大。随着锈蚀年限的增加，开裂面的不对称性越明显，这是因为骨料影响开裂面的延展方向。由于混凝土试块内骨料分布是随机的，故随着裂缝面逐渐向四周延展，其侵入的骨料范围越大，骨料的随机分布特性对裂缝面延展形态的影响越大，整体来看开裂面形态趋向不规则发展。

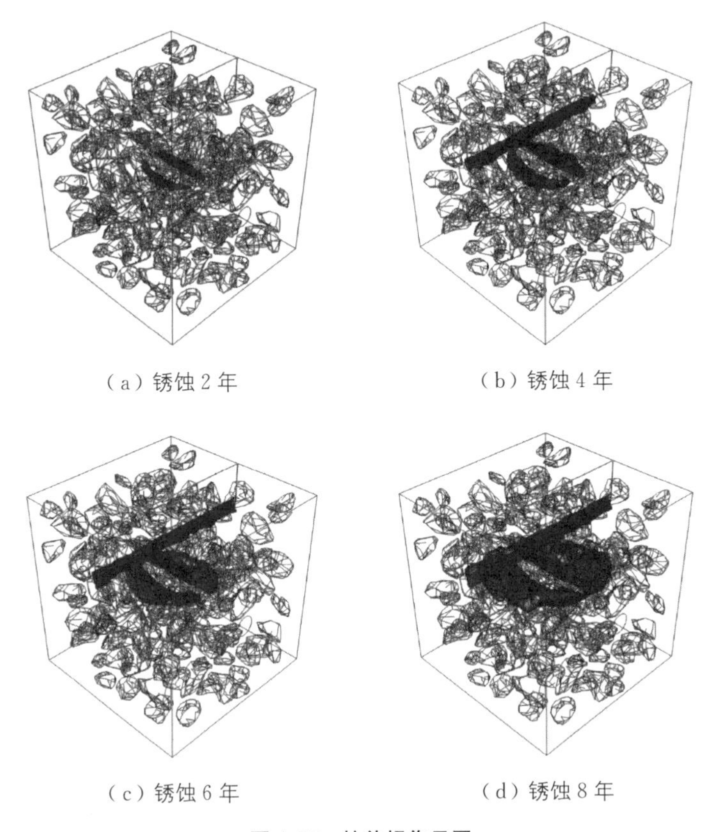

（a）锈蚀 2 年　（b）锈蚀 4 年

（c）锈蚀 6 年　（d）锈蚀 8 年

图 6.27　拉伸损伤云图

进一步分析混凝土试块内部开裂面延展情况，截取开裂面最大宽度处的截面，如图 6.28 所示。可以看到随着锈蚀年限的增加，混凝土内部受拉损伤是沿着骨料间隙扩展的，整体形态呈“八”字形，开口朝向预设裂缝侧。

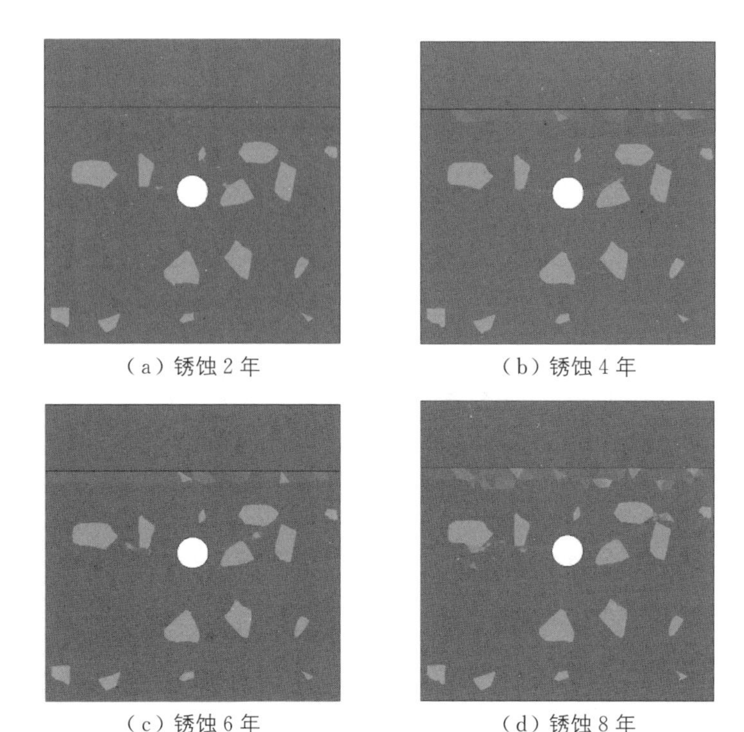

（a）锈蚀 2 年　（b）锈蚀 4 年

（c）锈蚀 6 年　（d）锈蚀 8 年

图 6.28　预设裂缝正下方拉伸损伤图

对开裂面最大宽度、近似夹角进行统计，结果如表 6.4 所示。由表 6.4 可知，锈蚀年限从 2 年发展到 8 年，开裂面最大宽度同比增大到 4.0 cm、5.5 cm、7.1 cm、10.5 cm，每两年增加的比率分别为 38%、29%、48%。从第 6 年开始，混凝土开裂面宽度增大的速率加快，这是由于混凝土内部开裂面已经有较大的范围，混凝土内部黏结强度降低区域较多，进而开裂速率加快。

由图 6.29 可知，开裂面最大宽度受锈蚀年限影响较大，变化趋势为非线性，锈蚀 8 年后的开裂面最大宽度比锈蚀 2 年时的增加 163%；而开裂面夹角变化不明显，这是由于裂缝沿着骨料间隙延展，骨料分布未改变，裂缝夹角变化不大。

表 6.4　开裂面特征参数统计表

锈蚀年限/年	2	4	6	8
开裂面最大宽度/cm	4.0	5.5	7.1	10.5
开裂面夹角/(°)	157	159	163	161

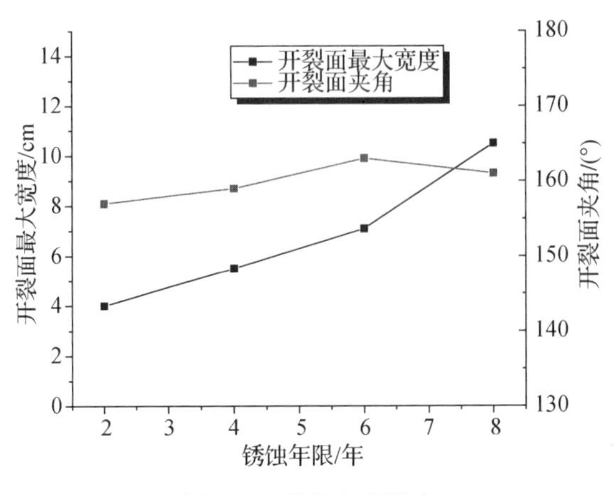

图 6.29　锈蚀年限影响

6.4.3.2　开裂面影响因素分析

为进一步分析混凝土开裂面形态的影响因素，分析不同骨料比表面积、不同骨料体积率下混凝土开裂面形态。

（1）骨料比表面积影响分析

骨料比表面积（Specific Surface Area）是指单位质量固体物质的总表面积。比表面积是骨料颗粒几何特性之一，物质的分散程度愈高或内部孔隙愈多，比表面积就愈大。在本次计算中，设定骨料体积率为20%，锈蚀年限为6年，钢筋直径为16 cm，取不同粒径含量的骨料，获得在同一体积率下不同比表面积的试样。骨料的密度为2.7 g/cm^3，比表面积计算工况如表6.5所示。

表 6.5　此表面积计算工况

工况	不同粒径骨料占比/%		颗粒数	总表面积/mm^2	总质量/g	比表面积/(m^2·kg^{-1})
	15～25 mm	25～35 mm				
1	20	80	181	157 461	987	0.160
2	35	65	229	171 337	982	0.174
3	50	50	264	176 464	943	0.187
4	65	35	316	196 287	995	0.197

统计各工况下开裂面最大宽度如表6.6所示。

表 6.6 各工况计算结果统计表

工况	比表面积/($m^2 \cdot kg^{-1}$)	开裂面最大宽度/cm
1	0.160	7.1
2	0.174	7.2
3	0.187	7.4
4	0.197	7.5

在4种工况下，开裂面面积的比值为0.7:0.85:0.9:1，说明比表面积越大，开裂面的面积越大。随着骨料比表面积增大，混凝土开裂面最大宽度呈递增趋势，整体来看变化不大。这是由于当骨料体积率一定时，骨料比表面积增大，骨料颗粒数增加，其平均粒径相对减小。当小粒径(15～25 mm)骨料含量增加时，更易在混凝土内部产生应力集中现象，导致开裂面最大宽度范围呈上升趋势；而整体趋势较为稳定是因为开裂面最大宽度受锈蚀年限影响较大，本次计算工况中锈蚀年限为6年保持不变，故最终开裂面最大宽度基本维持稳定。

此外，分析开裂面最大宽度出现的位置，发现其有较大的不对称性，这是由骨料分布的随机性导致的。骨料比表面积增大，导致混凝土锈裂面的延展路径增加，从而钢筋两侧的开裂面有较强的不对称性。

统计不同比表面积下开裂面的最大宽度、骨料颗粒数，如图6.30所示。

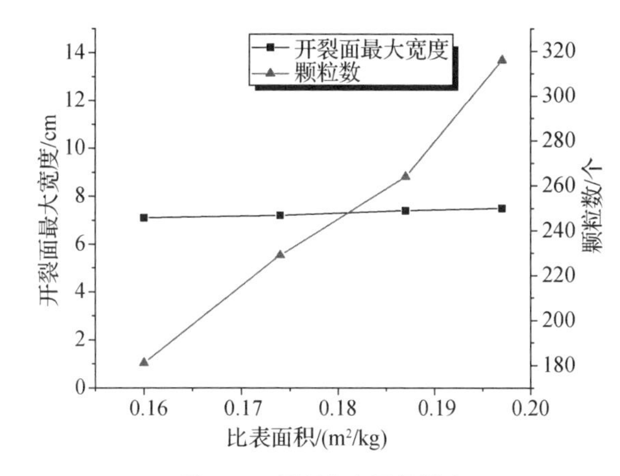

图 6.30 骨料比表面积影响

由图6.30可知，骨料颗粒数和骨料比表面积基本呈线性正相关关系，而开裂面最大宽度由于受锈蚀年限影响较大，在锈蚀年限一定时(6年)，总体值保持稳定。

（2）骨料体积率影响分析

取骨料体积率分别为10%、15%、20%、25%，计算工况如表6.7所示。

表6.7　骨料体积率计算工况

骨料体积率/%	钢筋直径/cm	比表面积/($m^2 \cdot kg^{-1}$)	锈蚀年限/年
10	16	0.16	6
15	16	0.16	6
20	16	0.16	6
25	16	0.16	6

图6.31为不同工况下开裂面的形态云图。

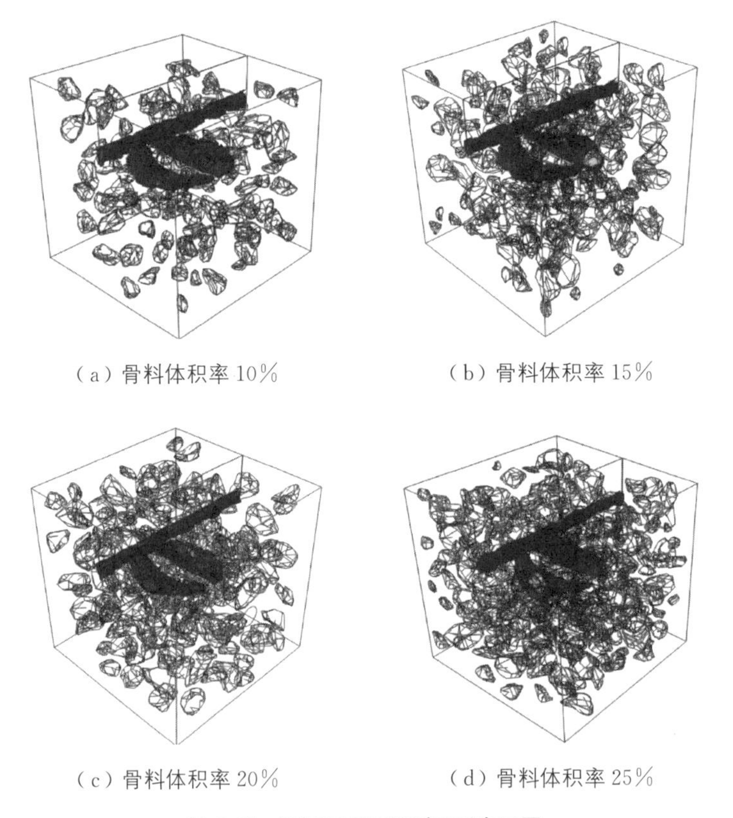

（a）骨料体积率10%　（b）骨料体积率15%

（c）骨料体积率20%　（d）骨料体积率25%

图6.31　不同工况下开裂面形态云图

表6.8为开裂面最大宽度统计，由表6.8可知，随着骨料体积率的增加，开裂面最大宽度有减小的趋势。骨料体积率由10%增加到15%后，开裂面最大宽度由8.6 cm减小至7.4 cm，减小了14%。这是由于体积率增大，骨料颗粒数增加，开裂

面延展时经过的相对路径增加，假设在一定的锈蚀年限下不同骨料体积率的钢筋的锈胀力是不变的，则裂缝延展的范围减小。而后当骨料体积率达到一定值时(20%)，开裂面最大宽度基本不再发生变化。骨料体积率由 20%增加到 25%后，开裂面最大宽度由 7.1 cm 减少至 7.0 cm，仅减少了 1.4%。这说明增大骨料体积率可抑制钢筋锈蚀后混凝土的开裂情况，但是这种抑制作用是有限的，这是因为当混凝土试块体积一定时，其所能容纳的骨料体积率存在一个上限，而当骨料体积率越接近这个上限时，开裂面延展时经过的相对路径不再增加，从而导致最终开裂面最大宽度维持稳定。

如图 6.32 所示，当骨料体积率超过 20%后，开裂面最大宽度曲线下降趋向平缓。

表 6.8　开裂面最大宽度统计表

骨料体积率/%	10	15	20	25
开裂面最大宽度/cm	8.6	7.4	7.1	7.0

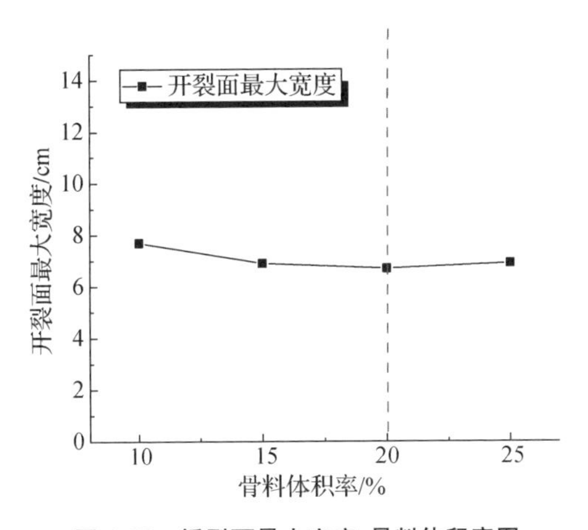

图 6.32　锈裂面最大宽度-骨料体积率图

6.5　橡胶混凝土电导特性的细观分析

目前，对于橡胶混凝土电导特性的研究较少，本研究采用实验与数值模拟相结合的方法，建立了橡胶混凝土细观模型，并进行了验证，进而对具有不同橡胶含量、尺寸、形态的橡胶混凝土细观模型进行数值模拟，以研究其电导特性。

6.5.1 橡胶混凝土细观模型

橡胶混凝土是一种由骨料、橡胶和砂浆组成的多相复合材料，在建立相应细观模型时按照骨料、橡胶的先后顺序依次投放。为了区分骨料和橡胶并保证橡胶投放的准确性，骨料如图 6.33(a)所示。橡胶主要采用正方体等形态［图 6.33（b）］，在骨料通过数字骨料库投放完毕后进行橡胶投放，橡胶在判断其不会侵入现有骨料的基础上生成。最终，骨料、砂浆、橡胶颗粒构成橡胶混凝土细观模型［图 6.33（c）］。

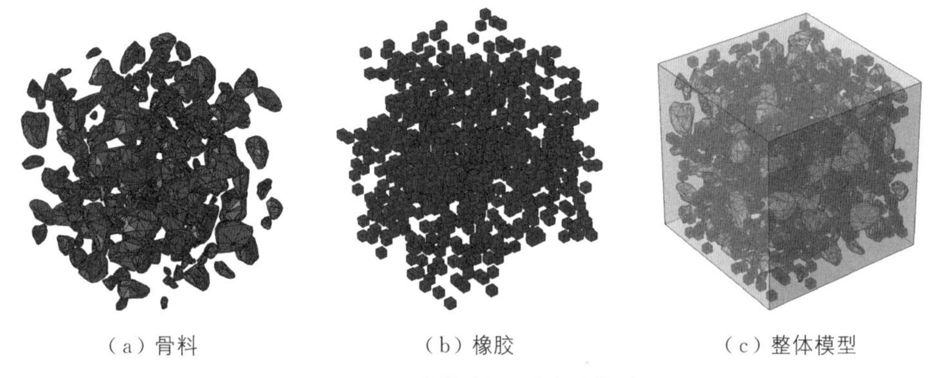

（a）骨料　（b）橡胶　（c）整体模型

图 6.33　三维橡胶混凝土细观模型

在对橡胶混凝土细观模型进行数值模拟时，应对骨料、橡胶及砂浆分别赋以相应的电导率和相对介电常数，如表 6.9 所示。

表 6.9　材料电导参数

材料	电导率/$(S\cdot m^{-1})$	相对介电常数
骨料	6×10^{-3}	6
橡胶	1×10^{-8}	2.72
砂浆	2×10^{-3}	28.6

6.5.2 模型验证

为验证橡胶混凝土细观模型的有效性，需针对橡胶混凝土电导特性进行相关实验。同时，根据实验建立对应细观模型，并采用上述电导参数进行数值模拟计算，以验证其与实测结果是否吻合。

实验主要采用电阻来表征橡胶混凝土的电导特性，并且通过两电极法测量电阻，因此在制作橡胶混凝土试件时应插入电极。本书选用的电极材料为不锈钢丝网，其横截面尺寸为 10 mm×10 mm［图 6.34(a)］。试件采用海螺牌复合硅酸盐水泥，掺入橡胶含量为 3%，试件尺寸为 150 mm×150 mm×150 mm，不锈钢丝网电极按一定位置从侧面插入试件，插入深度为 85 mm，两个钢丝网间距为 80 mm［图 6. 34（b）］。按上述制作方法共制作两个试件，试件制作 24 h 后脱模，在标准养护环境中进行养护。

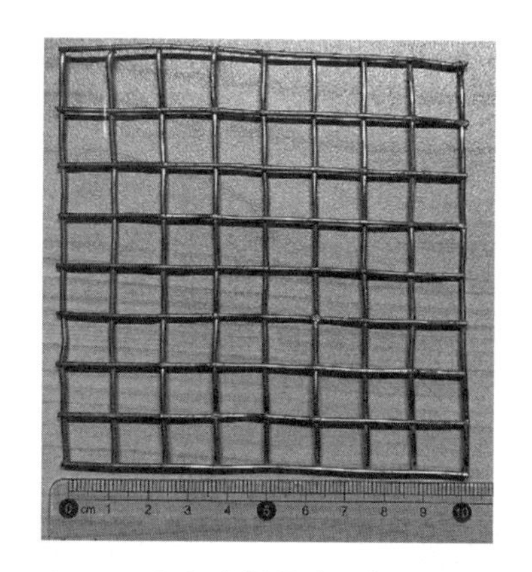

（a）电极尺寸示意

（b）电极与试件相对位置

图 6. 34　橡胶混凝土试件

在试件制备、养护完成后，采用万用表测量橡胶混凝土试件电阻。测试时环境温度为 9. 7 ℃，湿度为 55%。在电阻测量过程中，可观测到电阻首先从十几千欧增加至 21 kΩ 左右，接着增加至超过量程，最后从 100 kΩ 下降且趋于平缓，记录稳定时的读数，所测得两个试件的电阻分别为 68. 8 kΩ 和 70 kΩ。

参考实验建立相应橡胶混凝土细观模型（图 6. 35），设置两电极电压分别为 1 V 和 0 V，测量通过电极间的电流，再根据结果计算其电阻，与实验所得结果相比较。

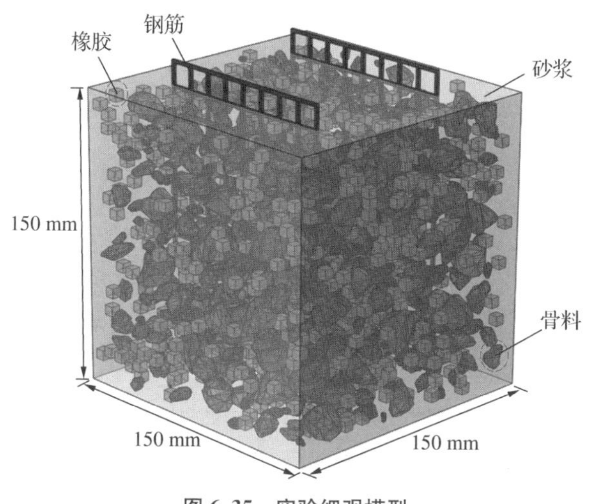

图 6. 35　实验细观模型

计算所得细观模型电阻值约为 63.8 kΩ，与实验所测值 68.8 kΩ 相近，证明了该细观模型模拟橡胶混凝土试件的可靠性。

6.5.3 分析工况

本书主要研究不同橡胶含量、形态及尺寸对橡胶混凝土电导特性的影响，因此主要分为三种工况，建立相应橡胶混凝土细观模型，并在每种工况下对其电导特性进行分析。

对于橡胶含量，主要设计了三种不同情况，分别为橡胶含量 2.5%、5.0% 和 7.5%；对于橡胶形态，主要为八面体、正方体以及球体橡胶，如图 6.36 所示；而对于橡胶尺寸，主要设计三种具有不同边长的正方体橡胶，分别为 3 mm、4 mm 和 5 mm。 三种工况具体设置如表 6.10 所示。

（a）八面体橡胶

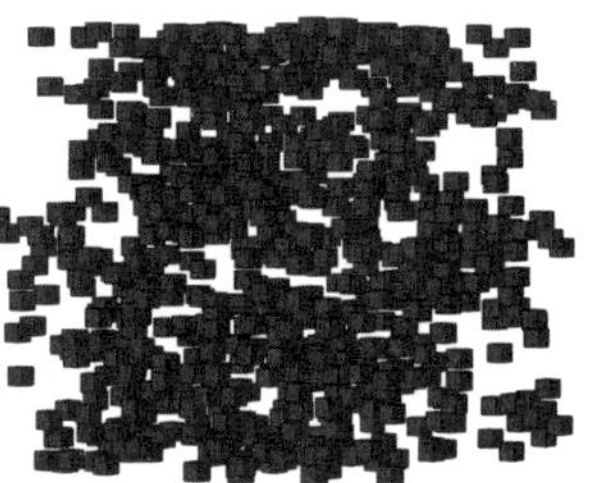

（b）正方体橡胶

（c）球体橡胶

图 6.36 不同橡胶形态

表 6.10 实验条件设置

工况	橡胶含量/%	橡胶形态	橡胶尺寸/mm
1	2.5	正方体	4
	5.0	正方体	4
	7.5	正方体	4
2	5.0	八面体	4
	5.0	正方体	4
	5.0	球体	4
3	5.0	正方体	3
	5.0	正方体	4
	5.0	正方体	5

在建立细观模型后，在其顶部输入端施加 1 V，在底部输出端施加 0 V，以评估内部橡胶的电势分布。 为了研究各种参数对橡胶混凝土电导特性的影响，在细观模

型中生成了一个截面，其位置如图 6.37(a)所示，并绘制了不同工作条件下截面的电势等值线。 同时，如图 6.37(b)所示，分别在输入端和输出端的 2/5 和 3/5 位置构造了横截面，以研究不同参数对输入端和输出端电导特性影响的差异。

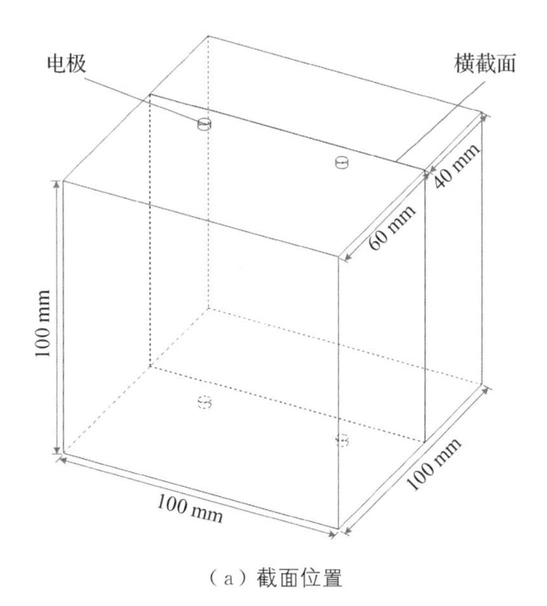

（a）截面位置

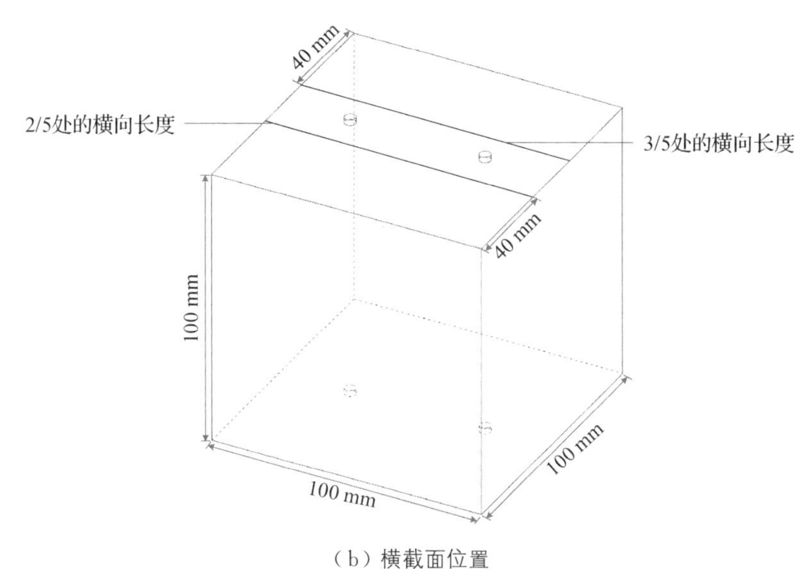

（b）横截面位置

图 6.37　截面位置示意图

6.5.4 结果分析

6.5.4.1 不同橡胶含量

本小节主要将所掺入的橡胶含量作为变量，控制橡胶形态为正方体，尺寸为4 mm，同时保证其他参数相一致，研究橡胶含量分别为2.5%、5.0%和7.5%时橡胶混凝土的电导特性，并观测不同橡胶含量下内部橡胶电势分布情况。

由图6.38可知，在两端施加电压的情况下，内部橡胶电势由上至下整体呈衰减趋势，但橡胶含量不同会对其电势分布产生一定影响。 当橡胶含量为2.5%时，橡胶电势在顶部取得峰值，为0.6 V，随着电势往下传播，底部橡胶电势降到最低，为0.44 V；当橡胶含量为5.0%时，其橡胶电势峰值为0.61 V，随着电势的传播，在底部取得最小值0.44 V；当橡胶含量变为7.5%时，橡胶电势从顶部的0.72 V衰减至底部的0.42 V。

可以发现，橡胶含量改变时，在顶部电压输入端附近橡胶电势取得最大值，且其数值较为接近，但随着含量的增加，所增加的部分橡胶随机分布于橡胶混凝土中，对电压自上而下的传播起到一定的阻隔或衰减效果，含量越大其衰减效果越明显，且输入端和输出端电势差越大。

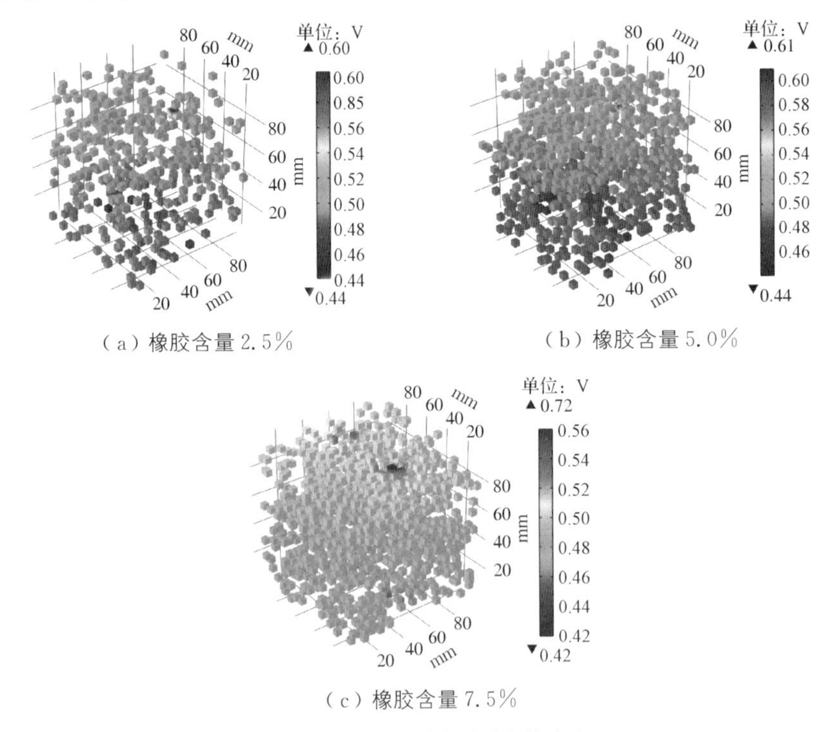

（a）橡胶含量2.5%

（b）橡胶含量5.0%

（c）橡胶含量7.5%

图6.38 不同橡胶含量时电势分布

为进一步研究橡胶含量变化对橡胶混凝土内部电势分布规律的影响，在细观模型中创建一截面，得到该截面上不同橡胶含量的电势等值线，如图 6.39 所示。 该截面上，电势从输入端至输出端整体呈递减趋势，当橡胶含量为 2.5%时，等值线分布较为均匀，整体电势由 0.53 V 衰减至 0.47 V；当橡胶含量增加至 5.0%和 7.5%时，等值线分布基本均匀，但在橡胶较为集中处电势有一定变化，该区域等值线经过橡胶时会有较为明显的偏折，说明橡胶颗粒的集中对电荷的传播有较为明显的阻隔作用，使得局部电势分布有一定差异，但对截面整体电势差无较大影响。

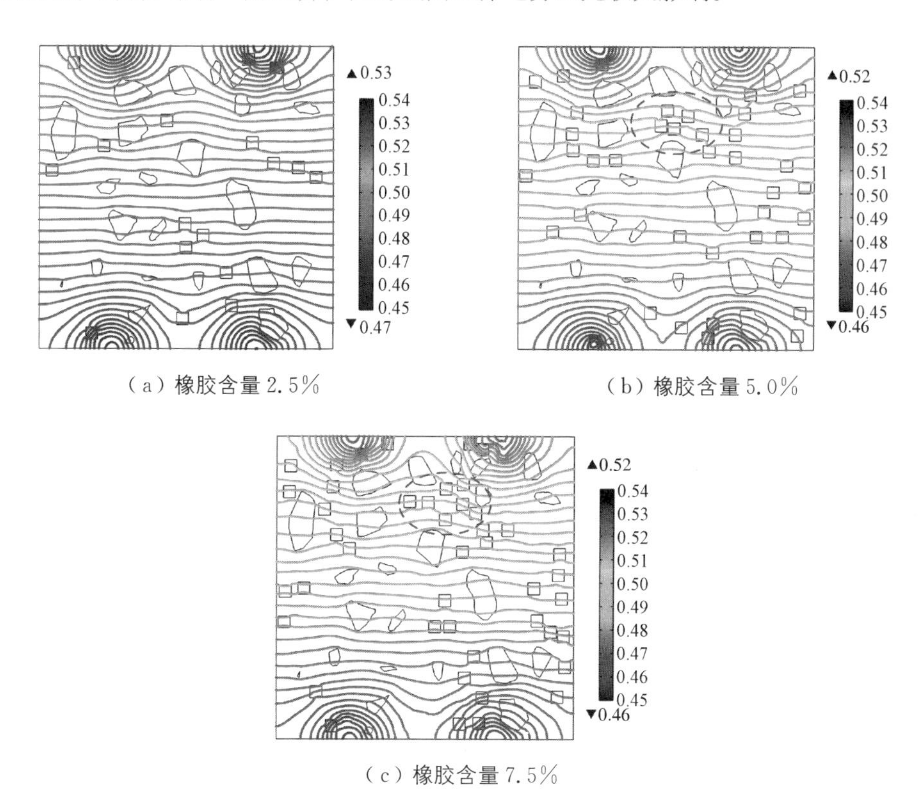

（a）橡胶含量 2.5%

（b）橡胶含量 5.0%

（c）橡胶含量 7.5%

图 6.39　不同橡胶含量的电势等值线图

最后，研究了不同橡胶含量对输入端和输出端电势分布的影响，并绘制了选定横截面的电势分布图。 如图 6.40 所示，一方面，当橡胶含量变化时，输入端的电势先上升，然后下降，然后再次上升，导致电势曲线上出现三个极值点。 另一方面，电势随橡胶含量而波动，总电势从高到低分别为 2.5%、5.0%和 7.5%。 此外，随着橡胶含量的增加，电势变化的程度也不同。 当橡胶含量变化时，除了尺寸上的差异外，输入端各横截面的电势变化趋势趋于相同。 随着橡胶含量变化，电势曲线上每个极值点处的变化如图 6.41 所示。 当橡胶含量从 2.5%上升到 5.0%时，电势下降 0.48%。 当橡胶含量从 5%增加到 7.5%时，电势下降最高达 1.264%。

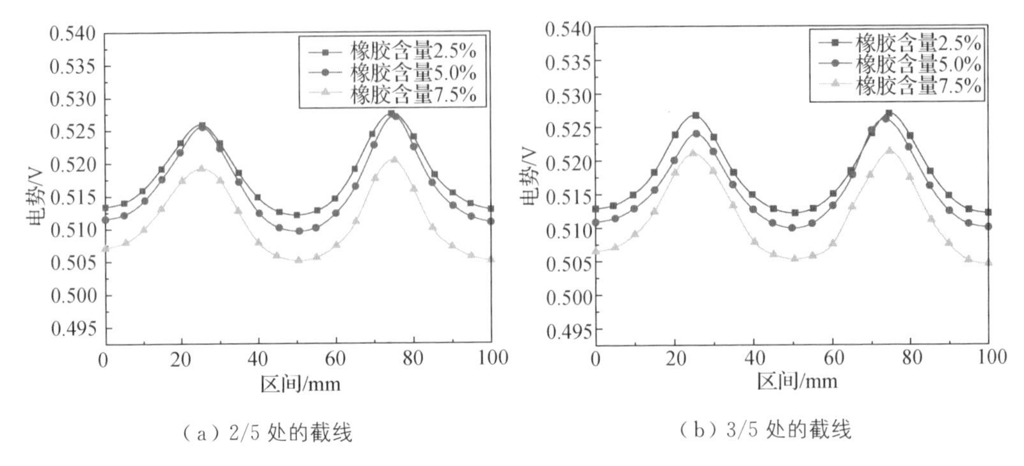

（a）2/5 处的截线 （b）3/5 处的截线

图 6.40　不同橡胶含量下输入端各截线电势分布

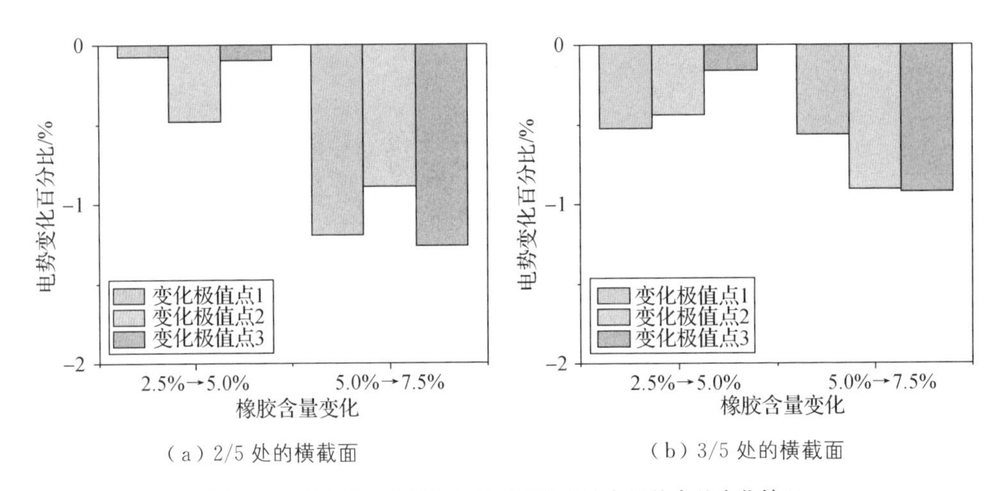

（a）2/5 处的横截面 （b）3/5 处的横截面

图 6.41　输入端不同橡胶含量下电势曲线各极值点处变化情况

对于电压输出端，同样在相同位置建立两条截线，并绘制电势分布曲线，如图 6.42 所示。 可以看出电势走势与输入端相反，呈先减小后增大再减小趋势，同样有 3 个极值点，且整体电势仍随着橡胶含量的增加而减小。 绘制不同橡胶含量下电势曲线各极值点处的变化，如图 6.43 所示。 可以看出，橡胶含量由 2.5%增至 5.0%时，电势下降最高达 1.072%；橡胶含量由 5.0%增至 7.5%时，电势下降最高达 1.384%。

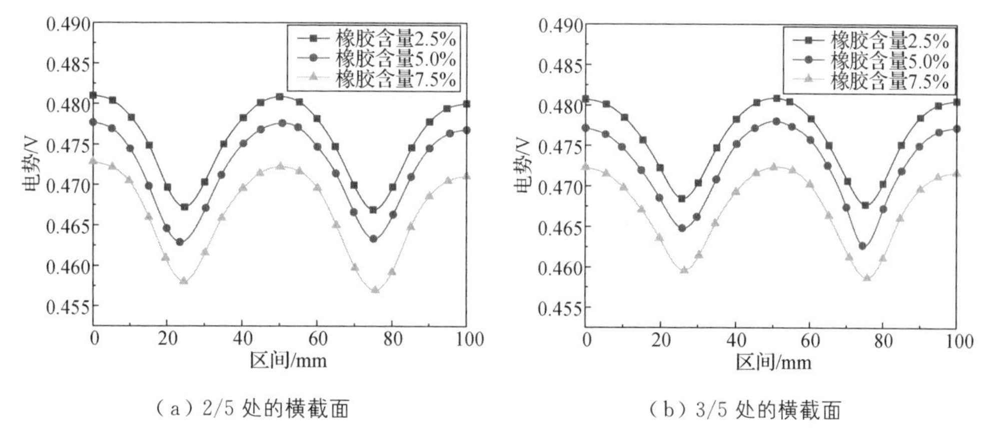

（a）2/5 处的横截面　　（b）3/5 处的横截面

图 6.42　不同橡胶含量下输出端各截线电势分布

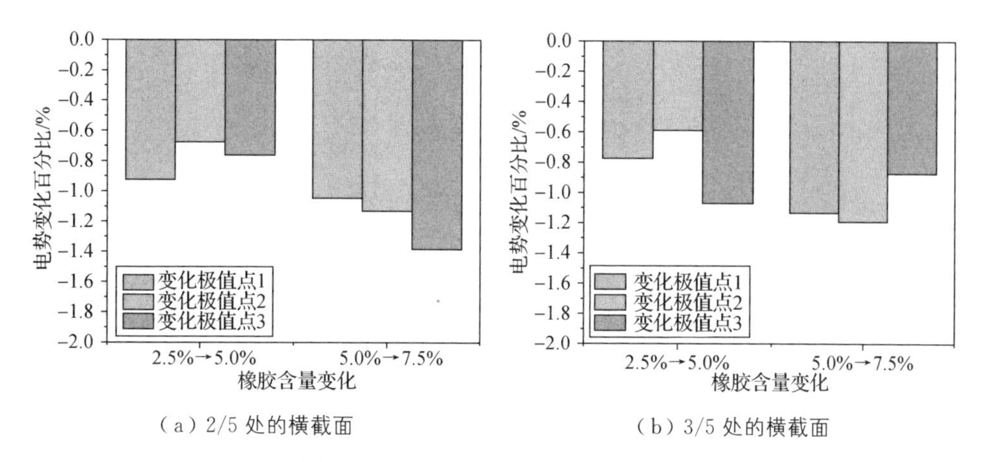

（a）2/5 处的横截面　　（b）3/5 处的横截面

图 6.43　输出端不同橡胶含量下电势曲线各极值点处变化情况

6.5.4.2　不同橡胶形态

研究了橡胶形态对橡胶混凝土电导特性的影响，主要包括八面体、正方体和球体。同时，橡胶含量为 2.5%，颗粒高度控制在 5 mm。在这种情况下，研究了各种形状橡胶颗粒的整体电势分布特性。

如图 6.44 所示，随着橡胶形态的变化，从上到下传播的电势的分布也发生变化。当橡胶为八面体时，内部橡胶电势在电压输入端附近达到最大为 0.56 V，在输出端附近达到最小为 0.46 V，整体电势差为 0.10 V。当橡胶为正方体形状时，最大电势为 0.60 V，最小电势为 0.44 V，电势差是 0.16 V。当橡胶为球体时，电势从输入端附近的 0.58 V 下降到输出端附近的 0.45 V，产生 0.13 V 的电势差。结果表明，不同形态的橡胶对电荷具有不同的阻挡作用。在三种工况中，当橡胶为正方体

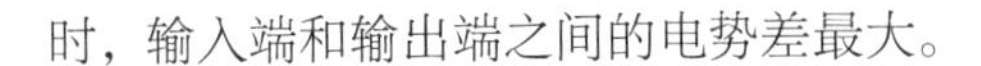

时，输入端和输出端之间的电势差最大。

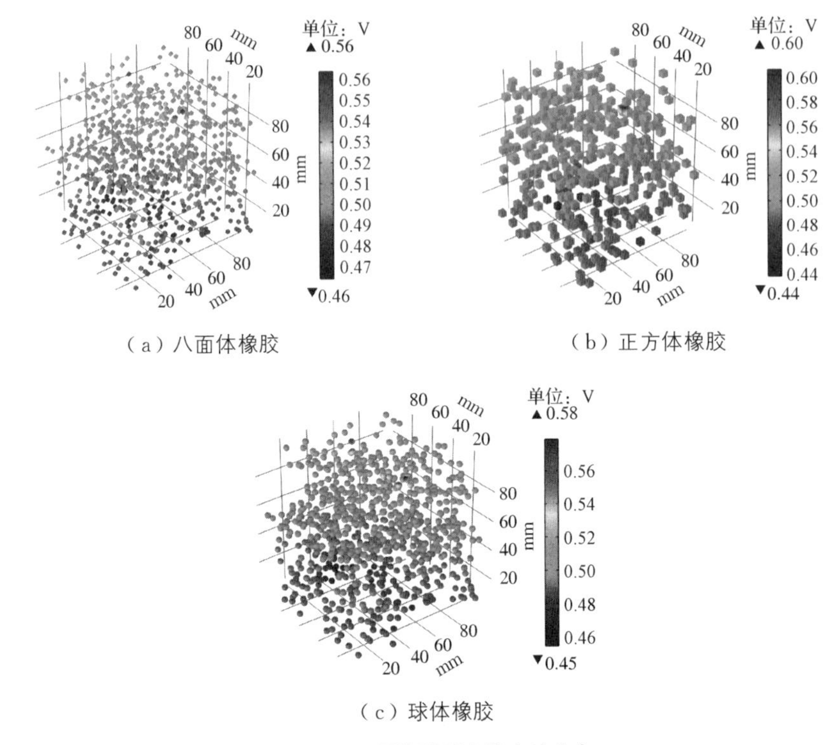

（a）八面体橡胶

（b）正方体橡胶

（c）球体橡胶

图 6.44　不同橡胶形态的电势分布

考虑到橡胶颗粒的不同空间排列，不同工作条件下的电势根据特定的定律分布。电压被提供给模型上端和下端的电极，导致电荷从上到下整体传播。 八面体橡胶由顶部和底部两个相同的金字塔组成。 两个金字塔的共享底面在空间分布上平行于顶部和底部。 因此，当电荷流过八面体橡胶时，电荷大多被橡胶的任一侧阻挡。 路径和侧面之间的夹角约为 30°，随着路径和八面体橡胶顶点之间的水平距离的增加，电荷传播所需的橡胶厚度急剧减小。 当电荷穿过球体橡胶时，路径和橡胶表面之间的夹角没有设定，并且要穿过橡胶的厚度通常大于八面体橡胶的厚度。 当正方体橡胶分散时，一个表面平行于模型的上表面和下表面，使电荷能够穿过上表面。 此外，空间中的三种橡胶分别具有正方体、球体和八面体的最大水平横截面积，这表明正方体橡胶的有效势垒范围是电荷从上到下传播的最大势垒范围。

创建所选截面的电势等值线图，如图 6.45 所示。 整体电势差随着橡胶形态的变化而波动。 即使所选部分选择了不同的橡胶形态，电势差也是相同的。 并且在橡胶聚集区仍然存在轮廓偏转的现象。

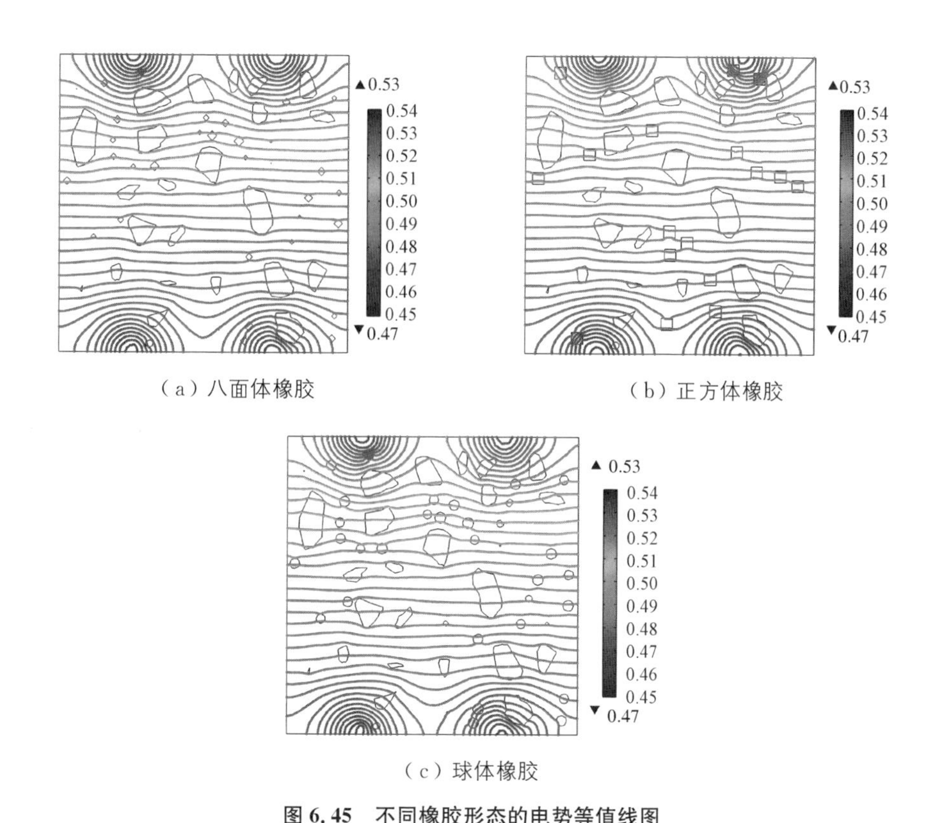

（a）八面体橡胶

（b）正方体橡胶

（c）球体橡胶

图 6.45　不同橡胶形态的电势等值线图

最后，绘制了输入端横截面的电势分布图，如图 6.46 所示。 电势随橡胶形态的变化而变化。 如图 6.47 所示，在不同的橡胶形态下，绘制了曲线极值点处的变化。当橡胶从八面体转变为正方体时，电势最高下降 0.50%。 当橡胶从立方体变成球体时，整体的电势几乎相同。 结果表明，八面体橡胶具有最高的电势，这意味着势垒对电荷的影响最不明显，其次是球体和正方体。 两者具有几乎相同的电势分布曲线，并且它们的整体电势低于八面体橡胶的电势。

对于电压输出端，在相同位置建立两条截线，绘制电势分布曲线如图 6.48 所示，其走势与输入端相反，当橡胶为八面体时，其电势最高，其次为球体，当掺入正方体橡胶时，整体电势达到最低水平，整体规律与输入端一致。 当橡胶由八面体变为正方体时，整体电势大小几乎一致。 结果表明，当橡胶为八面体时，其电势最高，即对电荷阻隔作用最不明显，其次为球体和正方体，两者电势分布曲线基本重合，整体电势均低于八面体橡胶。

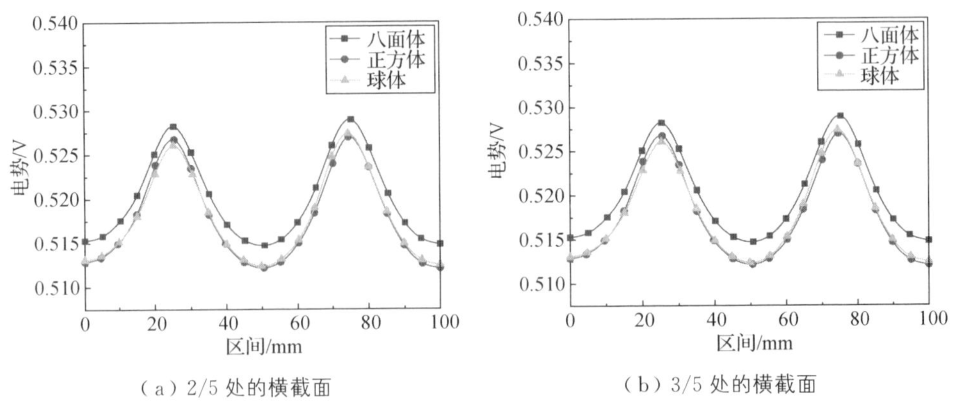

（a）2/5 处的横截面　　（b）3/5 处的横截面

图 6.46　不同橡胶形态下输入端各截线电势分布

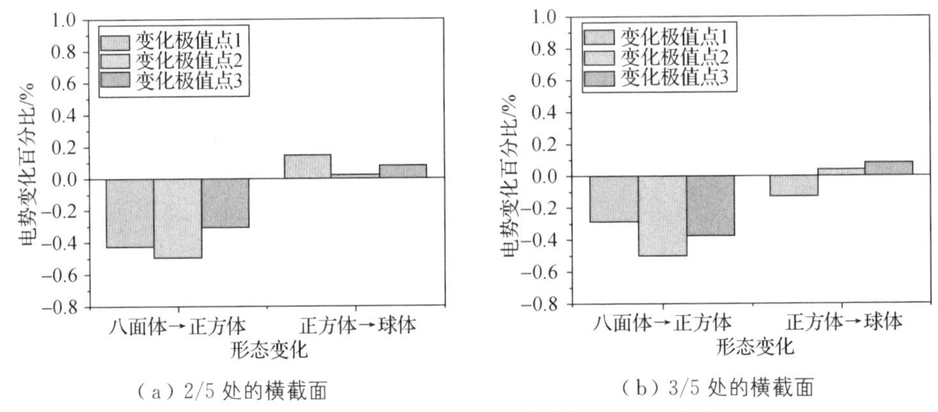

（a）2/5 处的横截面　　（b）3/5 处的横截面

图 6.47　输入端不同橡胶形态下电势曲线各极值点处的变化

对于输出端，图 6.49 示出了电势分布曲线。类似地，当它是八面体时，电势是最大的。此外，当包括正方体或球体橡胶时，整体电势分布是相同的，低于八面体橡胶。一旦橡胶从八面体变为正方体，电势下降 0.755%。

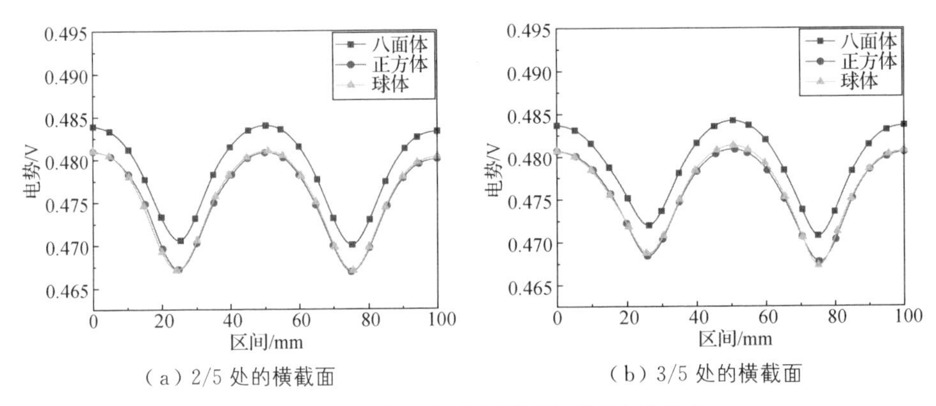

（a）2/5 处的横截面　　（b）3/5 处的横截面

图 6.48　不同橡胶形态下输出端各截线电势分布

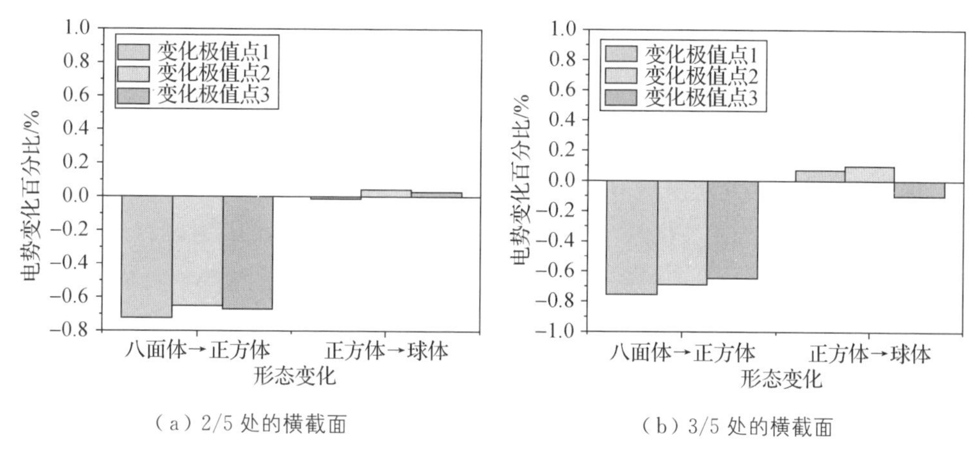

（a）2/5 处的横截面　　（b）3/5 处的横截面

图 6.49　输出端不同橡胶形态下电势曲线各极值点处的变化

6.5.4.3　不同橡胶尺寸

为探究不同橡胶尺寸对橡胶混凝土电导特性的影响，控制橡胶含量为 2.5%，橡胶颗粒形态为正方体，主要包括 3 mm、4 mm 及 5 mm 三种工况，对橡胶混凝土中的电势分布进行研究。

图 6.50 为不同橡胶尺寸时内部橡胶的电势分布情况。当橡胶直径为 3 mm 时，橡胶电势在输入端附近取得峰值，为 0.69 V，随着电势的往下传播，在电压输出端附近电势降到最低，为 0.39 V；当橡胶直径为 4 mm 时，橡胶电势峰值为 0.61 V，随着电势的传播，在底端取得最小值 0.44 V；当橡胶尺寸为 5 mm 时，其电势分布由输入端附近的 0.63 V 衰减至输出端附近的 0.44 V。

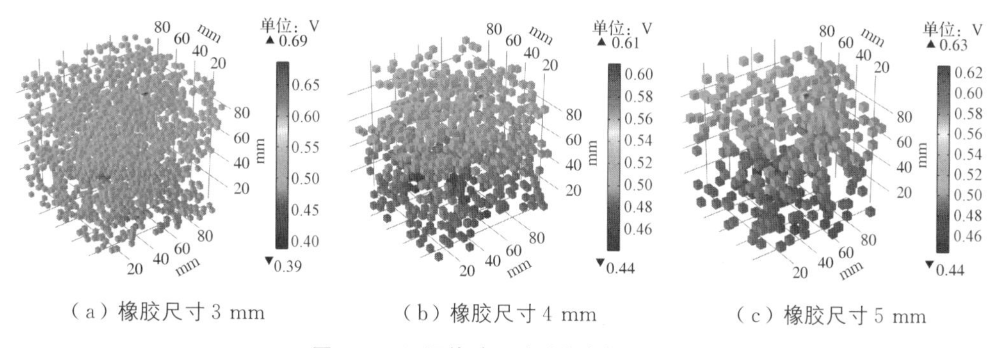

（a）橡胶尺寸 3 mm　　（b）橡胶尺寸 4 mm　　（c）橡胶尺寸 5 mm

图 6.50　不同橡胶尺寸时的电势分布图

通过对比三种工况下内部橡胶的电势分布情况，可以发现，随着橡胶尺寸的增加，整体的电势差呈下降趋势。虽然橡胶对电势的传播有一定阻隔作用，且当其体积增加时，单个橡胶或许能够阻隔更多的电荷，但在橡胶尺寸增加的同时，由于所掺入的橡胶总含量保持不变，其在模型内部所占的总体积及橡胶数量甚至有一定减少，从而有可能造成衰减电势效果的减弱，使得整体电势差与单位橡胶尺寸的增加成反比。

在三种细观模型中选取与之前相同的截面，并绘制其电势等值线图，如图 6.51 所示。当橡胶尺寸发生变化时，截面整体电势差无明显变化，但当橡胶尺寸增大，即单位体积增加时，这些橡胶所集中区域使得等值线发生偏折的效果更明显，即该区域对电势传播有较好的衰减或阻隔效果。

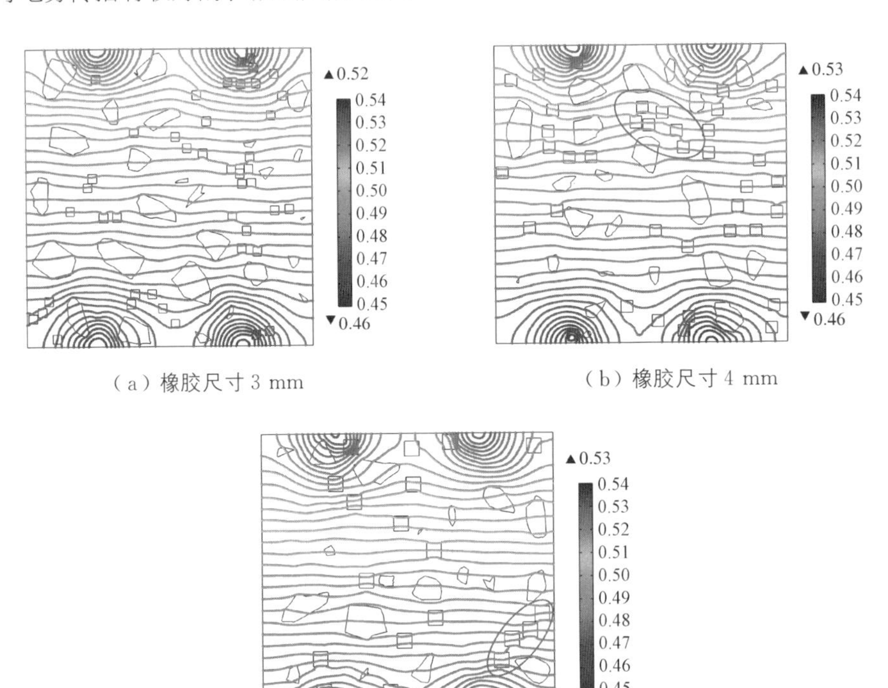

图 6.51　不同橡胶尺寸时的电势等值线图

在输入端面和输出端面 2/5 和 3/5 处分别建立一条截线，绘制其电势分布曲线，如图 6.52 所示，其走势与前述输入端一致，且当橡胶尺寸为 5 mm 时，整体电势达最大水平，当尺寸为 3 mm 和 4 mm 时，其电势相差不大。

绘制不同橡胶尺寸下电势曲线各极值点处的变化如图 6.53 所示，发现当橡胶尺寸由 3 mm 变为 4 mm 时，电势无明显变化；当橡胶尺寸由 4 mm 变为 5 mm 时，电势有所上升，最高达 0.875%。

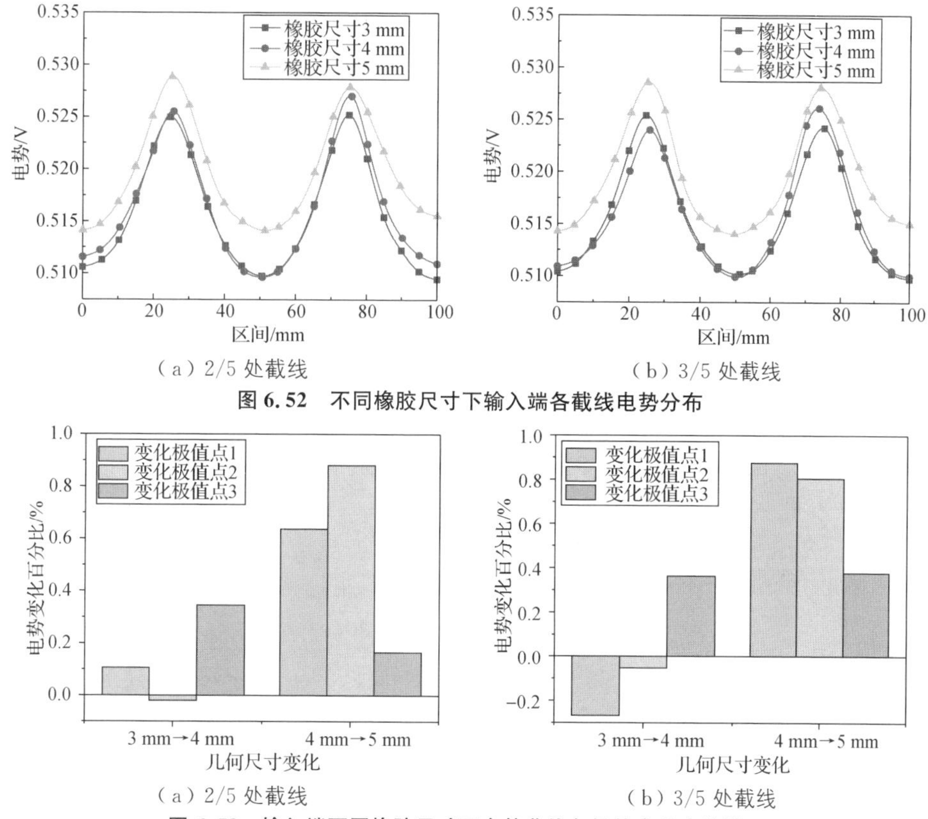

（a）2/5 处截线　　（b）3/5 处截线

图 6.52　不同橡胶尺寸下输入端各截线电势分布

（a）2/5 处截线　　（b）3/5 处截线

图 6.53　输入端不同橡胶尺寸下电势曲线各极值点处变化情况

对于电压输出端，在相同位置建立两条截线，绘制电势分布曲线，如图 6.54 所示，其走势与输入端相反，整体电势大小与输入端一致。当橡胶尺寸由 3 mm 变为 4 mm 时，电势无明显变化；当橡胶尺寸由 4 mm 变为 5 mm 时，电势有所上升，最高达 1.11%，如图 6.55 所示。

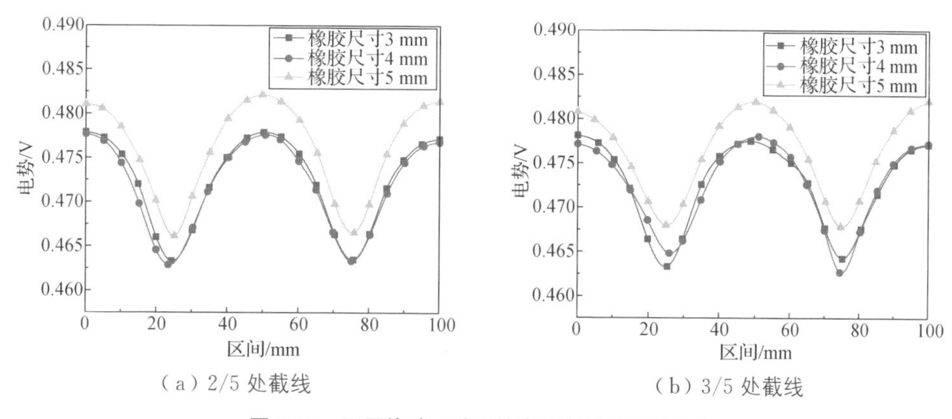

（a）2/5 处截线　　（b）3/5 处截线

图 6.54　不同橡胶尺寸下输出端各截线电势分布

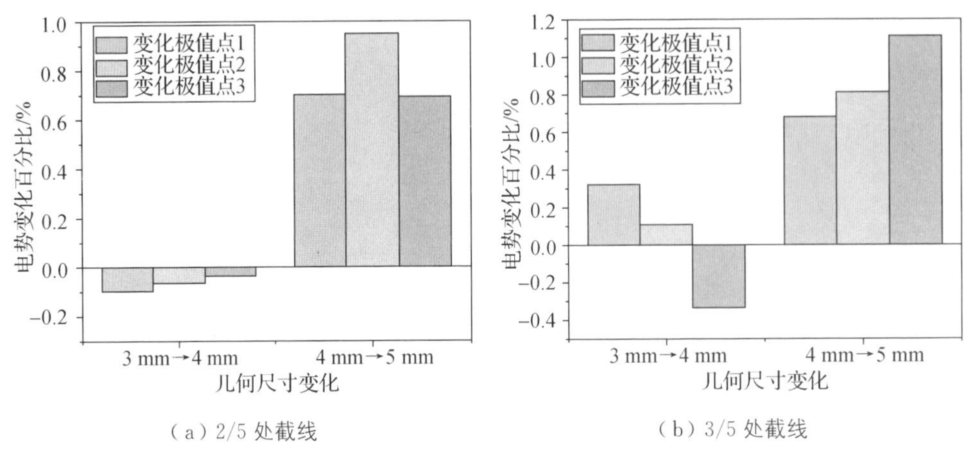

（a）2/5 处截线　　（b）3/5 处截线

图 6.55　输出端不同橡胶形态下电势曲线各极值点处变化情况

6.6　橡胶混凝土中钢筋锈蚀的细观分析

含橡胶的钢筋混凝土由于其良好的能量耗散特性，被应用于建筑、轨道交通等工程领域。由于橡胶具有几何尺寸不规则性，钢筋橡胶混凝土的锈裂可能与普通钢筋混凝土有所不同。本节建立了含钢筋橡胶混凝土的三维细观模型，通过数值模拟和实验研究了橡胶几何特性对橡胶混凝土中钢筋锈蚀行为的影响。

6.6.1　钢筋橡胶混凝土细观模型

6.6.1.1　细观模型建立

在建立含钢筋的橡胶混凝土模型时，考虑到真实骨料几何轮廓的复杂性，采用几何本征骨料混凝土细观模型进行模拟。主要建立了由骨料、橡胶和砂浆多相复合而成的橡胶混凝土细观模型，为了研究橡胶混凝土中的钢筋锈蚀问题，在该细观模型中插入钢筋分别建立锈蚀模型和开裂模型。

6.6.1.2　锈蚀模型

本节主要研究橡胶混凝土中钢筋在锈蚀后，所产生的锈蚀产物体积膨胀，造成试件整体劣化甚至开裂的行为。因此，首先需要建立橡胶混凝土的锈蚀细观模型(图 6.56)，以研究其中钢筋在锈蚀后其锈蚀产物的分布。整个模型为 150 mm×150 mm×150 mm 的混凝土试件，采用常规尺寸的自由四面体单元进行网格划分。圆柱形钢筋从一侧插入，并根据尺寸和位置建模。钢筋的横截面半径为 8 mm，长度与试件的边长相同（150 mm）。钢筋位于试件的中心线上，其横截面中心距离试件上表面 24 mm，即保护层厚度为 16 mm。

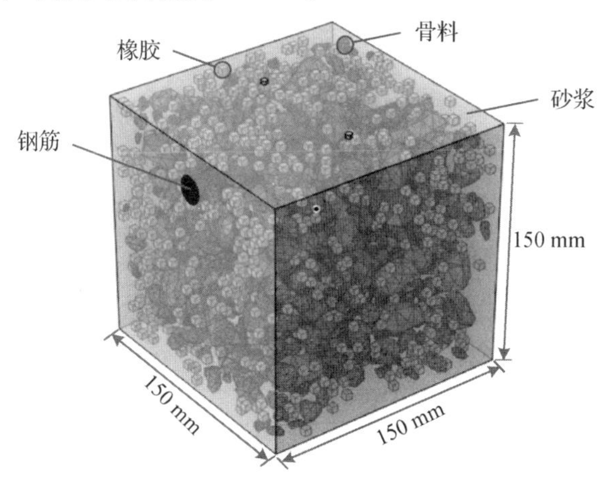

图 6.56　锈蚀细观模型

杂散电流在混凝土电解质中的分布服从欧姆定律，即

$$\vec{i}_R = \sigma_R \vec{E}_R + \vec{i}_B \tag{6.6}$$

$$\vec{i}_C = \sigma_C \vec{E}_C + \vec{i}_B \tag{6.7}$$

式(6.6)和式(6.7)：σ_R 和 σ_C——钢筋和混凝土的电导率（S/m）；

$\vec{E}_R$ 和 $\vec{E}_C$——道床和管片混凝土的电场强度矢量（V/m）；

$\vec{i}_B$——由外部电流引起的电流密度（A/m^2）。

这里不考虑其他外部电流影响，假定为 0。而在物体内，电场强度矢量与电势标量的关系为

$$\vec{E} = -\nabla V \tag{6.8}$$

式中：V——电势标量(V)，则三维方向上的控制方程可表示为

$$-\nabla\delta(\sigma_R \nabla V_R) = \delta Q_R \tag{6.9}$$

$$-\nabla\delta(\sigma_C \nabla V_C) = \delta Q_C \tag{6.10}$$

式(6.9)和式(6.10)中：Q_R 和 Q_C——流出钢筋和混凝土外部的电流密度（A/m^2）；

V_R 和 V_C——钢筋和混凝土内部的电势（V）；

σ_R 和 σ_C——钢筋和混凝土的电导率(S/m)；

δ——三维物体的厚度（mm）。

每种材料的电导率值如表 6.11 所示。

表 6.11　材料电导率

材料	电导率/(S·m^{-1})
橡胶	0.000 1
骨料	0.05
砂浆	1
钢筋	3

对锈蚀产物分布进行研究时，在 COMSOL 中构建电-化学耦合物理场（电流-二次电流分布）。混凝土中所插入钢筋的腐蚀一般是由于氯离子破坏其表面的钝化膜，进而使得钢筋表面开始生锈，锈层不断累积变厚，使得钢筋整体的体积发生膨胀，导致保护层混凝土开裂。锈蚀模型中主要添加二次电流分布场，根据 Butler-Volmer 方程计算钢筋表面局部电流密度，其表达式如下：

$$i_{corr}=i_0\left[\exp\left(\frac{\alpha_a F\eta}{RT}\right)-\exp\left(\frac{-\alpha_c F\eta}{RT}\right)\right] \tag{6.11}$$

$$\eta=E-E_{eq} \tag{6.12}$$

式(6.11)及式(6.12)中：i_0——交换电流密度（$i_0=1.5\ A/m^2$）；

α_a——阳极传递系数（α_a）；

α_c——阴极传递系数（α_c）；

F——法拉第常数（$F=96\ 485\ C/mol$）；

R——气体常数（$R=8.314\ J/(mol\cdot K)$）；

T——热力学温度（$T=293.15\ K$）；

η——活化过电位。

由公式(6.12)计算所得，其中 E 表示电极电势，$E_{eq}=0.44\ V$ 表示平衡电位。

在确定腐蚀电流密度后，其锈层可近似表达[10]为

$$X_p(\theta,t)=\frac{\int_{t_i}^{t} i_{corr}(\theta,t)\mathrm{d}t\cdot A}{Z_{Fe}\cdot F\cdot\rho_s} \tag{6.13}$$

式中：θ——钢筋周长上的圆周角($0°\leqslant\theta\leqslant360°$)；

A——铁原子质量（$A=55.85\ g/mol$）；

t_i——开始腐蚀的时刻（假设总腐蚀时长为 10 年，即 315 360 000 s）；

Z_{Fe}——阳极的化学价态；

F——法拉第常数（$F=96\ 485\ C/mol$）；

ρ_s——钢筋的密度（$\rho_s=7\ 800\ kg/m^2$）。

插入电流场后，在模型上下侧分别设置电极，上侧为输入端，下侧为输出端，其电势

分别设置为 0.3 V 和 0 V。 经过计算得钢筋表面腐蚀电流密度分布如图 6.57 所示。

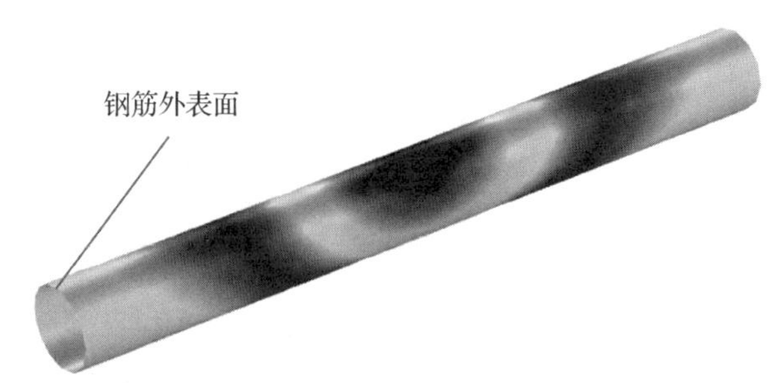

图 6.57　钢筋表面腐蚀电流密度分布

6.6.1.3　开裂模型

（1）模型组成及材料参数

目前，在模拟钢筋锈蚀膨胀时可采用热模拟法、径向位移法和径向压力法，本书中主要采用径向位移法。 根据锈蚀模型中获得的锈层计算出相应径向位移，其表达式如下[10]：

$$u_r(\theta,t)=(r_v-1)\cdot X_p(\theta,t) \tag{6.14}$$

式中：r_v——锈蚀的体积膨胀率（$r_v=2.96$）；

$X_p(\theta,t)$——锈层。

开裂模型仍然由骨料、橡胶和砂浆复合而成，为了模拟钢筋在腐蚀后的膨胀开裂，将锈蚀模型中钢筋替换为相同体积的圆孔，如图 6.58 所示，并将计算所得的径向位移函数添加至圆孔内表面，以模拟开裂过程。 由于钢筋尺寸较小，钢筋截面圆周采用固定数量为 30 的自由四面体单元进行网格划分，而其他部分仍使用常规尺寸的自由四面体单元进行划分，整体网格如图 6.59 所示。

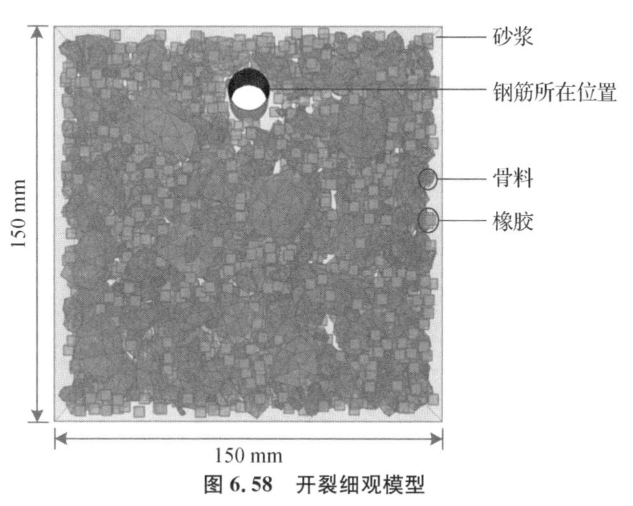

图 6.58　开裂细观模型

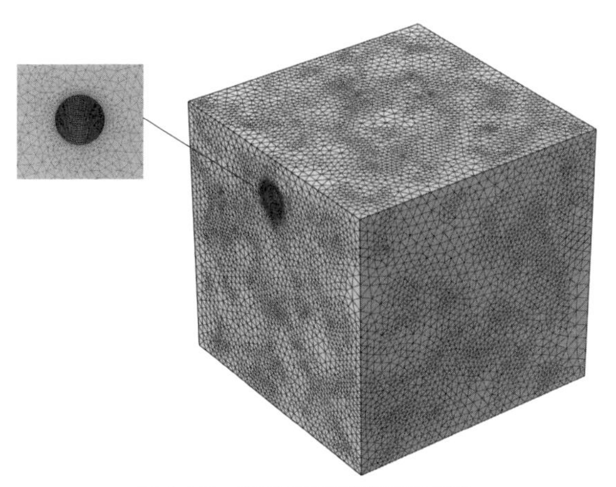

图 6.59　开裂细观模型网格划分

模型建立后，对骨料、橡胶及砂浆赋以相应的力学参数，同时对于砂浆及骨料，主要采用 COMSOL 中的标量损伤模型进行模拟，各部分材料参数如表 6.12 所示。

表 6.12　开裂模型材料参数

材料	弹性模量/MPa	泊松比	抗拉强度/MPa	断裂能/($J \cdot m^{-2}$)
骨料	50 000	0.2	6	120
砂浆	26 000	0.2	3	65
橡胶	7.8	0.49	—	—

（2）边界条件

在固定橡胶混凝土开裂模型时，于下边界约束模型位移，同时在一侧圆孔及相邻侧面约束模型位移，如图 6.60 所示。

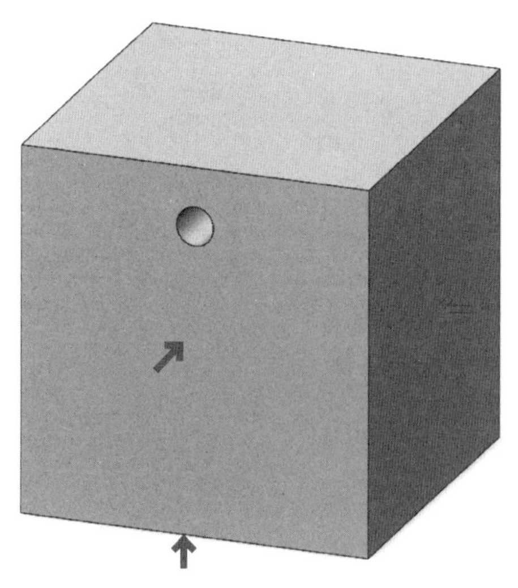

图 6.60　开裂模型边界条件

在电化学场作用下，游离氯离子传输的初始和边界条件可表示为

$$\begin{cases} C(x,0)=C_0 \\ C(0,t)=C_s, C(\infty,t)=0 \end{cases} \tag{6.15}$$

式中：C_0 和 C_s——混凝土内部的初始氯离子含量及混凝土外表面的氯离子含量，在本研究中，C_0 取为 0%，C_s 取为 2%[11]。

氯离子的扩散主要受湿度、温度及混凝土裂缝尺寸等的影响，其扩散系数方程可表示为

$$D_{cl}=\begin{cases} D_{cl}^{Sound}=D_0 \cdot f(RH) \cdot f(T) \\ D_{cl}^{Crack}=D_{cl}^{Sound} \cdot f(w_{eff}) \end{cases} \tag{6.16}$$

式中：D_{cl}^{Sound} 和 D_{cl}^{Crack}——分别指混凝土非开裂区域与开裂区域内的氯离子扩散系数；

D_0——氯化物扩散系数的标准参考值，它仅与混凝土的水灰比有关，在本研究中 D_0 取为 $6\times10^{12}\ m^2/s$ [11]；

$f(w_{eff})$——混凝土裂缝宽度对氯离子扩散系数的影响函数[12-13]。

6.6.2　模型验证

6.6.2.1　试件组成

为了验证橡胶混凝土锈蚀开裂细观模型的合理性及准确性，本研究对照细观模型制作相应试件，并根据相应参数对其进行电化学腐蚀实验，以开裂形态为衡量标准验证橡胶混凝土细观模型的合理性。

根据细观模型制作尺寸为 150 mm×150 mm×150 mm 的橡胶混凝土试件，插入钢筋的尺寸与细观模型中的钢筋/圆孔尺寸相一致，其底面直径为 16 mm，贯穿试件整体，长度为 250 mm，即在试件两端各露出 50 mm，混凝土保护层厚度为 16 mm。

（a）橡胶颗粒

（b）粗骨料

（c）细骨料

图 6.61　试件组成材料

如图 6.61 所示，掺入橡胶颗粒采用成都市四通橡塑有限公司产出的 3～5 mm 橡胶，其表观密度为 1 120 kg/m^3；粗骨料则采用表观密度为 2 650 kg/m^3 的连续级配碎石；细骨料主要为中砂，其表观密度为 2 600 kg/m^3，同时测得细度模数为 2.38；水泥采用太仓海螺水泥有限责任公司生产的海螺牌普通硅酸盐水泥 P·O42.5，试件配合比如表 6.13 所示。

表 6.13　试件配合比

橡胶/($kg\cdot m^{-3}$)	水泥/($kg\cdot m^{-3}$)	水/($kg\cdot m^{-3}$)	细骨料/($kg\cdot m^{-3}$)	粗骨料/($kg\cdot m^{-3}$)
5	420	167.8	549.6	1 228

6.6.2.2　实验过程

本研究采用 150 mm×150 mm×150 mm 模具制作橡胶混凝土试件，如图 6.62 所示。试件制作完成后，进行脱模，将钢筋露出部分涂上环氧树脂并用导线连接，在标准养护条件下养护 28 d。

养护完成后，配制质量分数为 5%的 NaCl 溶液，并将养护后的试件与 NaCl 溶液接触 72 h，液面高度为 75 mm，使得插入钢筋位于液面上方。经过 72 h 浸泡后，通电加速钢筋锈蚀，主要采用 WYG－100V30A 大功率直流电源，如图 6.63 所示，其电源有恒定电压及恒定电流两种控制形式，恒定电流值可调范围为 0～30 A，恒定电压值可调范围为 0～100 V，其实验过程与原理示意如图 6.64 所示。

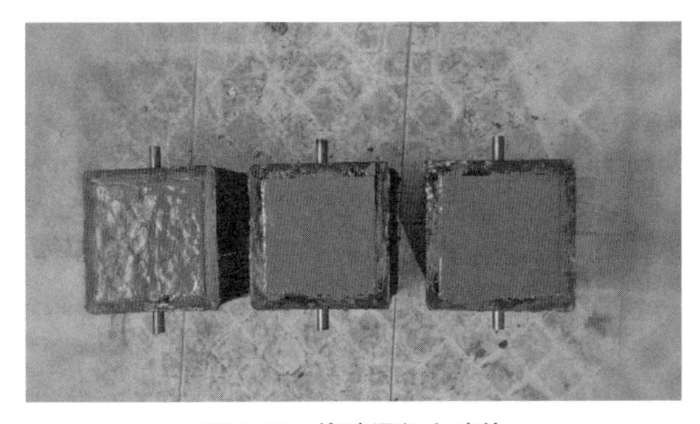

图 6.62　橡胶混凝土试件

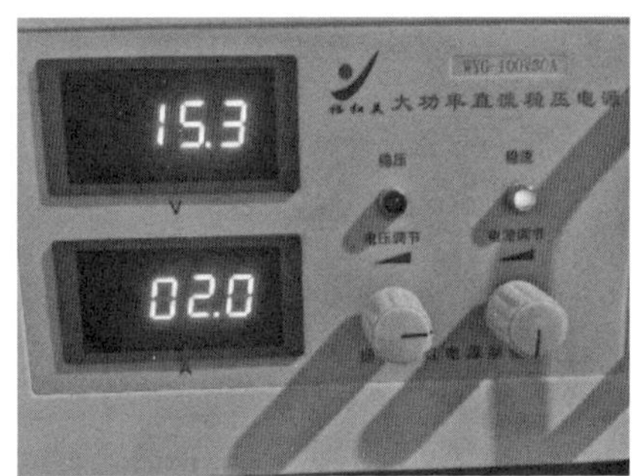

图 6.63　大功率直流电源

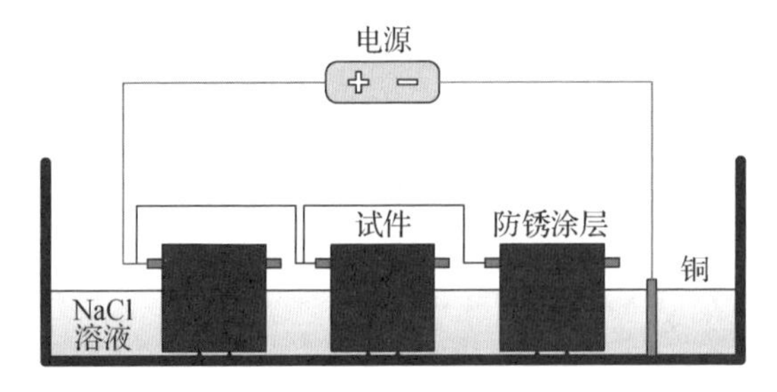

图 6.64　实验过程与原理示意

6.6.2.3　结果比对

在加速腐蚀实验完成后，为验证实验结果与细观模型数值模拟结果的一致性，以试件钢筋一侧表面的开裂形态为衡量标准，将经过加速腐蚀实验后的试件与相同条件下的细观模型计算结果相比较。从图 6.65 中可以看出，数值计算结果与实验结果基本一致，产生了四条主要裂缝，断裂发展方向为 0°、45°、180°、300°。从发展程度上看，180°附近的断裂扩展程度最大。因此，建立的橡胶混凝土细观模型与实验结果具有较好的一致性（主裂缝），能够较准确地模拟橡胶混凝土中钢筋的腐蚀和混凝土的开裂。

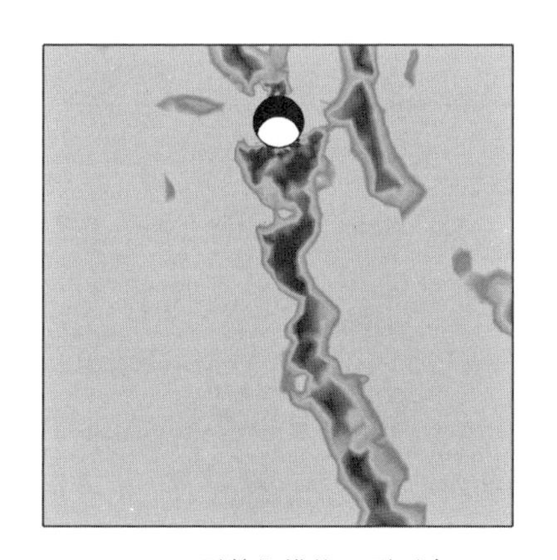

（a）开裂数值模拟开裂形态

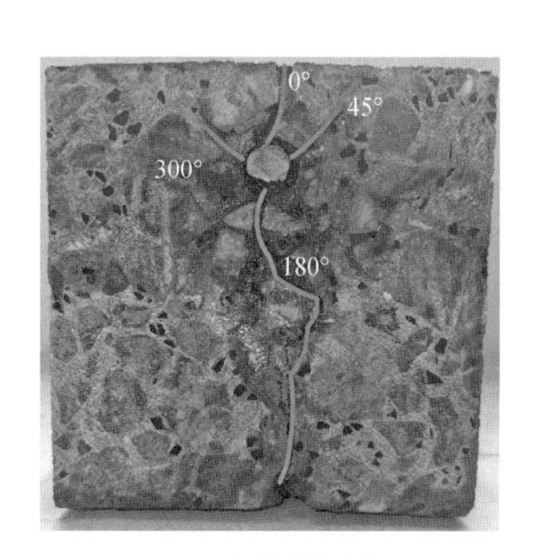

（b）实验裂缝形态

图 6.65　开裂形态对比

6.6.3　分析工况

在验证细观模型与实验结果的一致性后，根据橡胶混凝土细观模型的建立方法，建立了具有不同橡胶含量、橡胶尺寸及橡胶形态的单根钢筋橡胶混凝土细观模型。

建立时以模型尺寸 150 mm×150 mm×150 mm，保护层厚度 16 mm，钢筋直径 16 mm 作为基准参数。当研究橡胶含量时，其含量分别为 2.5%、5.0%和 7.5%，保持橡胶边长和橡胶形态分别为 4 mm 以及正方体不变。当研究橡胶尺寸时，统一采用正方体橡胶颗粒，边长分别为 5 mm、7.5 mm 以及 10 mm，保持橡胶含量始终为 5.0%。当研究橡胶形态时，选用八面体、球体以及正方体橡胶，保持橡胶含量以及高度分别为 2.5%和 4 mm 不变。具体工况如表 6.14 所示。

表 6.14　分析工况

变量	工况	橡胶含量/%	橡胶形态	橡胶边长/mm
	1	2.5		
橡胶含量	2	5.0	正方体	4
	3	7.5		
	1		八面体	
橡胶形态	2	2.5	正方体	4
	3		球体	
	1			5
橡胶尺寸	2	5.0	正方体	7.5
	3			10

6.6.4　结果分析

由于钢筋表面氯离子积聚使其表面钝化膜被破坏，钢筋开始腐蚀生锈，相应的腐蚀产物在钢筋表面积累，形成锈层。 钢筋不同位置处锈层分布情况不同，根据计算可以发现，在距离钢筋一端 60～100 mm 处，沿圆周方向锈层较完整,其余位置均有部分程度的缺失。 因此，为研究钢筋不同位置处锈层的厚度分布情况，在上述 60～100 mm 中每间隔 10 mm 选取一截面，分析该截面所截取的钢筋横截面上沿圆周方向的锈层厚度。

图 6.66、图 6.67 及图 6.68 分别示出了不同橡胶含量、橡胶尺寸及橡胶形态工况下所选位置的锈层分布情况。 具体表现为以下特征：

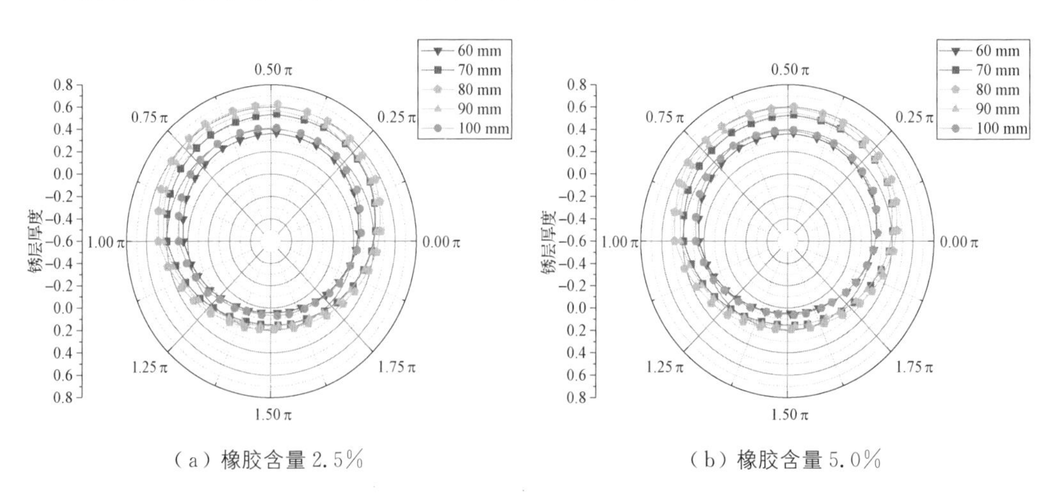

（a）橡胶含量 2.5%　　（b）橡胶含量 5.0%

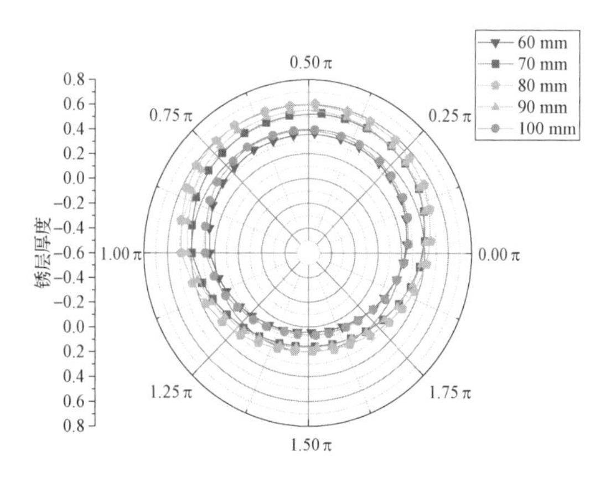

（c）橡胶含量 7.5%

图 6.66　不同橡胶含量锈层曲线

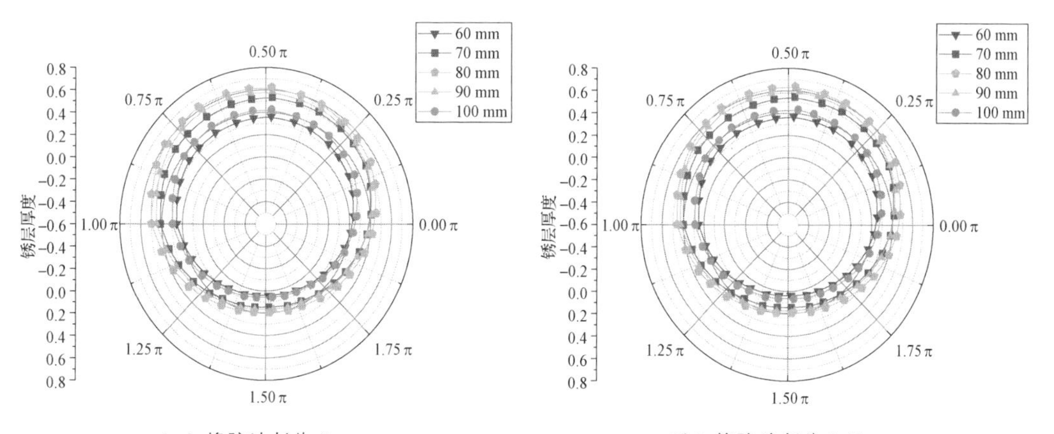

（a）橡胶边长为 5 mm　　　　（b）橡胶边长为 7.5 mm

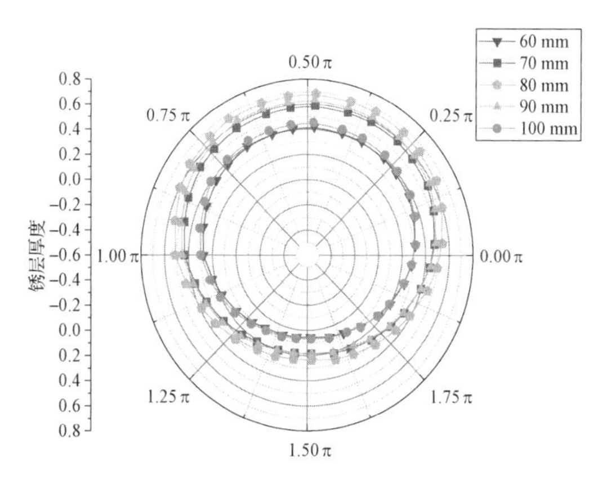

（c）橡胶边长为 10 mm

图 6.67　不同橡胶尺寸锈层曲线

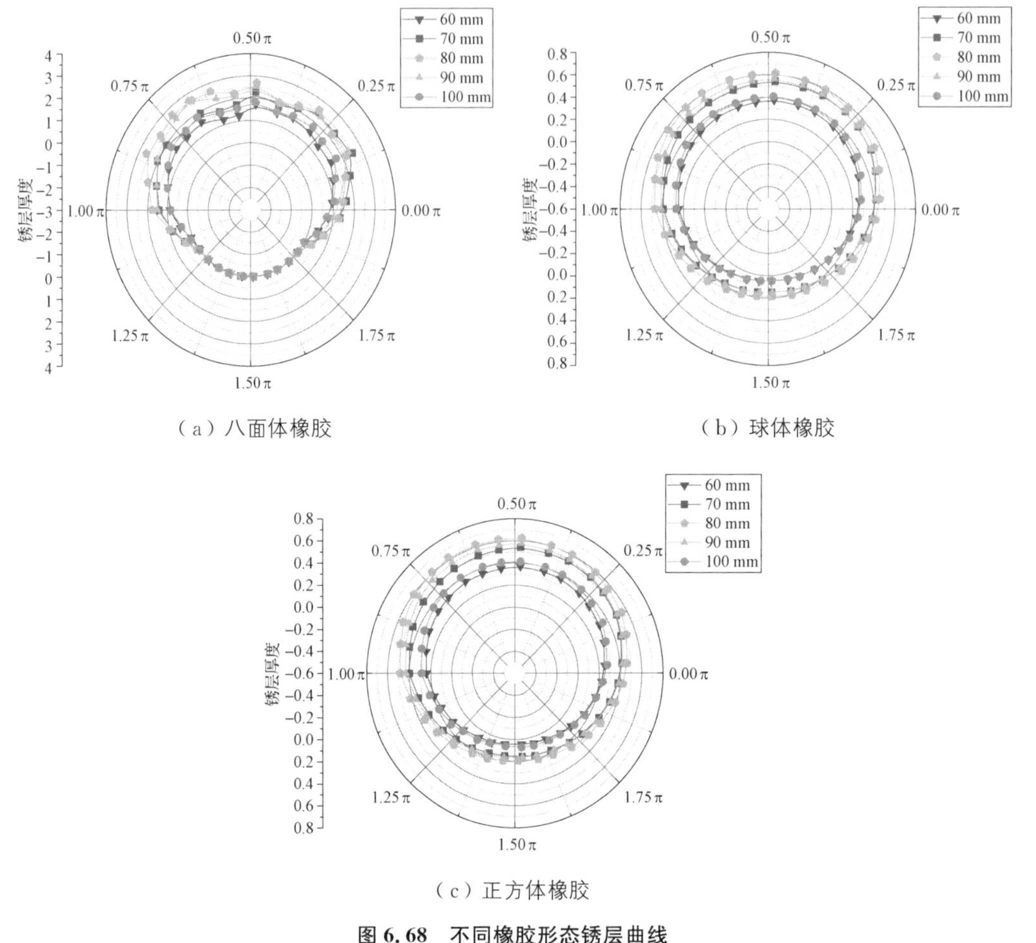

（a）八面体橡胶

（b）球体橡胶

（c）正方体橡胶

图 6.68　不同橡胶形态锈层曲线

(1) 整体锈层环绕钢筋分布，几乎均近似呈现椭圆形，但钢筋上半部分（0～π）向外凸起程度较下半部分大，即上侧积累的腐蚀产物相对较多，使得上侧锈层厚度较下侧大,其分布与钢筋表面腐蚀电流密度的分布具有高度一致性。

(2) 由 60 mm 至 100 mm，整体锈层厚度不断增加，在 80 mm 处达到最大，而后随着位置的后移，整体锈层厚度逐步降低，100 mm 处的整体锈层厚度稍大于 60 mm 处，或两者锈层厚度几乎一致。

为研究不同工况下锈层厚度的差异，仍在 60～100 mm 间每隔 5 mm 选取各位置最大的锈层厚度，并与工况中的其他情况相比较，其结果如图 6.69 所示。

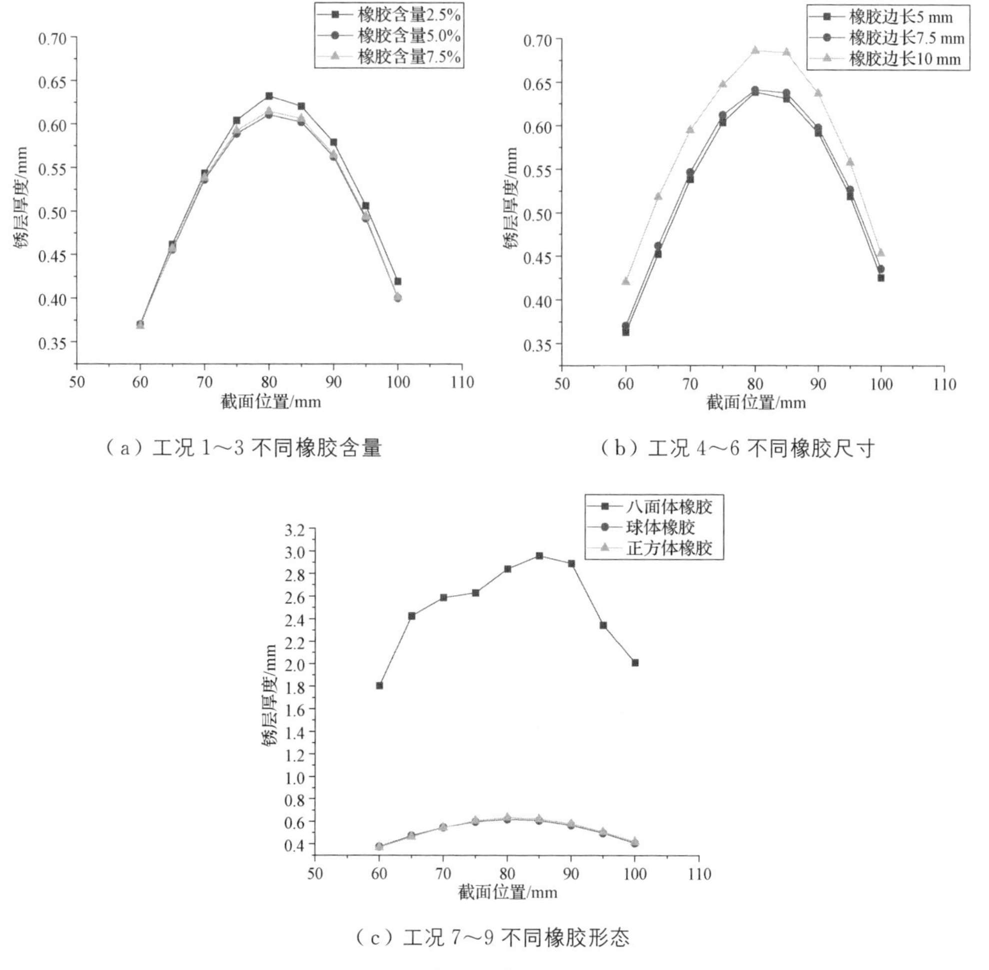

（a）工况 1～3 不同橡胶含量

（b）工况 4～6 不同橡胶尺寸

（c）工况 7～9 不同橡胶形态

图 6.69　钢筋不同截面最大锈层厚度

根据图 6.69(a)可知，掺入 5.0％或 7.5％橡胶时各位置整体锈层厚度几乎一致，而掺入 2.5％橡胶所产生的整体锈层厚度较上述两种情况大，差异最大达到 3.56％。根据图 6.69(b)可知，采用 5 mm 和 7.5 mm 的橡胶所产生的整体锈层厚度较为相似，而采用 10 mm 橡胶时其整体锈层厚度均大于上述两种情况，差异最大可达 8.41％。 根据图 6.69(c)可知，采用球体或正方体橡胶时，整体锈层厚度情况大致相同，但当采用八面体橡胶时，相应位置的锈层厚度均产生很大程度的增长。

参考文献

[1] WRIGGERS P, MOFTAH S O. Mesoscale models for concrete : Homogenisation and damage behaviour[J]. Finite Elements in Analysis and Design, 2006,42(7): 623 - 636.

[2] DE BORST R. Fracture in quasi-brittle materials: A review of continuum damage-based approaches[J]. Engineering Fracture Mechanics, 2002,69(2): 95 - 112.

[3] PETERSSON P E. Crack growth and development of fracture zones in plain concrete and similar materials[J]. Report TVBM, 1981,1006.

[4] 唐世斌. 混凝土温湿型裂缝开裂过程细观数值模型研究[D]. 大连: 大连理工大学, 2009.

[5] YU S, JIN H. Modeling of the corrosion-induced crack in concrete contained transverse crack subject to chloride ion penetration[J]. Construction and Building Materials, 2020(258): 119645.

[6] 孙立国, 杜成斌, 戴春霞. 大体积混凝土随机骨料数值模拟[J]. 河海大学学报(自然科学版), 2005(3): 291 - 295.

[7] TRAN K K, NAKAMURA H, KAWAMURA K, et al. Analysis of crack propagation due to rebar corrosion using RBSM[J]. Cement & Concrete Composites, 2011,33(9): 906 - 917.

[8] ZHAO Y, REN H, JIN W. Study on modulus of rust applied in steel corrosion induced concrete cracking model[J]. Proceedings of the Eleventh International Symposium on Structural Engineering, 2010: 1218 - 1223.

[9] OTSUKI N, MIYAZATO S, DIOLA N B, et al. Influences of bending crack and water-cement ratio on chloride-induced corrosion of main reinforcing bars and stirrups[J]. Aci Materials Journal, 2000,97(4): 454 - 464.

[10] CAO C, CHEUNG M M S. Non-uniform rust expansion for chloride-induced pitting corrosion in RC structures[J]. Construction and Building Materials, 2014(51): 75 - 81.

[11] ASLANI F, MA G W, WAN D, et al. Experimental investigation into rubber granules and their effects on the fresh and hardened properties of self-compacting concrete[J]. Journal of Cleaner Production, 2018(172): 1835 - 1847.

[12] ZHANG Y, YE G. A model for predicting the relative chloride diffusion coefficient in unsaturated cementitious materials[J]. Cement and Concrete Research, 2019(115): 133 - 144.

[13] MART1N-PÉREZ B, ZIBARA H, HOOTON R D, et al. A study of the effect of chloride binding on service life predictions[J]. Cement and Concrete Research, 2000,30(8): 1215 - 1223.

第 7 章　细观尺度下新老混凝土界面性能研究

新浇筑的混凝土在早期会因基底老混凝土限制其收缩而产生应力，可能导致新老混凝土剥离[1]。新混凝土的不均匀性，如砂浆与骨料间的力学性能差异，也会导致细观尺度裂缝[2]。微裂缝在受力或环境变化下扩展成宏观裂缝[3]，混凝土内部细观尺度属性有助于理解裂缝的发展过程[4-5]。新老混凝土耐久性的另一关键因素是它们间的黏结强度[6]。研究通常假设黏结面光滑，忽视了实际粗糙断口对黏结性能的影响[7-9]。多数研究集中在界面粗糙度对宏观强度的影响[10]，而针对粗糙表面对干缩开裂性能影响的研究较少。

本章针对新老混凝土开裂问题，建立了具有真实几何形态的新老混凝土细观模型。基于分形布朗运动的插值算法生成不同分形维数的粗糙界面，并在有限元网格中插入零厚度黏结单元作为裂缝路径的预定义场，分析了黏结强度、骨料和粗糙度对新老混凝土表面裂缝和界面剥离的影响，并进一步分析了新老混凝土界面粗糙度、界面强度、砂浆强度对新老混凝土界面抗拉和抗剪强度以及裂缝形态的影响，得出了提高新老混凝土强度有益的结论。

7.1 新老混凝土界面细观建模方法

7.1.1 新老混凝土粗糙界面重构

本节提出利用分形布朗运动模型对新老混凝土粗糙界面进行模拟的重构算法[11]，以此考虑真实界面形状对新老混凝土开裂的影响。分形布朗运动是由Mandelbrot和Ness[12]提出的数学模型，主要用于描述自然界中山、云、地形和恒星表面的不规则形状。作为分形布朗运动的经典算法，随机中点插值算法[13]已应用于重建自然地形、破碎岩石和其他粗糙的表面。该种算法由于具有生成速度快，线性项 N 的时间复杂度和固定间隔空间分辨率的优点，在计算机建模与仿真领域发挥了重要作用。根据相关文献，混凝土断口面（包括自然面[14-15]和人工面[16]）的不规则几何形状可以用分形几何来描述，本书采用随机中点插值算法生成新老混凝土粗糙界面的几何形态。

在生成粗糙界面几何形态时，假定界面两端端点固定，随机给定界面区内的任意定位点满足分形布朗运动的偏移量，以不同分形维数为变化量，构成不同形态的粗糙界面。该方法的基本原理是对任意线段的中点位移进行偏移，然后将该线段细分为两个线段，继续以线段中点再进行偏移，并进行递归计算，直到满足一定的空间分辨

率为止。任意两点中点的偏移量可表示为

$$O_n\left(\frac{x_{i-1}+x_i}{2}\right)=\frac{1}{2}\left[O_{n-1}(x_{i-1})+O_{n-1}(x_i)\right]+\Delta_n \tag{7.1}$$

式中：O——线段中心偏移绝对量；

x_{i-1} 和 x_i——第 $n-1$ 次递归项的一维坐标；

Δ_n——服从分形布朗运动的随机偏移增量。

分形布朗运动定义为某概率空间上的一随机过程，具有统计自相似性，对于任意自变量，该过程的增量具有高斯分布，而且其方差和自变量之差的 $2H$ 次幂成正比[12]。对于第 n 次递归过程，Δ_n 可表达为

$$\Delta_n=\left(\frac{1}{2^n}\right)^H\sqrt{1-2^{2H-2}}\,\sigma\mathrm{guass}(\cdot) \tag{7.2}$$

式中：H——自相似参数，$H=2-D$（D 为分形维数）且 $0<H<1$；

σ——均方差；

guass（·）——高斯随机变量，服从 $N(0,1)$。

自相似参数 H 与描述界面粗糙度的分形维数 D 有关，通过控制分形维数可以调节粗糙界面的形状。迭代次数对界面几何形态影响较大。虽然迭代次数的增加会使得界面粗糙度更贴合实际情况，但会使界面分段次数过多，导致有限元模型划分的网格过于密集，影响计算速度。因此，通过裂缝的敏感性分析，我们将递归数设为 8，使得界面处的网格尺寸在 1 mm 左右。通过 MATLAB 编程生成的新老混凝土不同粗糙度界面如图 7.1 所示。图 7.1 中相邻虚线的距离为 5 mm，粗糙界面的分形维数由上至下逐渐增加。可以看出，随着分形维数的增加，界面粗糙度也越来越大。

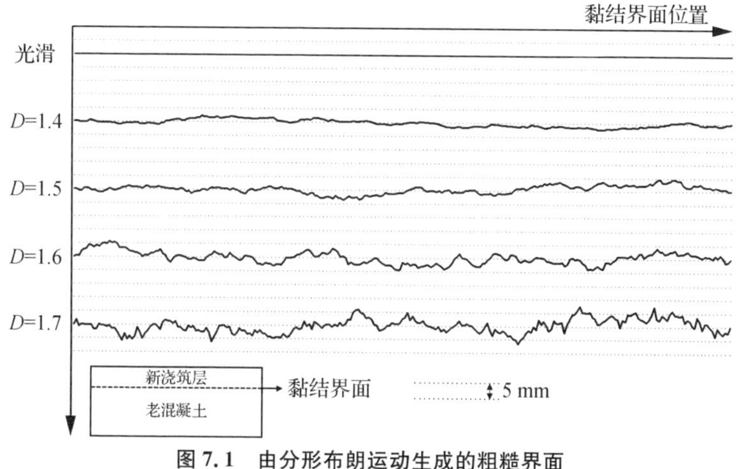

图 7.1 由分形布朗运动生成的粗糙界面

7.1.2 基于内聚力模型的裂缝路径预定义场

Dugdale[17]和Barenblatt[18]提出了内聚力模型（Cohesive Zone Model，CZM）的概念，该模型很好地解决了在非线性领域，传统断裂力学分析不能解决的裂缝尖端应力集中、裂缝附近塑性区域不能忽略等问题；同时，作为一种研究裂缝的有效方法，它既可以描述裂缝弹性变形阶段的裂缝尖端阻碍裂缝萌生的过程，又可以反映出裂缝进入软化区后的变形过程[19-20]。由于它在模拟混凝土断裂方面的优势，本书将其应用于新老混凝土的裂缝模拟中。

在裂缝模拟中，由于结构受力、边界条件以及细观材料分布的非均匀性，我们无法得知裂缝实际的发展路径，因此需要在所有裂缝可能发展的区域插入零厚度的粘结单元来模拟裂缝潜在的路径，形成裂缝路径的预定义场。然而，ABAQUS不具备批量插入粘结单元的功能，本书通过修改inp实现零厚度的粘结单元的批量插入，零厚度粘结单元的插入流程如下：

（1）生成已划分网格的模型inp文件。将混凝土细观几何模型导入ABAQUS有限元软件中并划分网格，并将骨料和砂浆的网格单元分别保存为set，将模型写入inp文件。

（2）利用MATLAB读取inp文件的节点和单元信息。分别形成四个数组，即节点组ALL_NODE（所有节点编号及坐标）、单元组ALL_ELEM（所有单元的编号及组成单元的节点编号）、砂浆索引组CE_INDEX（砂浆单元的单元编号）和骨料索引组AGG_INDEX（骨料单元的单元编号）。

（3）寻找需插入粘结单元的相邻单元信息。建立两个结构体EDGE_AM和EDGE_MM，分别记录骨料和砂浆、砂浆和砂浆之间需插入粘结单元的相邻单元编号以及粘结单元所涉及的相邻单元节点索引。利用骨料索引组AGG_INDEX和砂浆索引组CE_INDEX循环比对各单元的节点信息，找到拥有相同节点的相邻单元。这里需要注意的是，由于ABAQUS中对单元节点编号的要求，粘结单元的节点编号需要按逆时针排序，如图7.2所示，否则将不被ABAQUS识别，因此在记录相邻单元节点索引时应注意排序。

（4）插入粘结单元。添加新节点，生成粘结单元。粘结单元插入前，将需插入粘结单元的相邻单元进行人为的离散，该离散过程取决于节点所连接单元的材料，如图7.3所示。如果节点连接的全部是砂浆单元，则增加相邻单元数$n-1$的节点；如果节点连接的为骨料和砂浆的界面，仅在砂浆单元处增加节点，所有新增节点储存在 ALL_NODE 中，同时在 ALL_ELEM 中更新节点编号。随后，按照步骤（3）中储存的相邻单元节点索引插入粘结单元，并分别储存在 ITZ 和 MII 数组中。最后，更新 inp 文件中的节点和单元信息，增加 COH2D4 类型的单元并输入相关信息。

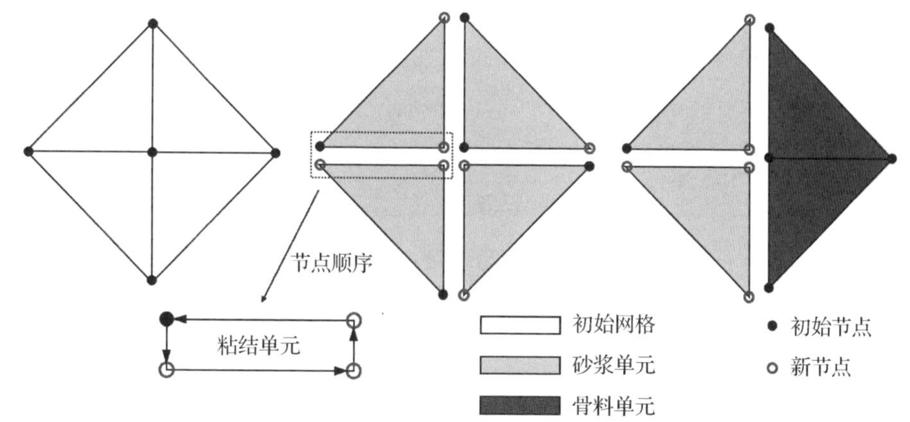

图 7.2　零厚度粘结单元与既有单元节点关系

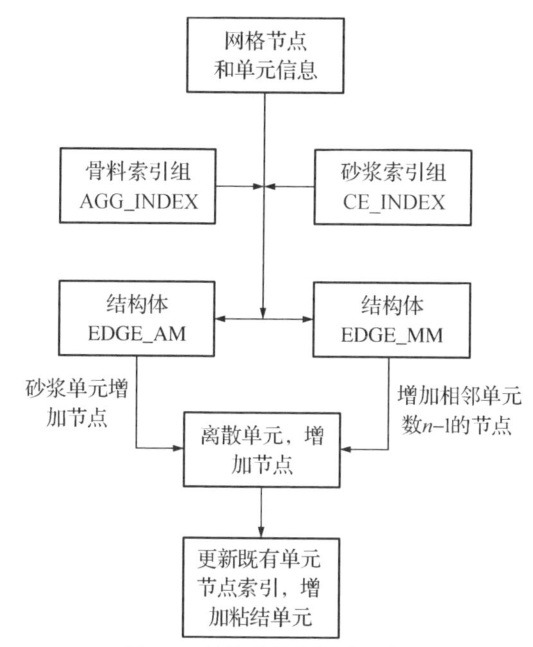

图 7.3　粘结单元批量插入流程

7.2 新老混凝土干缩裂缝的影响因素分析

新老混凝土干缩裂缝的影响因素分析至关重要，因为这些裂缝直接关系到混凝土结构的耐久性和安全性。首先，理解干缩裂缝的形成机理可以帮助设计更加耐久和结构稳固的混凝土建筑，减少未来维护成本和提高长期使用性能。其次，分析新老混凝土间的相互作用有助于改进修补技术，确保修补材料与原有结构的良好结合，防止进一步损坏。本章结合上一节提出的粗糙界面重构方法、裂缝路径预定义场，以及第二章的几何本征骨料混凝土细观有限单元法模型，建立了新老混凝土干缩裂缝分析的细观模型，分析了黏结强度、骨料和粗糙度对新老混凝土表面裂缝和界面剥离的影响。

7.2.1 新老混凝土干缩裂缝分析的细观模型

(1) 混凝土收缩变形的等效模拟

理解湿度梯度随时间变化的发展对分析裂缝扩展是至关重要的。一般认为水在混凝土或砂浆中的扩散满足 Fick 第二定律。忽略扩散过程中温度变化和自收缩的影响，瞬态湿度场的控制方程为

$$\frac{\partial h}{\partial t}=\mathrm{div}[D(h)\cdot \mathrm{grad}(h)] \tag{7.3}$$

式中：h——相对湿度；

$D(h)$——湿度扩散系数。

为考虑表面对流边界条件，引入对流边界条件[21]：

$$q_s=H_F\cdot(h_s-h_a) \tag{7.4}$$

式中：q_s——表面法向的湿度通量；

H_F——表面水分交换系数；

h_a——环境相对湿度；

h_s——混凝土表面的相对湿度。

由湿度分布结果可根据式(7.5)计算应变场[21]：

$$\Delta\varepsilon_{sh}=\alpha_{sh}\cdot\Delta h \tag{7.5}$$

式中：$\Delta\varepsilon_{sh}$——收缩应变；

α_{sh}——收缩系数；

Δh——湿度梯度。

干缩裂缝模拟运用了湿度场-应力场顺序耦合模拟。仿真分为两个步骤：第一步是模拟新老混凝土的湿度扩散，确定湿度场的空间分布。第二步，将第一步的结果作为第二步的初始条件，根据湿度场的变化计算收缩应力和裂缝。因为商业有限元软件 ABAQUS 没有湿度扩散和湿度应力计算模块，温度传导和温度应力模块同样可以用来计算湿度扩散和干燥收缩应力，因为瞬态温度场的控制方程忽略热源的影响及其对流边界条件后相似于方程(7.3)和方程(7.4)。然而，温度场控制方程中比湿度场控制方程多包含了密度和比热容两个参数，因此我们将这两个值设为常数 1，以消除在 ABAQUS 中计算的影响。

(2) 几何模型

几何模型考虑了新混凝土层中含骨料和不含骨料两种情况。如图 7.4 所示，新老混凝土几何模型中新混凝土层的左右两侧分别为不含骨料和含骨料的情况。新混凝土含骨料时，将其视为由砂浆、骨料和界面 ITZ 组成的三相复合材料；不含骨料时，新混凝土层仅模拟为砂浆。其中，新混凝土层厚度为 20 mm，老混凝土层厚度为 100 mm，模型长度为 250 mm。在新混凝土层中，骨料含量约为 30%。

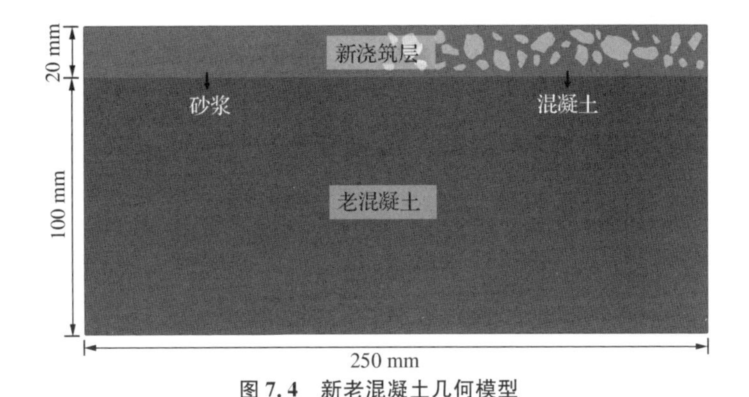

图 7.4　新老混凝土几何模型

(3) 网格与边界条件

数值模型的网格如图 7.5 所示，网格尺寸由底部向上从 20 mm 至 1 mm 过渡变化。ABAQUS 中没有湿度扩散和湿度应力计算模块，但在不考虑热源的情况下，瞬态场热传导控制方程与湿度扩散控制方程及边界条件的形式相似并可替换使用。因此，湿度扩散模拟时，网格采用 DC2D3 三节点线性传热单元；设定模型的左右及底面密封，表面与 60%相对湿度的外环境进行湿度交换，表面湿扩散系数取 1.5 mm/d;

新混凝土层初始相对湿度为100%，考虑到新混凝土浇筑时的施工操作会影响老混凝土层一定厚度上的相对湿度变化，因此在模型中将老混凝土层顶面10 mm范围内的相对湿度设置为与新混凝土层相同，老混凝土层底面90 mm内初始相对湿度则为90%。收缩应力模拟时，网格采用3节点平面应变单元CEP3和4节点粘结单元COH2D4。其中界面过渡区（ITZ）、砂浆内界面（MII）和新老混凝土的粘结界面（BI）采用COH2D4，其余材料采用CEP3；老混凝土层左右两侧设置x方向的约束，基层底部设置y方向的约束；在整个模型上预定义湿度场，场数据来自湿扩散模拟的ODB文件。

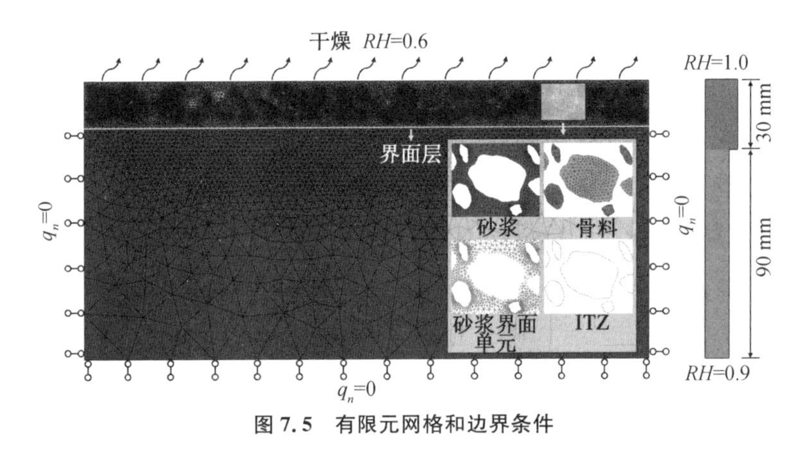

图7.5　有限元网格和边界条件

（4）本构模型与参数

由湿度扩散控制方程可知，湿度扩散的过程取决于不同材料的湿度扩散系数，而湿度扩散系数又与湿度有非常强的关联性。在本研究中，假定基底水灰比为0.5的老混凝土，湿度扩散系数可以采用一个指数方程来描述，该方程是Wittmann将湿度扩散方程与最小二乘法理论相结合，利用干燥实验数据建立一种反数值方法来确定的湿度扩散系数[22]：$D_m(h)=0.22e^{5.4h}$（mm^2/d）；覆盖层砂浆的湿度扩散系数取为基层的5倍[23]，即$D_r(h)=5D_m(h)$；骨料的湿度扩散系数取为基层的1/50[24]，即$D_a(h)=D_m(h)/50$。

计算收缩应力时，假定老混凝土层不发生开裂，由于材料的退化和开裂均由粘结单元实现，因而将新混凝土层中的骨料和砂浆实体单元和基底混凝土单元均考虑为弹性体。相关研究表明，内聚力模型中的独立参数，例如断裂能、各向最大应力值以及界面开裂最大位移等，足够用来描述内聚力区域的力学状态，而界面上张力-位移关系曲线形状则不是很重要[25]。因此，本书采用的内聚力模型服从双线性张力位移法则（Bilinear Traction Separate Law），其本构关系如图 7.6 所示。

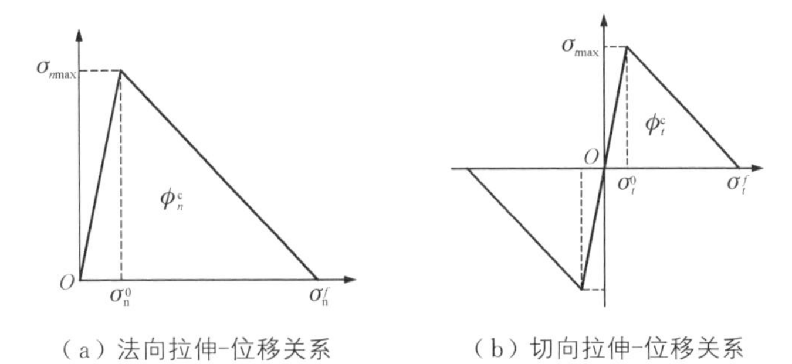

（a）法向拉伸-位移关系　　（b）切向拉伸-位移关系

图 7.6　双线性张力位移法则

双线性张力位移法则是一种简单有效的内聚力法则，通用有限元软件 ABAQUS 的内聚力单元包含了该法则，其张力-位移关系控制方程为：

$$T_i=\begin{cases}\dfrac{\sigma_{i\max}}{\delta_i^0}\delta & (\delta\leqslant\delta_i^0)\\ \sigma_{i\max}\dfrac{\delta_i^{\mathrm{f}}-\delta}{\delta_i^{\mathrm{f}}-\delta_i^0} & (\delta>\delta_i^0)\end{cases}\qquad i=\mathrm{n},\mathrm{t} \tag{7.6}$$

式中：n、t——法向和切向；

T_i——应力值；

$\sigma_{i\max}$——最大应力值。

此时对应的裂缝临界位移值为 δ_i^0，达最大应力后开始减小至零，对应的最终位移值为 δ_i^f。各方向的断裂能计算公式为：

$$\phi_i^{\mathrm{c}}=\frac{1}{2}\sigma_{i\max}\delta_i^{\mathrm{f}}\qquad i=\mathrm{n},\mathrm{t} \tag{7.7}$$

ABAQUS 中内聚力单元的损伤演化表示为：

$$D=\frac{\delta_{\mathrm{m}}^{f}(\delta_{\mathrm{m}}^{\max}-\delta_{\mathrm{m}}^0)}{\delta_{\mathrm{m}}^{\max}(\delta_{\mathrm{m}}^{\mathrm{f}}-\delta_{\mathrm{m}}^0)} \tag{7.8}$$

式中：$\delta_{\mathrm{m}}^{\mathrm{f}}$——完全分离时的等效位移；

$\delta_{\mathrm{m}}^{\max}$——受荷历史上最大的等效位移；

δ_{m}^0——当应力达到黏结强度时的等效位移；

δ_{m}——等效位移，由法向位移和切向位移表示：

$$\delta_{\mathrm{m}}=\sqrt{\langle\delta_{\mathrm{n}}\rangle^2+\delta_{\mathrm{t}}^2} \tag{7.9}$$

材料力学参数如表 7.1 所示。相关文献中混凝土的Ⅱ型断裂能和混凝土直剪试验计算的Ⅱ型断裂能的结果表明，混凝土的Ⅱ型断裂能均为Ⅰ型断裂能的25倍[26-28]。由于对ITZ、MII和BI裂缝的研究较少，因此暂将这种倍数关系定义为内聚力单元的断裂能，其中BI强度取拉伸强度在1～4 MPa之间变化的4种情况。另外，内聚力单元的初始刚度必须设置得足够高，以降低使内聚区域的过柔响应，但初始刚度又不能设置得太高，以免造成刚度矩阵的不稳定。这是因为界面单元与连续介质单元的依从性相比可以忽略不计，它们仅代表了物理意义上的潜在裂缝路径[29]。在实际数值测试中发现，若界面的初始刚度设置过高，会造成结构大面积的损伤。

表 7.1　材料力学参数

参数	骨料	砂浆	混凝土	ITZ	MII	BI
弹性模量 E/GPa	72	28	33	—	—	—
初始刚度 k_n/(MPa·mm^{-1})	—	—	—	24	10^6	10^6
泊松比 μ	0.2	0.2	0.2	—	—	—
拉伸强度 f_t/MPa	—	—	—	2.5	4	1～4
剪切强度 f_τ/MPa	—	—	—	10	30	4～16
Ⅰ型断裂能 $G_Ⅰ$/(N·mm^{-1})	—	—	—	0.025	0.1	0.01～0.04
Ⅱ型断裂能 $G_Ⅱ$/(N·mm^{-1})	—	—	—	0.625	2.5	0.25～1.0
收缩系数 α_{sh}/(‰·h^{-1})	—	4.8	1.3	—	—	—

（5）模型参数验证

为了验证湿度扩散以及材料力学参数的可靠性，对圆盘干缩实验进行了数值模拟，并与李曙光、李庆斌的实验[30]进行了比较。在实验中，试件为一个直径为10 cm的圆盘形混凝土试件，采用不锈钢圆柱体作为粗骨料，粗骨料直径分别为20 mm、10 mm和6 mm，骨料含量为41.2%，如图7.7（a）所示。对该试件进行了

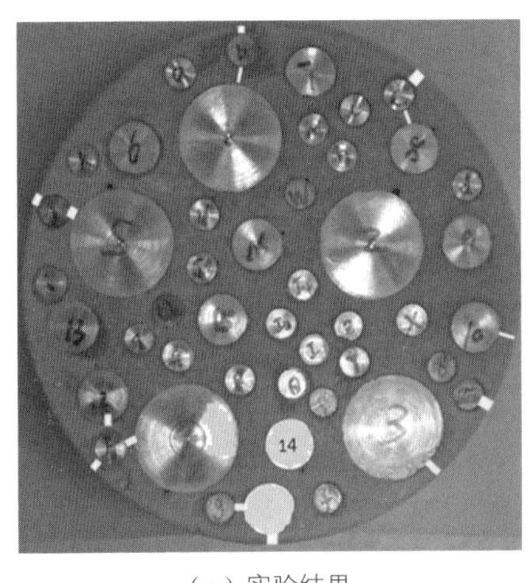

（a）实验结果

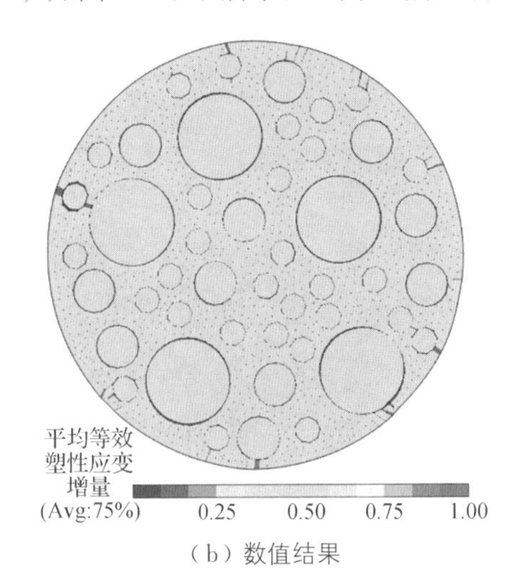

（b）数值结果

图 7.7　干燥 15 d 后实验与数值干缩裂缝对比

为期 30 d 的干燥实验，试件养护 1 d 后拆模放入饱和氢氧化钙溶液中养护，养护 5 d 后放入温度恒定（25 ℃ ± 2 ℃）、相对湿度为 45%的干燥环境中干燥。在数值实验中，将骨料的弹性模量设置为 200 GPa，并假定不锈钢骨料湿度扩散系数为 0，砂浆收缩系数为 2‰/h，其余参数取自表 7.1。

由图 7.8 可以看出，干燥 30 d 后试块内部的相对湿度分布很不均匀，表面相对湿度接近环境湿度，如图 7.9 所示，相对湿度变化较大的是试块表面 20 mm 的范围，而内部的相对湿度值仍在 80%以上。将距离试块表面 0 mm、10 mm 和 20 mm 处的湿度结果随干燥时间的变化与李曙光等[30]的结果进行对比，如图 7.9 所示，各点变化趋势及量值基本一致。在此基础上，进行了圆盘在该湿度场变化下的干缩裂缝模拟，如图 7.7(b) 所示，数值模拟所得裂缝与实验结果具有较好的一致性，由此验证了材料的湿扩散和力学参数的正确性。

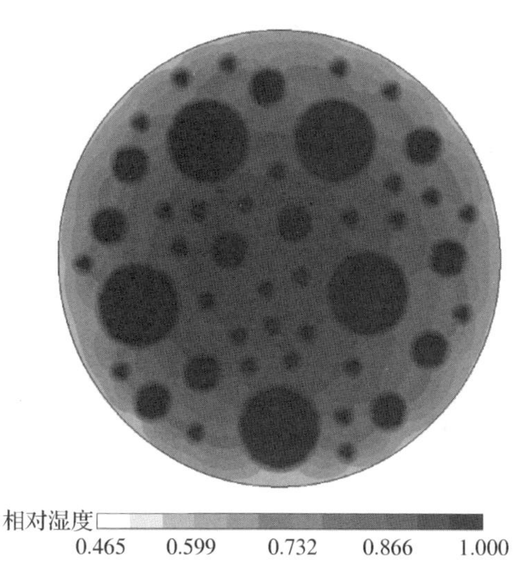

图 7.8　圆盘干燥 30 d 后的湿度分布

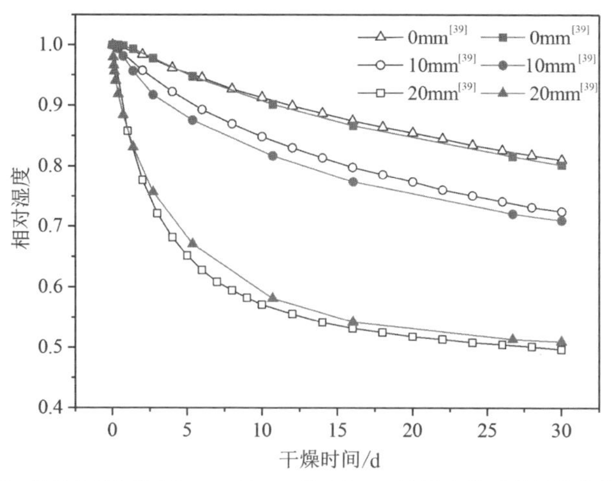

图 7.9　距离圆盘表面 0 mm、10 mm 和 20 mm 的湿度随干燥天数变化曲线

7.2.2 湿度场分布

对新老混凝土进行了为期 110 d 的湿度扩散模拟。图 7.10 列出了四种不同情况下的湿度场。从图 7.10(a)、(b)可以看出，结构顶部表面的相对湿度与环境相对湿度较为接近，而结构底部的相对湿度变化不大。新混凝土层中的骨料对湿度场的影响较大。由于骨料的扩散系数低，阻碍了水分扩散的路径，骨料附近的湿度分布呈驼峰状。对于界面粗糙的情况，虽然界面也会影响结构的湿度分布，但与骨料相比，其影响较小，如图 7.10(c)、(d)所示。

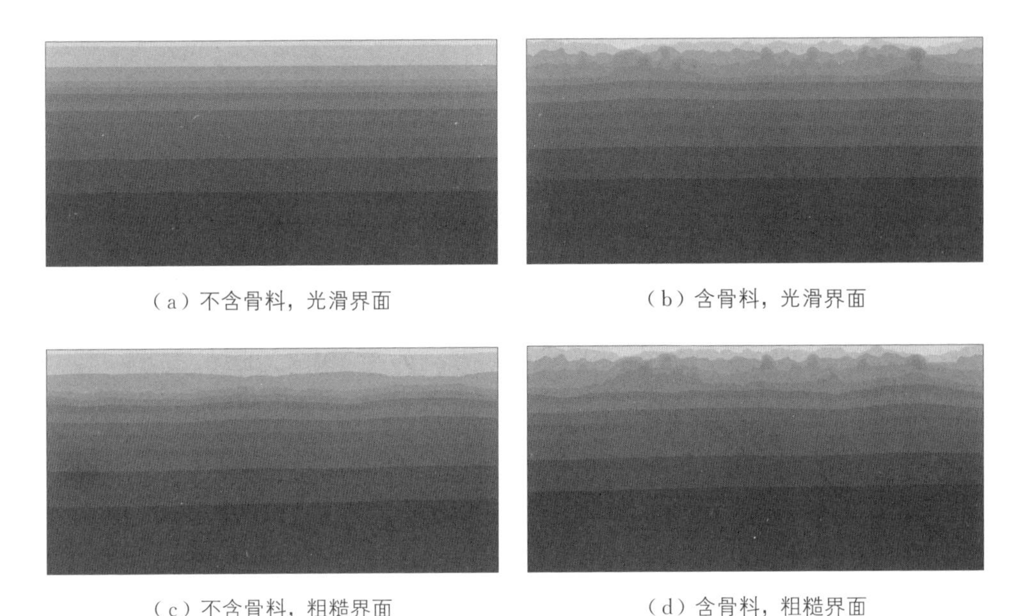

(a) 不含骨料，光滑界面　(b) 含骨料，光滑界面

(c) 不含骨料，粗糙界面　(d) 含骨料，粗糙界面

图 7.10　110 d 后的湿度场

选取图 7.10(a)、(b)中结构的湿度分布的竖剖面进行分析。图 7.11 为干燥 5 d、20 d 和 110 d 后相对湿度随高度的变化情况。随着干燥时间的延长，结构内相对湿度下降非常快，含骨料层中骨料附近的湿度比不含骨料层高出约 10%。此外，可以看到，虽然两类模型 110～120 mm 区域的湿度接近最终状态，但在此之前，含骨料层的湿度下降速度较快，这一过程将促进表面裂缝更快地产生。此外，含骨料层结构在收缩过程中的整体湿度比不含骨料层结构大，这意味着骨料的存在减缓了湿度的扩散；同时，新混凝土层中骨料的存在，降低了砂浆含量，从而导致整个系统总收缩量减小。

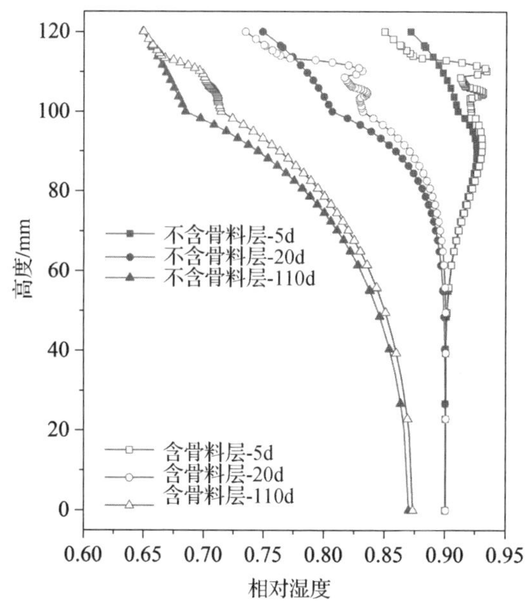

图 7.11　干燥 5 d、20 d 和 110 d 后不同新混凝土层竖剖面相对湿度分布

7.2.3　界面强度的影响

对四种不同界面强度的新老混凝土进行单因素分析，其中新老混凝土层不含骨料，裂缝模拟结果如图 7.12 所示。当界面强度为 1 MPa 和 2 MPa 时，由于界面强度较弱，界面发生剥离，未产生表面裂缝。界面剥离从界面两端开始，不断向中心向内扩展，最终趋于稳定。当界面强度增加到 3 MPa 和 4 MPa 时，表面的收缩应力不断增大，新混凝土层上表面形成了近似等距的表面裂缝。其中，两侧裂缝先出现，中间裂缝后出现。此外，随着收缩应变的增大，表面裂缝沿垂向不断向下扩展至新老混凝土的界面层，并进一步导致界面局部剥离。从图 7.12（d）的裂缝形态可知，由于第二个子块几何上较长，内部收缩应力无法释放，导致子块左端界面发生剥离。综上可知，随着收缩的不断增强，内应力达到界面强度或新混凝土层表面的抗拉强度时，新混凝土层通过界面剥离或表面开裂来释放内部的收缩应力。四种情况下，新混凝土与老混凝土的有效黏结长度在收缩 110 d 后稳定在 50 mm 左右。

图 7.13 给出了四种界面强度情况下界面剥离长度的变化情况。强度为 1 MPa 和 2 MPa 的界面分别在第 3 d 和第 5.5 d 开始剥离，前者的界面剥离速度快于后者，并在 20 d 左右趋于稳定，界面剥离总长度分别达到 195 mm 和 198 mm。相比之下，强度为 3 MPa 和 4 MPa 的界面在干燥 30 d 内没有出现过大的剥离现象。由于表面裂缝的发展，界面剥离缓慢增加，最终界面剥离总长度分别为 46 mm 和 45 mm。可以

发现，前两种情况下的剥离总长度非常接近，后两种情况下也出现了类似的现象。这是由于砂浆在四种情况下造成的总收缩量相同，裂缝消耗的断裂能也相同。后两种情况下，表面裂缝的扩展消耗了断裂能，从而防止界面出现剥离。

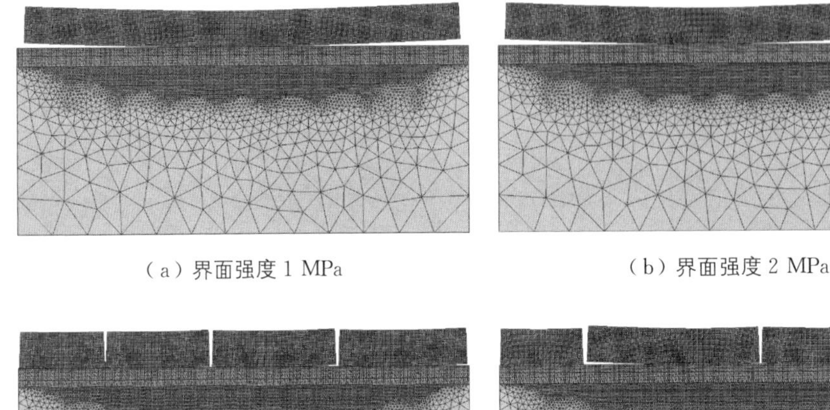

（a）界面强度 1 MPa　　（b）界面强度 2 MPa

（c）界面强度 3 MPa　　（d）界面强度 4 MPa

图 7.12　干燥 110 d 后不同界面强度的收缩裂缝(变形放大因子:20)

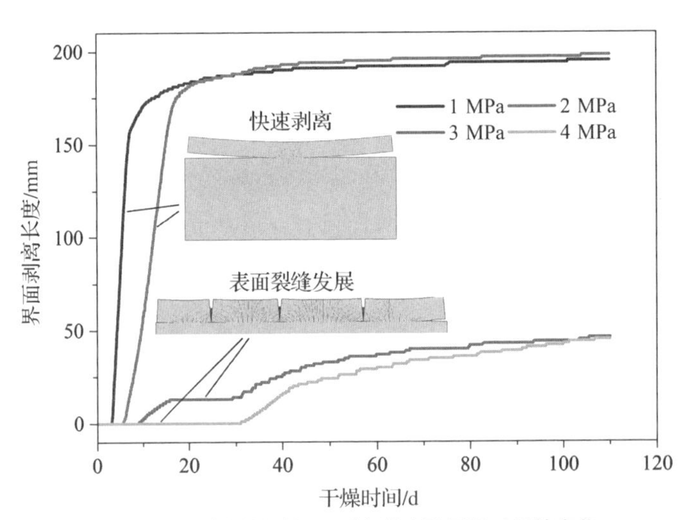

图 7.13　不含骨料时界面剥离长度随干燥时间的变化

7.2.4　骨料的影响

图 7.14 为含骨料层干缩裂缝的发展情况。与不含骨料层的裂缝相比，界面强度为 1 MPa 时，界面仍表现出与砂浆层相同的剥离情况。然而，在 2～4 MPa 时，含骨料层表现为表面出现多条垂直裂缝。不同界面强度下裂缝行为基本一致，界面处的拉应力和剪应力被释放，使得界面仅发生轻微剥离。新混凝土层中出现的裂缝主要出现在靠近表面的骨料上方，这一现象很大程度上与前述骨料上方砂浆的湿度损失得更快有关。此外，收缩裂缝的扩展是从骨料表面向外扩展的，这与文献 [2] 的研究结论一致，造成这一现象的原因是砂浆的收缩应变远大于骨料的弹性应变，这种差异造成砂浆沿骨料表面的环向拉应力不断增大，使砂浆在该处先达到极限强度，从而率先开裂。图 7.14(d)显示了某一局部表面裂缝从第 3 d 至第 12 d 的发展过程。新老混凝土界面附近也发现了同样的现象。

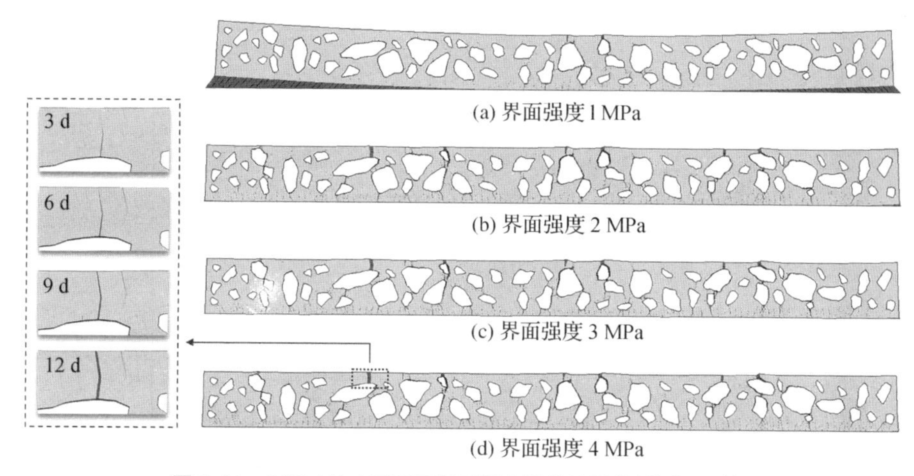

图 7.14　干燥 110 d 后不同界面强度的收缩裂缝(放大 20 倍)

从界面的剥离规律可以发现，如图 7.15 所示，界面强度为 2～4 MPa 的结构左右两端的剥离位移非常小，以至于新老混凝土界面几乎没有剥离。然而，当界面强度为 1 MPa 时，界面剥离位移自第 10 d 起连续增大，呈现阶梯式的上升，这与不含骨料层在十几天内的剥离显然不同。观察界面处的裂缝发展后可以发现，在界面强度较低的条件下，上表面仍然会产生较多的竖向裂缝，含骨料层界面处的应力小于不含骨料层界面处的应力；然而，当界面处存在骨料时，在左右侧剥离裂缝到达骨料前，骨料处已产生自上而下的竖向裂缝并使得界面层发生初始损伤，如图 7.16 所示，当界面剥离扩展至此处时，裂缝将以更快的速度连通初始损伤区并继续扩展。

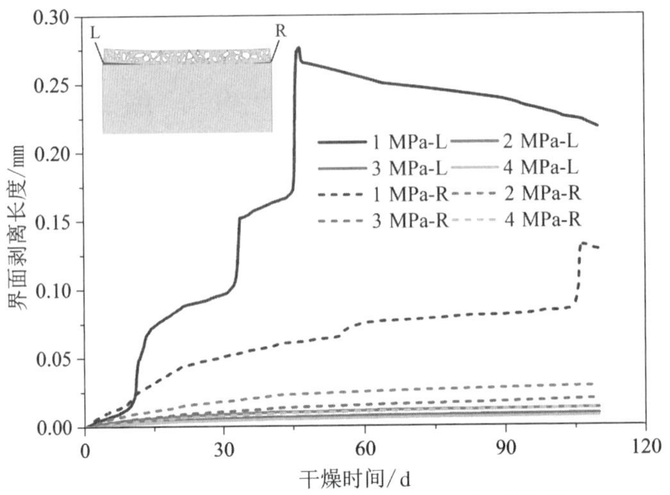

图 7.15 界面左右端点分离位移随干燥天数变化

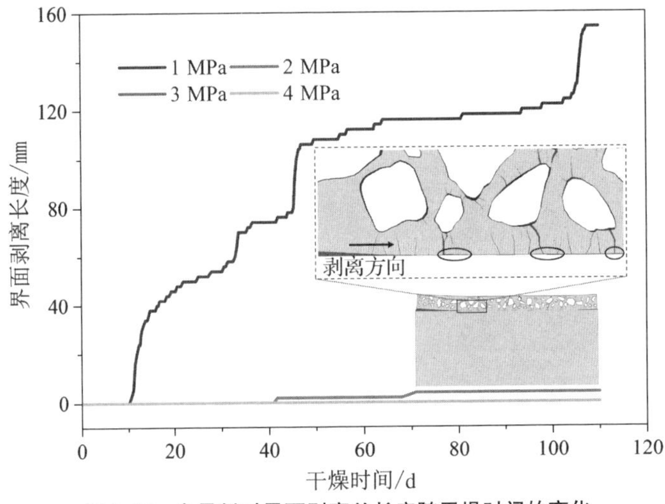

图 7.16 含骨料时界面剥离总长度随干燥时间的变化

7.2.5 界面粗糙度的影响

为了分析界面粗糙度对干缩裂缝的影响，在模型中添加了不同分形维数的粗糙界面。图 7.17 为界面强度为 1 MPa 时的干缩裂缝分布图，界面分形维数分别在 1.4～1.7 之间。当粗糙界面分形维数为 1.4 时，新老混凝土表现为界面剥离，如图 7.17（a）所示；当粗糙界面分形维数为 1.5 时，新老混凝土表现为界面剥离和表面裂缝的组合，如图 7.17（b）所示；当粗糙界面分形维数为 1.6 和 1.7 时，新老混凝土主要表现为表面裂缝，如图7.17（c）、（d）所示。由于更粗糙的界面具有更长的界面长度，裂缝扩展需要消耗更多的断裂能。此外，还可以注意到，修补层表面与混凝土基底之间的垂直距离越小，越容易出现表面裂缝。

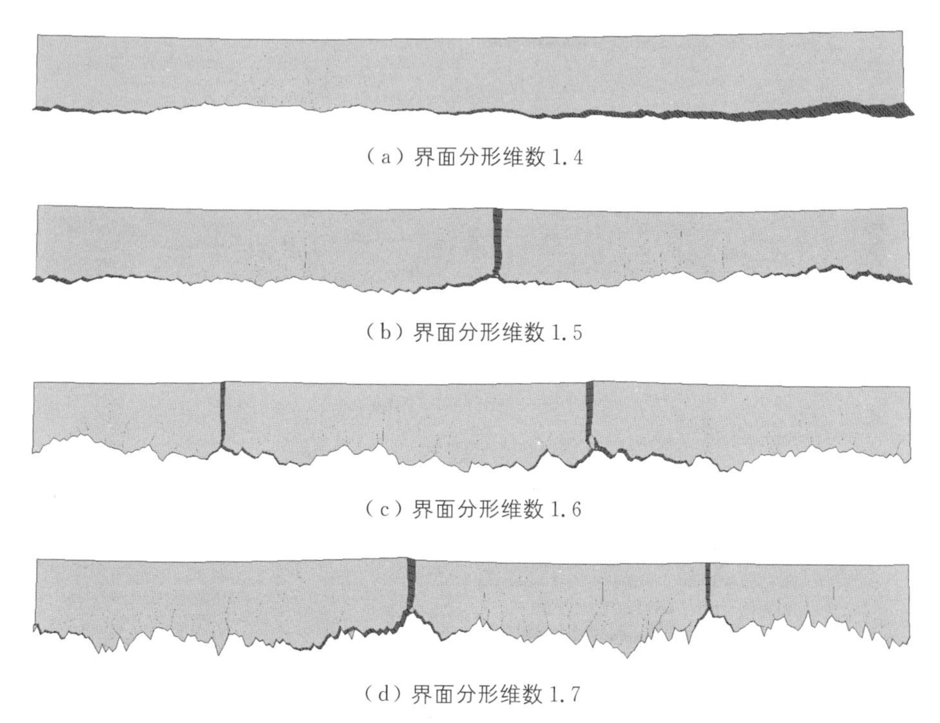

（a）界面分形维数1.4

（b）界面分形维数1.5

（c）界面分形维数1.6

（d）界面分形维数1.7

图7.17　不同界面粗糙度下修补层的裂缝形态

图7.18为界面强度1～4 MPa时新老混凝土的最大主应力场以及各情况的裂缝形态，其中界面分形维数为1.7。相比于界面为光滑的情况，无论界面强度多大，粗糙界面均出现表面裂缝，且界面强度越高，表面裂缝越容易产生。产生这一现象一方面是由于前述提到的界面几何长度的增加，另一方面是由于新老混凝土不再是两个简单的光滑界面黏结，而是呈现一种咬合状态，使得界面的剪切应力转化为局部压应力，界面剥离难度加大。从最大主应力场来看，界面的确存在较大的局部应力，最大主应力分别为37.7 MPa、44.3 MPa、39.4 MPa和40.5 MPa。通过增加局部压应力，加强修补层与基体之间的结合，促使表面裂缝的产生来释放累积的收缩应力。

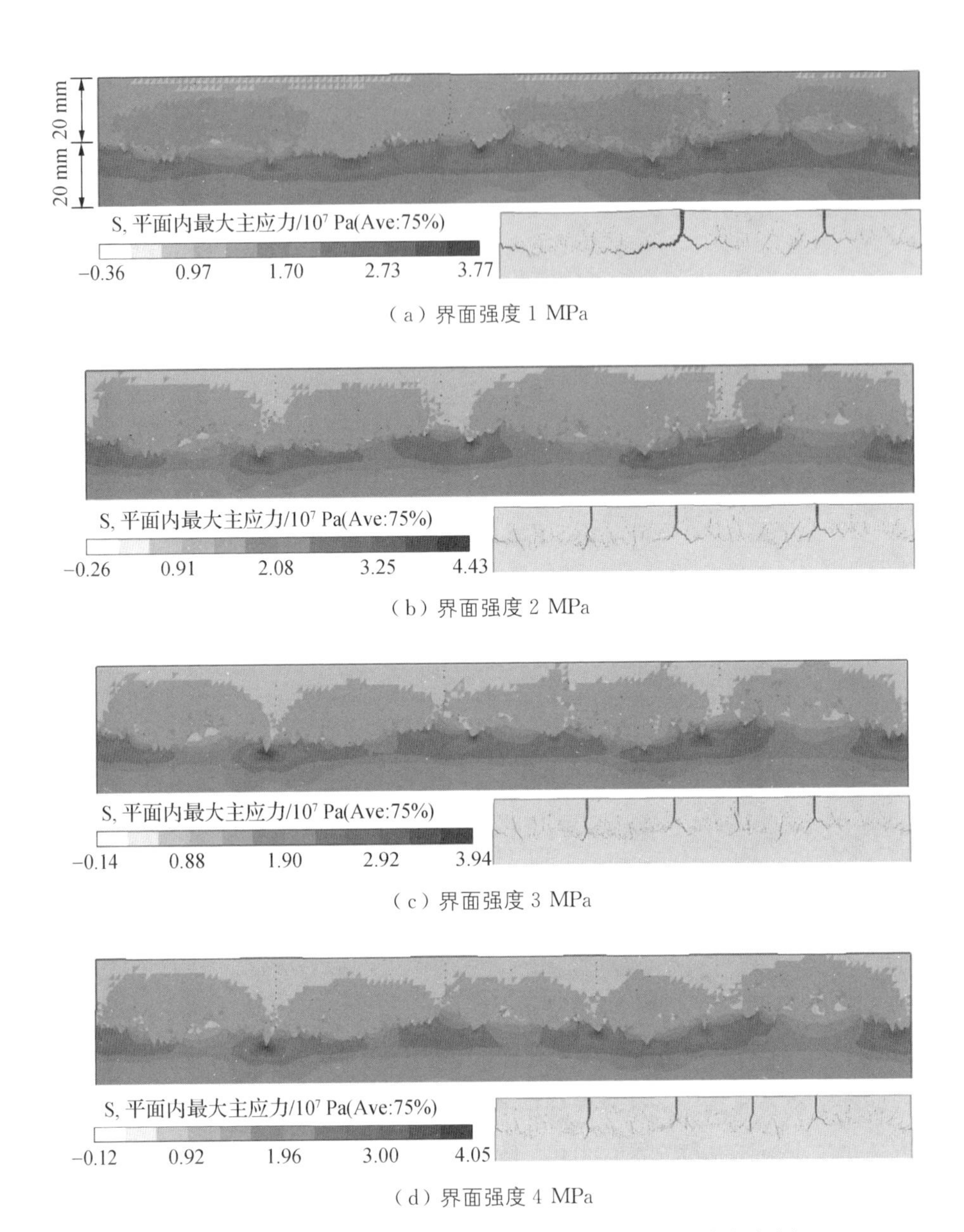

（a）界面强度 1 MPa

（b）界面强度 2 MPa

（c）界面强度 3 MPa

（d）界面强度 4 MPa

图 7.18　不同界面强度下具有粗糙界面新老混凝土的最大主应力场

7.2.6　界面应力分析

本节尝试基于虚拟单元法-有限单元法耦合模型的裂缝计算方法，对新老混凝土干缩开裂问题中应力分布和变化进行分析[31]。新老混凝土几何模型尺寸如图 7.19 所示，骨料粒径范围为 2.36～25 mm，骨料含量为 34.69%。其中，耦合模型在有限元模型基础上，减少 12 510 个三角形平面应变单元，增加 37 个虚拟单元。其余网格参数、边界条件及材料参数取自 7.2.1 节[32]。

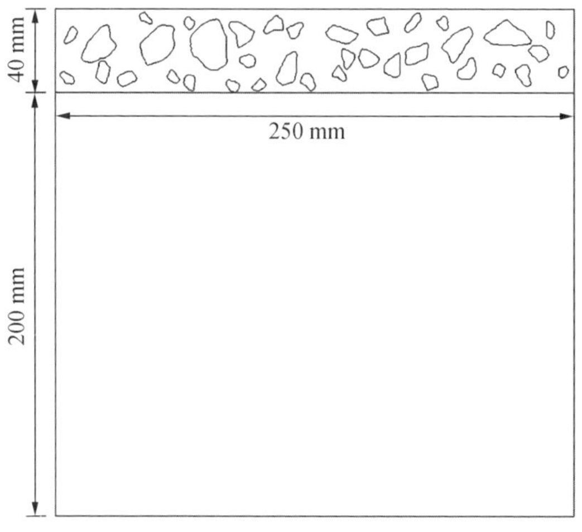

图 7.19　新老混凝土几何模型

图 7.20（a）、（b）分别为有限元模型和耦合模型干燥 120 d 时 X 方向和 Y 方向的应力分布。在砂浆发生收缩时，骨料对其产生抑制作用，主要承受压应力作用。此外，收缩裂缝表现为受拉开裂，沿骨料边界切线方向的砂浆受骨料约束更为明显，拉应力积攒更快，收缩裂缝更容易产生，而垂直于骨料边界方向表现为压应力。图 7.20（a）中的深色为连通骨料的横向压应力区域，图 7.20（b）中的深色为连通骨料的竖向应力区域。新混凝土层上下表面未出现明显的横向干缩裂缝，部分区域为压应力，其余区域砂浆均处于受拉状态。总体来看，有限元模型和耦合模型的应力分布吻合较好。

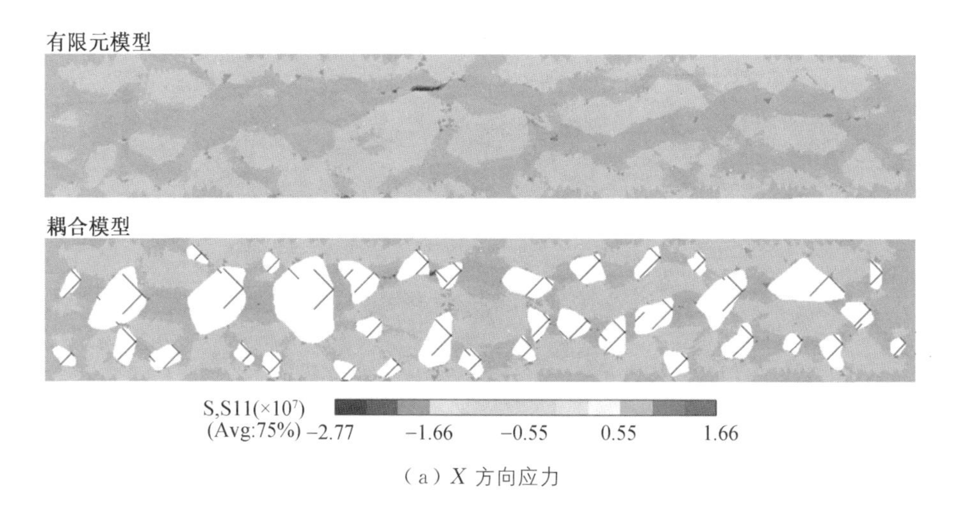

（a）X 方向应力

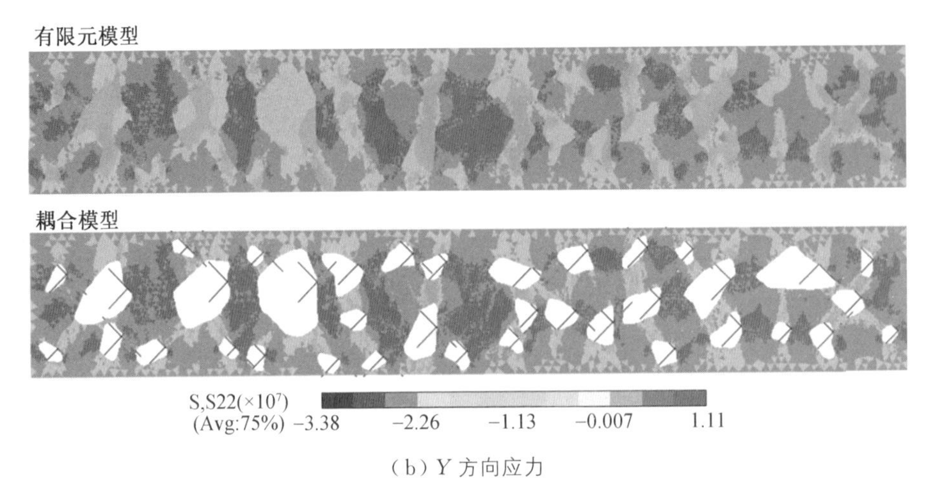

（b）Y 方向应力

图 7.20　干燥 120 d 时有限元模型和耦合模型新混凝土层应力对比

图 7.21 为在不同干燥天数下新老混凝土中湿度以及干缩裂缝的变化情况，其中变形放大了 50 倍。在干缩早期（0～30 d），新混凝土内部湿度变化较快，变化速率从表面至下逐渐减弱，其间新混凝土表面出现大量微小的干缩裂缝，绝大多数裂缝集中在表面骨料的上方，与此同时界面两端也发生加速剥离。随着干燥天数继续增加（30～120 d），新混凝土底部区域湿度变化减缓，界面剥离逐渐稳定，而新混凝土表面湿度继续以较快的速率降低以接近环境湿度，其间新混凝土表面的初始微裂缝继续加宽加深。

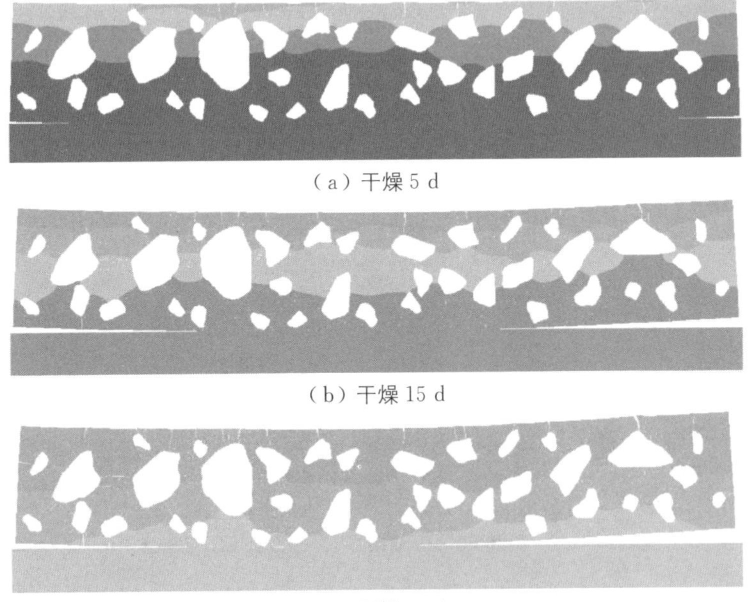

（a）干燥 5 d

（b）干燥 15 d

（c）干燥 30 d

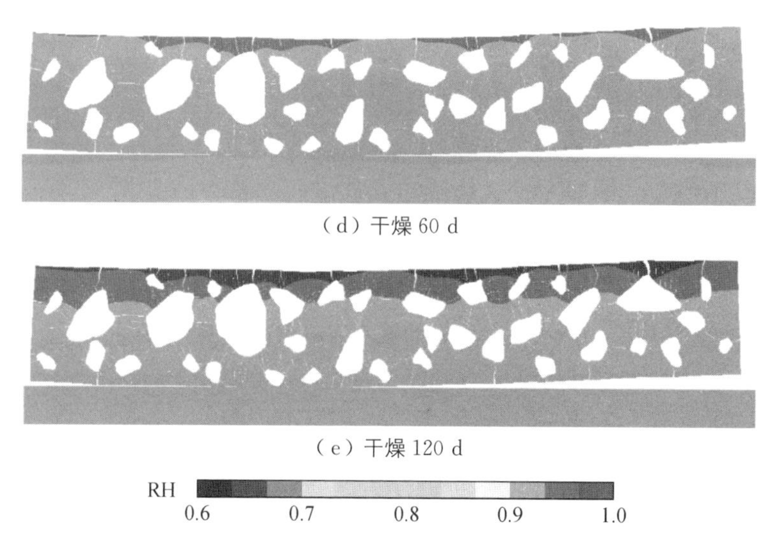

图 7.21　干缩裂缝及湿度场分布随干燥时间的变化(变形放大 50 倍)

为了解释干缩裂缝的发展规律，从应力角度出发，提取了新混凝土表面拉伸应力、新老混凝土界面剥离应力和剪切应力进行分析，如图 7.22～图 7.24 所示，拉应力中正值表示拉应力，负值表示压应力。

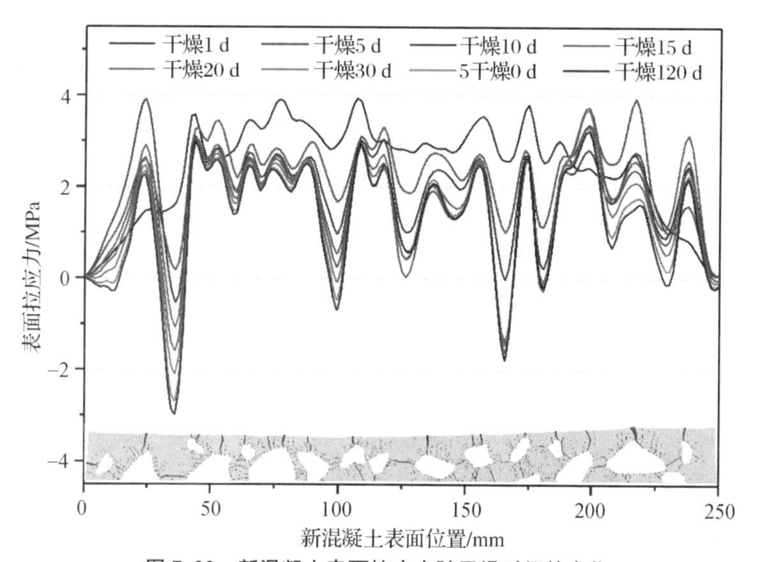

图 7.22　新混凝土表面拉应力随干燥时间的变化

从图 7.22 中可以看到，在干燥初期，新混凝土表面由于刚开始收缩，整个表面应力为拉应力，表现为中间大两边小。 随着干燥天数的增加，表面局部拉应力达到峰值并产生干缩裂缝，此后干缩拉应力逐渐衰减。 由于裂缝的产生，整个表面被划分成若干个收缩区域。当裂缝到达骨料前，内部收缩应力继续增大，达到峰值后迫使砂浆开裂来释放拉应力；当裂缝到达骨料后，裂缝两侧宽度持续增加，同时 ITZ 开裂，而收缩区域内部拉应力则不断减小，部分区域转化为压应力，并且收缩区域长度越大，压应力越大。另外，可以注意到表面下骨料的分布影响表面收缩区域的分布。

从图 7.23 可以看到，在干燥初期，由于老混凝土对新混凝土的约束作用，界面两端出现了明显的拉应力增大，导致界面发生剥离，而此时界面内部处于受压状态。随着干燥天数的增加以及界面剥离长度的增加，界面两端拉应力峰值逐渐内移，同时拉应力峰值不断减小，当峰值小于界面强度时，剥离长度趋于稳定。在未剥离的受压区，老混凝土与距界面较近骨料的相对距离不断减小，压应力不断增大。

从图 7.24 中可以看到，新老混凝土界面的剪切应力的变化规律总体上与剥离应力类似。干燥初期界面两端剪切应力增大，随后逐渐内移并趋于稳定。不过可以注意到，在未产生脱空的局部区域也发生了剪切应力增大的现象，这是由靠近界面处的骨料约束砂浆在界面内部产生局部微裂缝导致的。

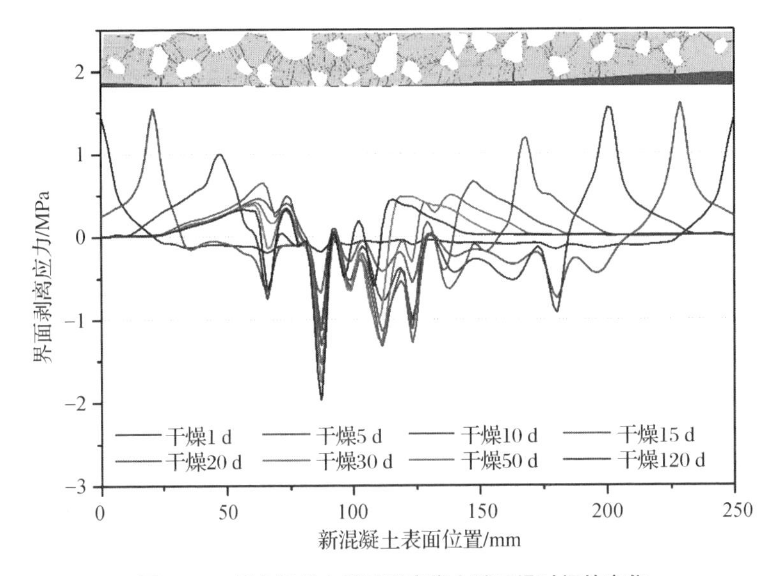

图 7.23 新老混凝土界面剥离应力随干燥时间的变化

为了研究新老混凝土界面剥离时界面拉应力和剪应力的作用，在分析结果中提取了 MMIXDMI 和 MMIXDME 两个场输出变量，前者表示初始损伤时拉伸和剪切混合断裂模式的比例，后者表示损伤演化过程中拉伸和剪切混合断裂模式的比例。其中，当值趋近于 1 时，表示断裂以拉伸破坏为主；反之，当值趋近于 0 时，表示断裂以剪切破坏为主。图 7.25 所示为不同干燥天数下初始损伤时混合断裂模式比例。可以看到，随着干燥天数的变化，损伤点从界面两侧朝内不断增加，在干燥初期（0～10 d）拉伸和剪切初始损伤的比例接近。然而，当干燥天数继续增加（10～120 d），在大部分时间内，由拉伸破坏主导的界面损伤不断增加。如图 7.25 所示，当 t=120 d 时由拉伸主导的初始损伤占比 71.4%，由剪切主导的初始损伤占比 26.2%。

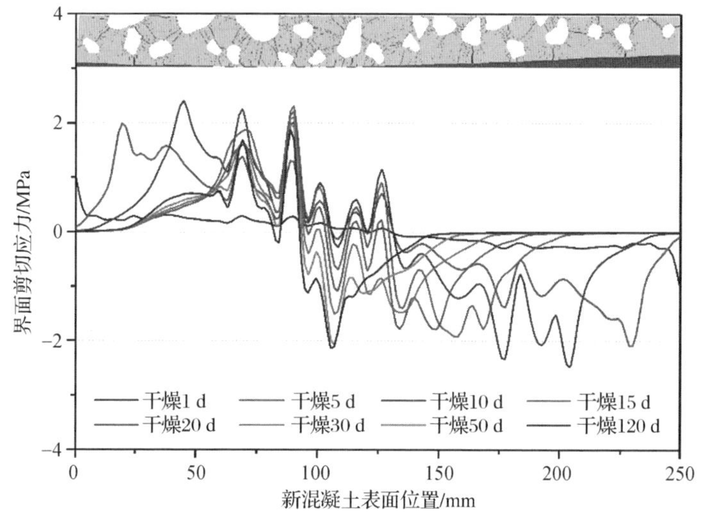

图 7.24　新老混凝土界面剪切应力随干燥时间的变化

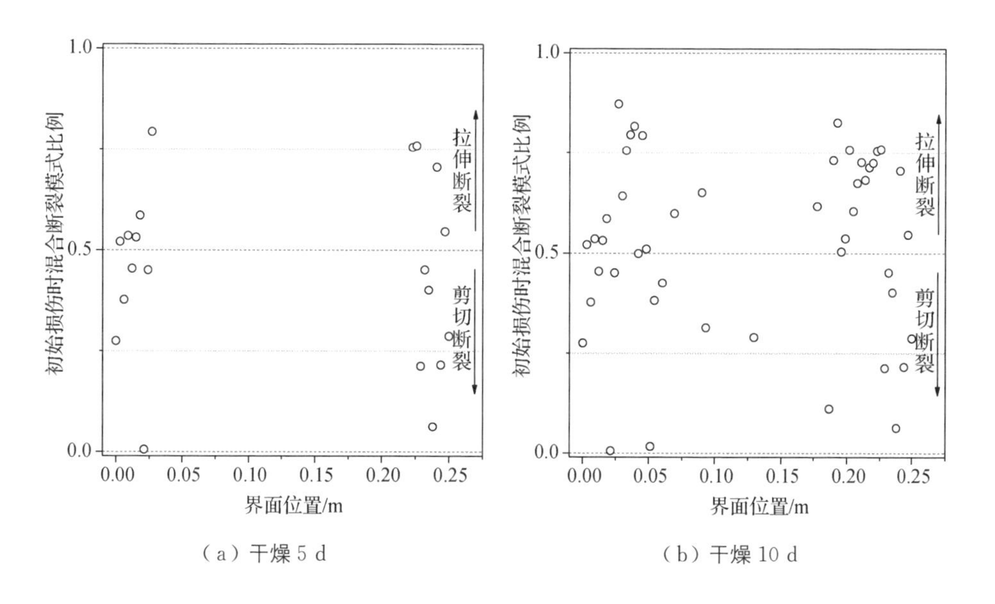

（a）干燥 5 d　　（b）干燥 10 d

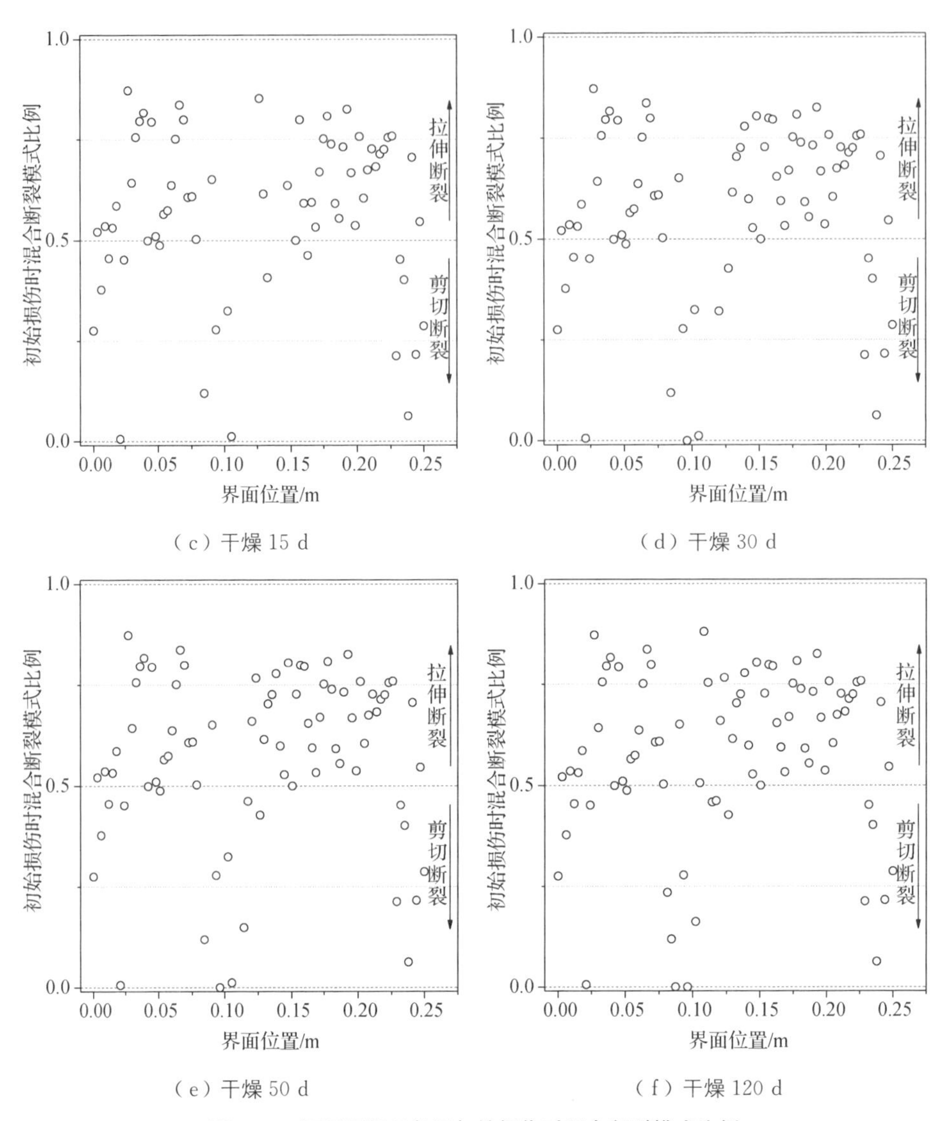

（c）干燥 15 d　　（d）干燥 30 d

（e）干燥 50 d　　（f）干燥 120 d

图 7.25　不同干燥天数下初始损伤时混合断裂模式比例

图 7.26 所示为不同干燥天数下损伤演化过程中混合断裂模式比例。由图 7.26 可知，随着干燥天数的增加，由剪切应力主导的损伤演化不断增加，由拉伸应力主导的损伤演化缓慢增加。剪切主导损伤表现在界面两端朝内，拉伸主导损伤表现在界面内刚发生断裂的区域。如图 7.27 所示，当 $t=120$ d 时由拉伸主导的损伤演化占比 28.6%，由剪切主导的损伤演化占比 73.8%。结合初始损伤和损伤演化过程的混合断裂比例可知，干燥条件下新老混凝土的界面损伤由拉伸应力和剪切应力共同导致，且先由拉伸应力主导产生初始损伤，随后由剪切应力主导损伤继续演化。

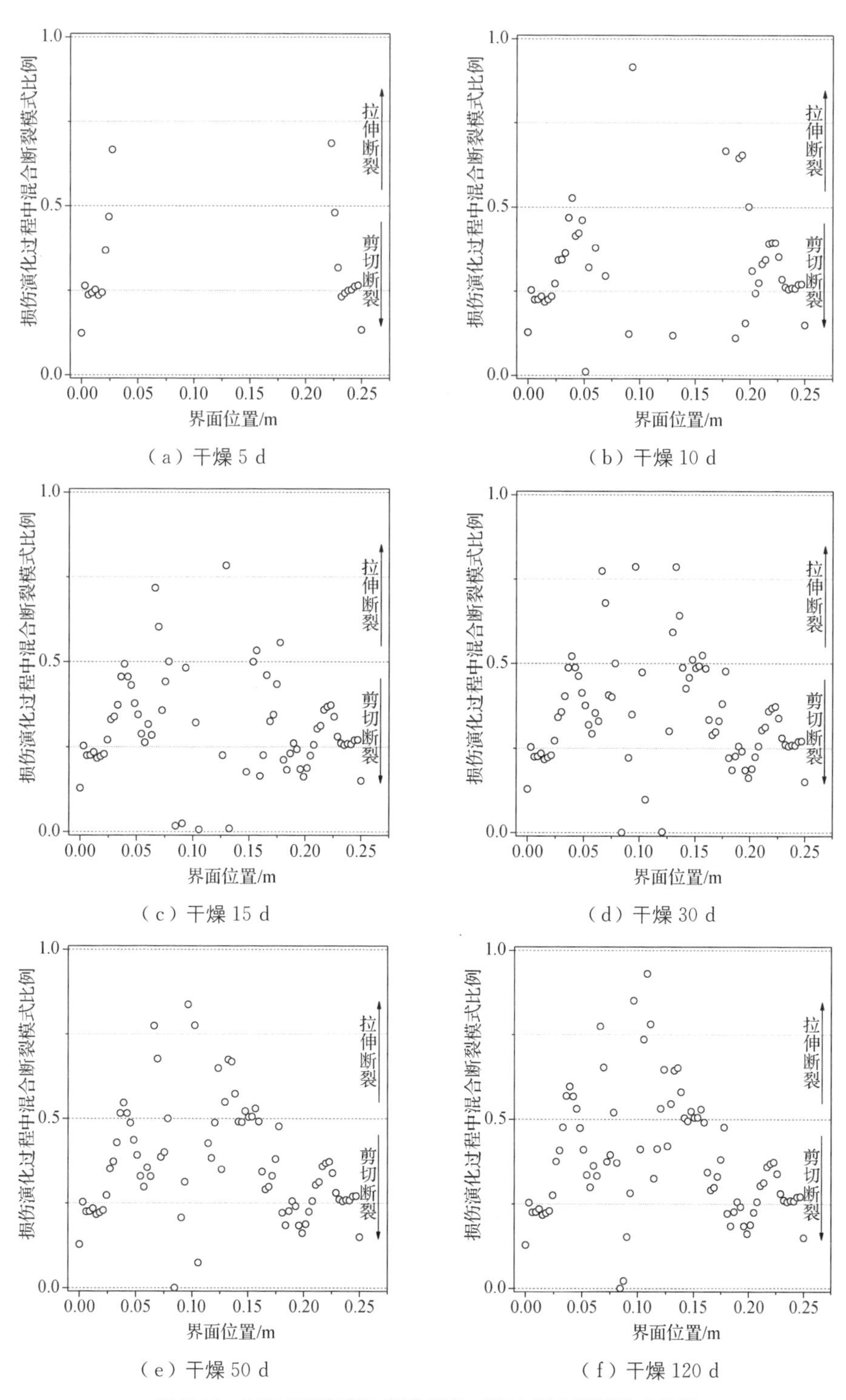

图 7.26　不同干燥天数下损伤演化过程中混合断裂模式比例

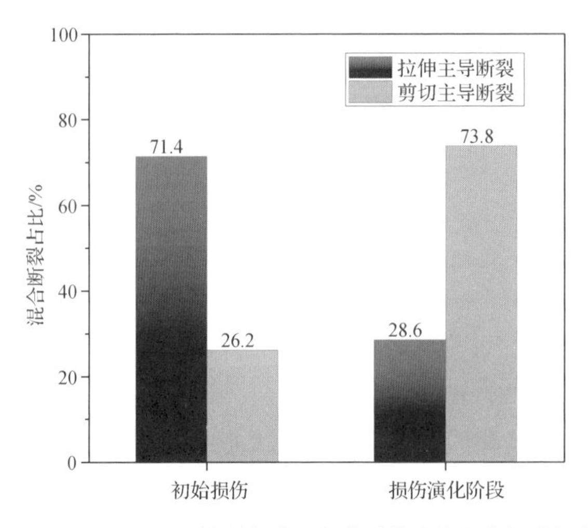

图 7.27　$t=120$ d 时初始损伤和损伤演化阶段混合断裂占比

7.3　新老混凝土界面断裂强度及裂缝形态研究

新老混凝土的研究通常是以经典力学方法分析其“平均”力学性能，现有的宏观力学实验侧重于研究新老混凝土的各种强度，如剪切、拉伸、劈裂、抗折等指标，并通过多组数据得出统计情况下新老混凝土黏结强度。在实际工程中不同材料的选择及其匹配性对新老混凝土结构力学性能的影响非常具有研究价值，例如新老混凝土界面是否存在最优的粗糙程度或者黏结强度、新老混凝土强度如何匹配、骨料类型的选择带来界面过渡区强度变化等。

为了更进一步明确细观相材料对新老混凝土断裂强度及裂缝形态的影响，本章进行了混凝土试块单轴拉伸与剪切数值试验。分析了新老混凝土界面粗糙度、界面强度、砂浆强度以及 ITZ 强度对新老混凝土界面抗拉和抗剪强度以及裂缝形态的影响，得出了提高新老混凝土强度有益的结论，以期对实际工程中新老混凝土的材料选择与匹配提供一定的指导。

7.3.1　模型建立与验证

为了探究细观尺度下新老混凝土的断裂特性，根据第 2 章和 7.1 节中的方法建立了具有不同粗糙度的新老混凝土试块模型，如图 7.28 所示。试块尺寸为 150 mm×150 mm，骨料含量约为 41.77%，粒径范围为 9.24～25 mm，界面的分形维度 D 分别为 1.2、1.4、1.6 和 1.8。

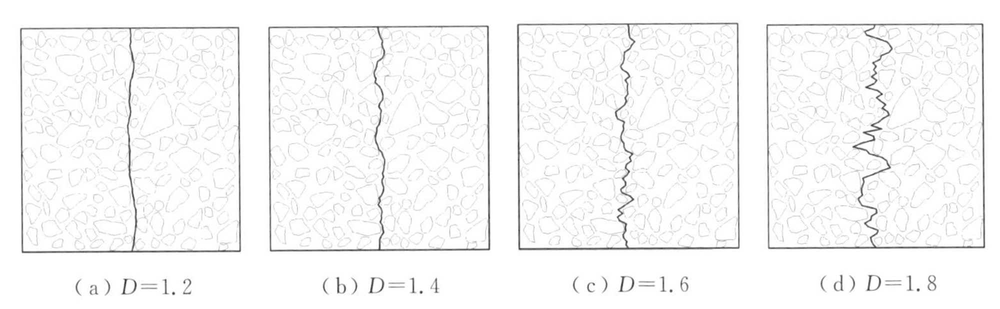

（a）D=1.2　（b）D=1.4　（c）D=1.6　（d）D=1.8

图 7.28　新老混凝土不同粗糙度界面示意

分别对 4 组模型进行黏结轴拉试验和剪切数值试验，模型加载方式参考文献［33-34］，对应的有限元模型如图 7.29 所示。其中，轴拉模型左侧设置 X 方向固定约束，左侧中点设置 Y 方向固定约束，右侧 X 方向设置 0.2 mm 的位移荷载；剪切模型左侧同样设置 X 方向固定约束，底部界面左侧设置 Y 方向的固定约束，顶部界面右侧 Y 方向设置 0.2 mm 的位移荷载。

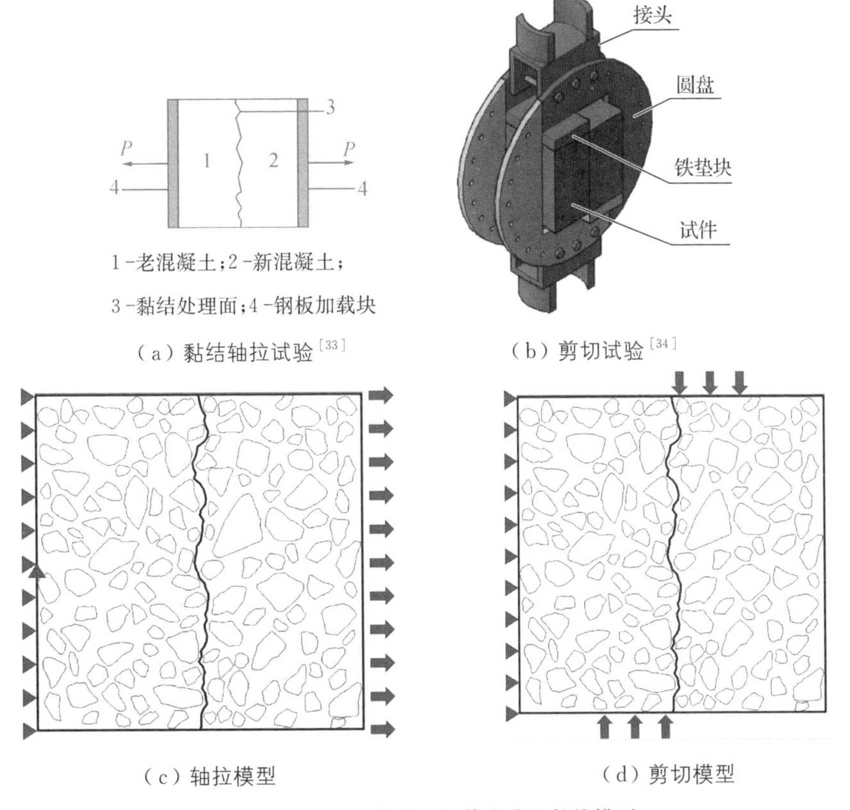

（a）黏结轴拉试验[33]　（b）剪切试验[34]

（c）轴拉模型　（d）剪切模型

图 7.29　对比室内试验加载方式及数值模型

由于新老混凝土室内试验结果通常为脆性破坏，无法得到试验的完整的应力-应变曲线。因此，在验证本节模型时，将新老混凝土界面材料属性设置与砂浆相同，则模型退化为混凝土轴拉试验。图 7.30 显示了 4 组模型拉伸过程中的应力-应变曲线以及最终的裂缝形态。可以观察到曲线的弹性段和软化段与试验结果[35]符合较好，各模型裂缝呈现双裂缝的分布形态，从而验证了模型拉伸参数的有效性。同时，根据姜浩[34]进行的双层混凝土剪切试验结果，应用本书的模型进行了剪切试验验证。如图 7.31 所示，虽然模型中的新老混凝土界面粗糙度难以与试验中的完全符合，但从试验结果来看，界面拉毛和界面抹平的试块荷载-剪切位移近乎成线性。因此，调整数值模型使荷载-剪切位移的上升段斜率相符即可。

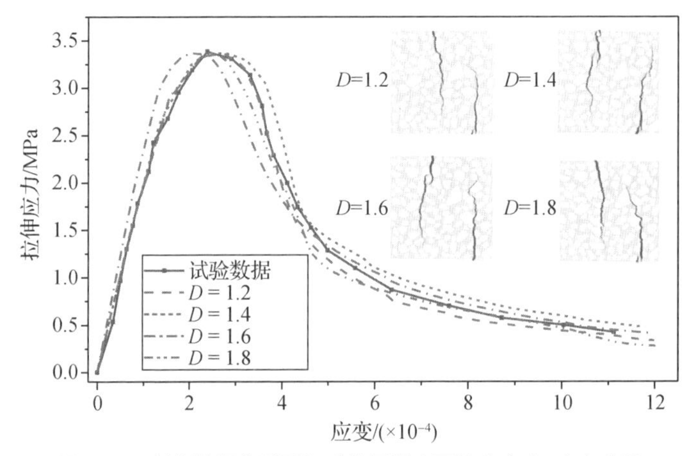

图 7.30　新老混凝土界面与砂浆同强度下拉伸应力-应变曲线

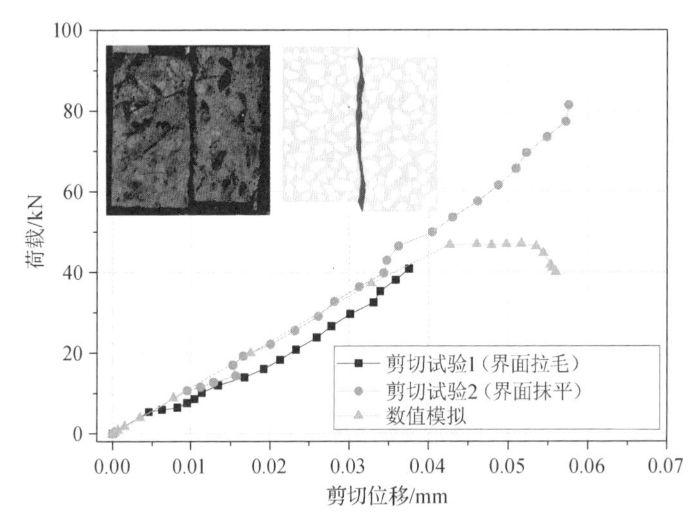

图 7.31　新老混凝土($D=1.2$)剪切-位移曲线与试验对比

7.3.2　新老混凝土界面强度的影响

为了研究新老混凝土界面强度对新老混凝土拉伸强度的影响，以便在实际工程中选择合理的界面粗糙度及界面强度，本节对界面的强度参数进行敏感性分析。如图 7.32 所示，内聚力模型在模型中采用的是双线性模型，主要由初始刚度、峰值强度和断裂能三个参数决定曲线形态。本节选取的界面拉伸断裂参数以砂浆断裂参数为基准，峰值强度逐级递减，界面和砂浆强度比在 0.1～1 之间变化，断裂能的取值则保证能维持软化段的形态，如图 7.32（a）所示；而剪切断裂参数在试验验证的参数基础上进行变动，强度比在 0.4～1.6 之间变化，如图 7.32（b）所示。其中，各相材料的基准力学参数如表 7.2 所示。

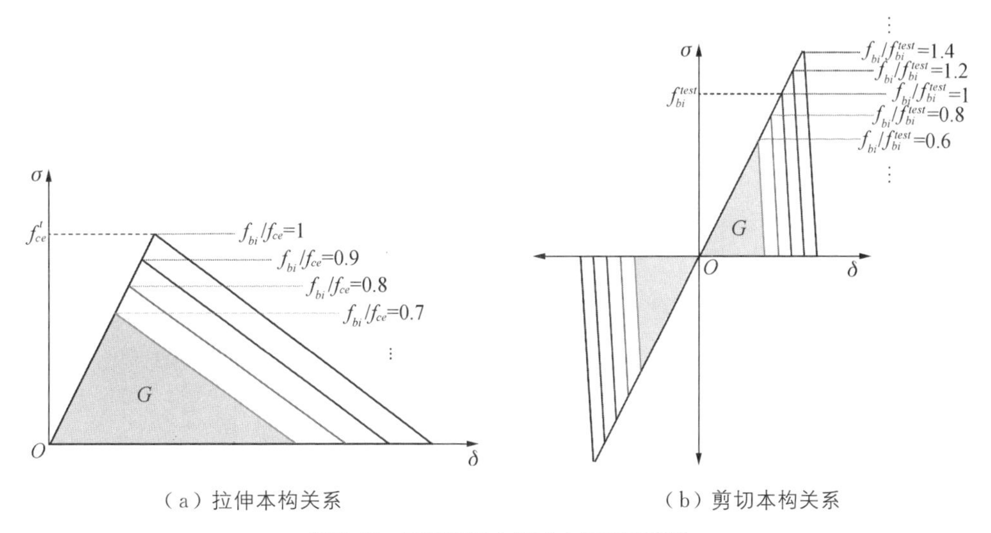

（a）拉伸本构关系　（b）剪切本构关系

图 7.32　新老混凝土界面本构关系选取

表 7.2　各相材料的基准力学参数

材料类型	骨料	砂浆	ITZ	MII	BI
弹性模量 E/GPa	72	22	—	—	—
泊松比 μ	0.16	0.2	—	—	—
初始刚度 k_n/(MPa·m^{-1})			10^7	10^8	10^7
抗拉强度 f_t/MPa	—	—	2.4	4	2.4
剪切强度 f_τ/MPa	—	—	3.2	6	3.2
Ⅰ型断裂能/(N·m^{-1})	—	—	60	100	10
Ⅱ型断裂能/(N·m^{-1})	—	—	240	2 500	20

图 7.33 所示为新老混凝土砂浆强度不变的情况下，不同界面拉伸强度下新老混

凝土拉伸峰值强度的变化。当界面与砂浆拉伸强度比不大于 0.4 时，随着界面拉伸强度的不断增加，不同界面粗糙度的试件拉伸峰值强度基本呈线性增加，且分形维数越高拉伸峰值强度越大。从图 7.34（a）和图 7.35（a）可以观察到断裂完全沿着界面，界面分形维数越高的试块所消耗的断裂能越大，拉伸峰值强度也越大。当界面与砂浆拉伸强度比接近并大于 ITZ 强度后（0.4～0.8），拉伸峰值强度缓慢增加，界面的作用减弱；从断裂形态上来看，如图 7.34（b）和图 7.35（b）所示，裂缝主要沿着骨料 ITZ 和黏结界面之间分布，在界面分形维度低时，裂缝的扩展路径更加流畅，呈“1”字分布。当界面与砂浆拉伸强度比大于 0.8 后，界面拉伸强度继续增加时拉伸强度不再变化；此时，新老混凝土的拉伸性能表现为与普通试块相似的整体受拉开裂，裂缝不再沿着界面开裂。总体来看，界面拉伸强度的增加能够明显增加拉伸峰值强度，但当界面拉伸强度与砂浆拉伸强度比大于 0.7 后界面拉伸强度对拉伸强度的影响非常小；不同分形维数界面在界面拉伸强度较小时拉伸峰值强度差别较大，界面拉伸强度提高后不再受影响。

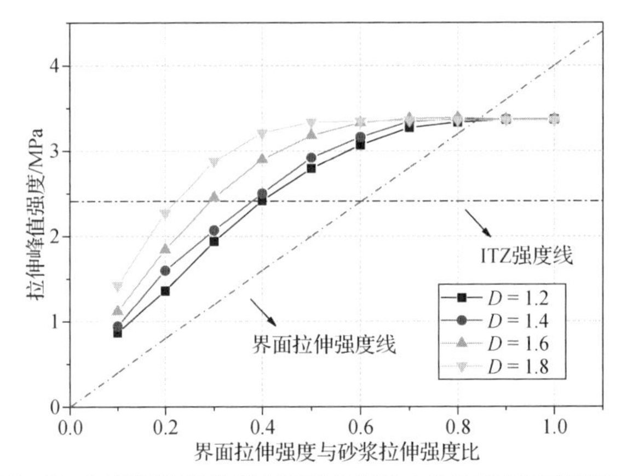

图 7.33　不同界面拉伸强度下新老混凝土拉伸峰值强度的变化

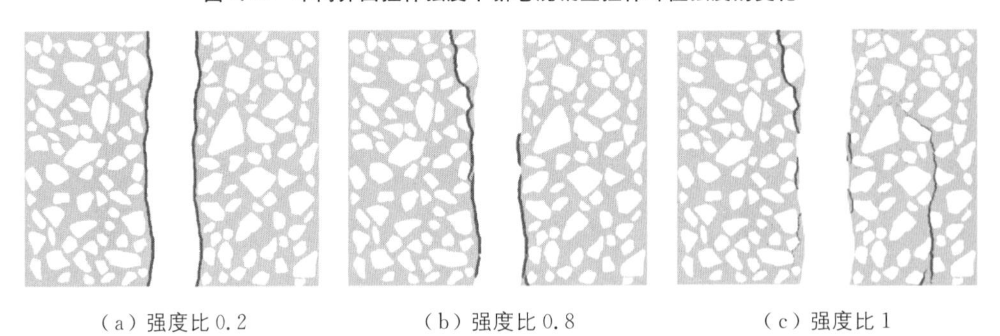

（a）强度比 0.2　　（b）强度比 0.8　　（c）强度比 1

图 7.34　新老混凝土界面（D=1.2）和砂浆不同拉伸强度比下拉伸断裂形态

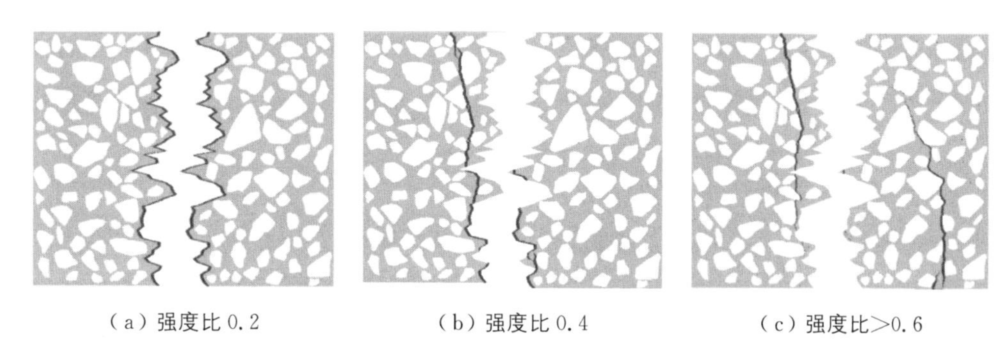

图 7.35　新老混凝土界面(D=1.8)和砂浆不同拉伸强度比下拉伸断裂形态

图 7.36 所示为不同界面剪切强度下新老混凝土剪切峰值强度的变化。随着界面剪切强度的增加，4 组试块的剪切峰值强度基本呈线性增加，界面粗糙度大的试块剪切峰值强度较大。然而，剪切峰值强度增加速率低于界面剪切强度的增加速率。从图 7.37 的界面剪切裂缝图中可以观察到试块在受剪错位时，界面上半部分凹凸咬合点受压，局部表现为“撕裂”，裂缝从界面处沿邻近骨料侵入混凝土内部，且界面粗糙度越高，“撕裂”现象越明显，裂缝更多地向两侧混凝土转移，如图 7.37 所示。随着剪切位移的继续增加，界面下半部分剪裂并与上半部分裂缝贯通，结构完全失效。此时，混凝土内部的裂缝因受力丧失而闭合，但材料刚度下降。

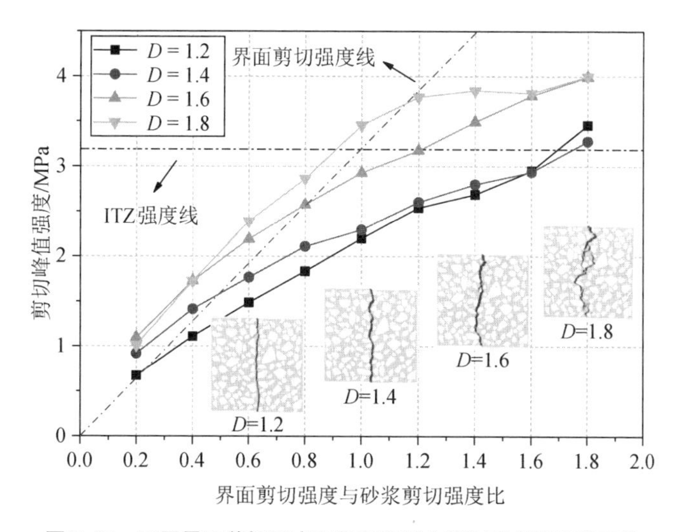

图 7.36　不同界面剪切强度下新老混凝土剪切峰值强度的变化

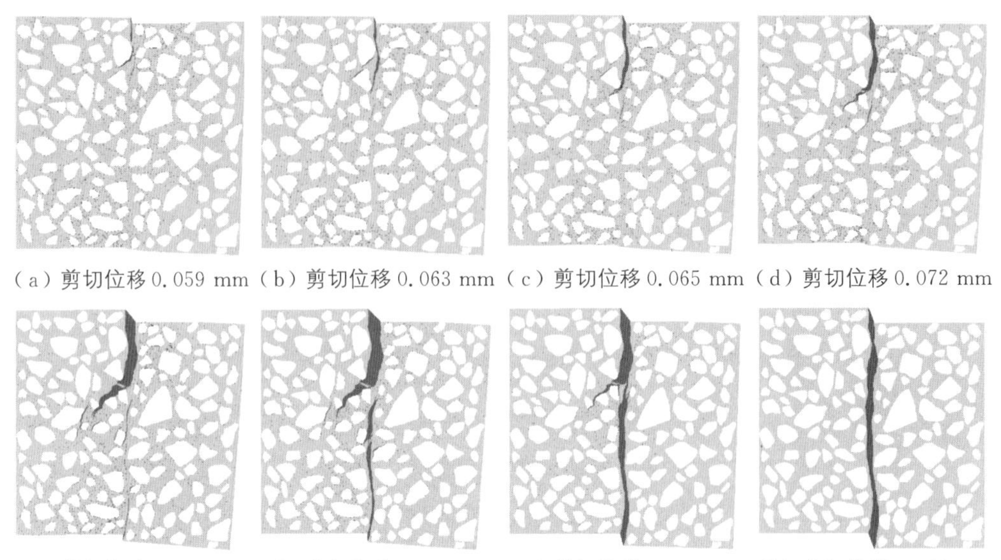

(a) 剪切位移 0.059 mm (b) 剪切位移 0.063 mm (c) 剪切位移 0.065 mm (d) 剪切位移 0.072 mm

(e) 剪切位移 0.084 mm (f) 剪切位移 0.086 mm (g) 剪切位移 0.088 mm (h) 剪切位移 0.099 mm

图 7.37 新老混凝土($D=1.2$)剪切破坏过程(放大 100 倍)

7.3.3 新老混凝土砂浆强度比的影响

为了探究新老混凝土中砂浆强度的匹配关系及其对整体力学性能的影响，按照上一节强度变化的原则对新混凝土中的砂浆强度进行敏感性分析。其中，保持老混凝土中砂浆强度不变，新老砂浆拉伸强度比在 0.4～1.6 之间变化。

图 7.38 为相同界面强度下，不同新老砂浆拉伸强度比下新老混凝土拉伸峰值强

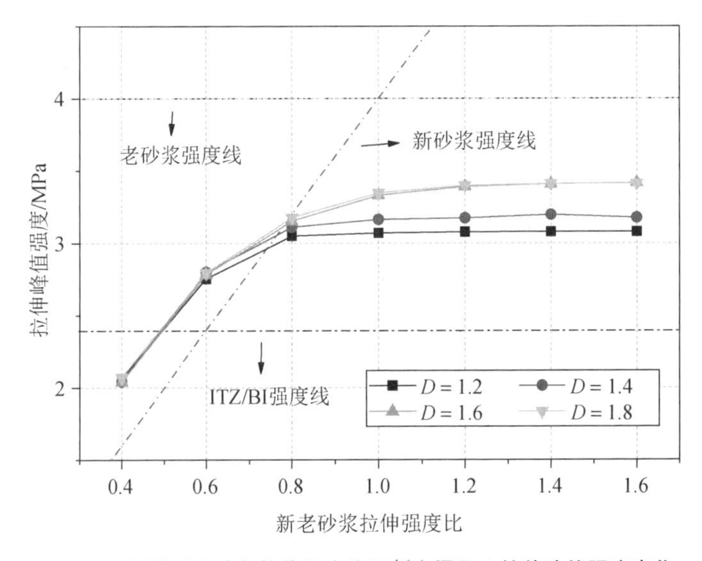

图 7.38 不同新老砂浆拉伸强度比下新老混凝土拉伸峰值强度变化

度变化。当新砂浆拉伸强度小于或等于界面强度时，拉伸裂缝主要发生在新混凝土一侧（D=1.2 发生在界面处），如图 7.39（a）所示，此时不同界面分形维数的试块拉伸峰值强度基本相同。随着新砂浆强度继续增加，试块拉伸峰值强度缓慢增加并快速趋于稳定。其中，界面分形维数 D=1.2 和 D=1.4 的试块沿界面断裂，拉伸峰值强度基本维持不变；而 D=1.6 和 D=1.8 的试块不完全沿界面断裂，拉伸峰值强度略微提高，比 D=1.2 和 D=1.4 的分别提高约 7.5%和 10.9%，如图 7.39（b）、（c）所示。总体来看，提高新砂浆峰值强度可以小幅提高新老混凝土拉伸峰值强度。根据裂缝形态可知，当界面粗糙度较大时，拉伸峰值强度由砂浆拉伸强度较小的一侧混凝土主导或和界面共同主导；当界面粗糙度较小时，新老混凝土界面强度的主导影响更为明显。

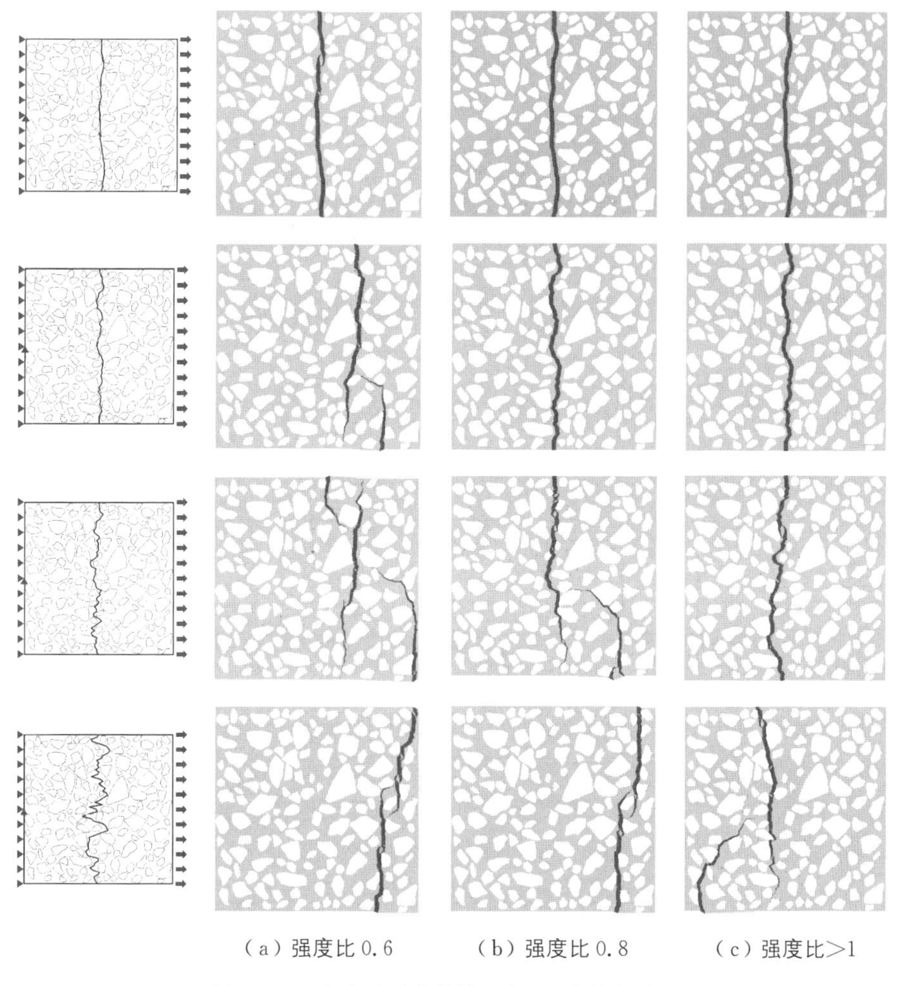

图 7.39　不同新老砂浆拉伸强度比下拉伸断裂形态

图 7.40 为不同新老砂浆剪切强度比下试块剪切峰值强度的变化。可以发现新砂浆剪切强度提高后，仅 $D=1.6$ 和 $D=1.8$ 的试块剪切峰值强度略有提高，试块剪切峰值强度对新老砂浆剪切强度的变化不敏感。结合图 7.37 的剪切裂缝变化可知，裂缝的分布和试块剪切峰值强度主要受界面和 ITZ 强度的影响。

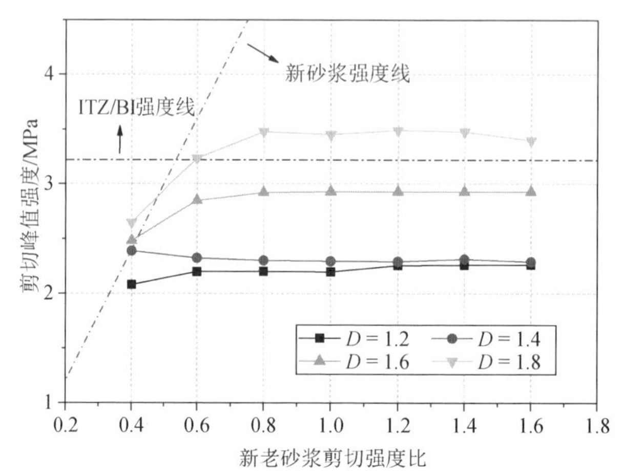

图 7.40　不同新老砂浆剪切强度比下试块剪切峰值强度的变化

7.3.4　新老混凝土界面强度比的影响

不同骨料界面区微结构相差很大，不同骨料的化学成分和矿物组成影响了界面区水化产物的数量、形态、尺寸和生长发育特性[36]。因此，为了工程中可以选择合理的骨料类型，对混凝土浇筑后砂浆和骨料的界面过渡区（ITZ）进行强度参数敏感性分析。

图 7.41 所示为不同新老混凝土 ITZ 拉伸强度比下试块拉伸峰值强度的变化。当

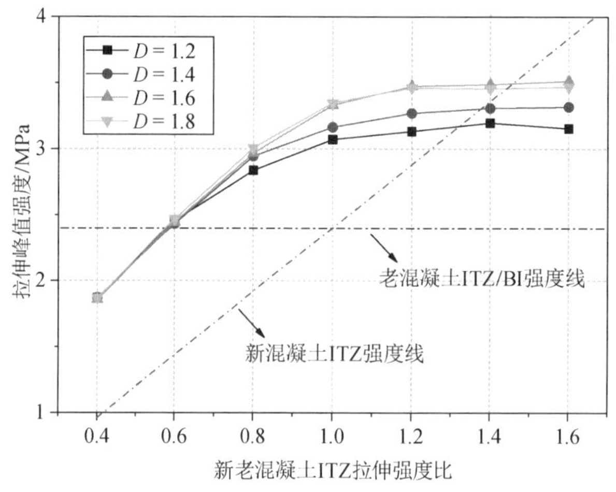

图 7.41　不同新老混凝土 ITZ 强度比下试块拉伸峰值强度的变化

新老 ITZ 拉伸强度比在 0.4～0.6 时，拉伸峰值强度基本呈线性变化。从图 7.42（a）的裂缝形态上可知，裂缝主要沿着新混凝土骨料 ITZ 分布，裂缝不受界面粗糙度的影响。当新老 ITZ 拉伸强度比继续增加时，拉伸峰值强度不断增加并趋于稳定；新混凝土 ITZ 强度小于 BI 强度时裂缝随着界面粗糙度的增加远离界面，新混凝土 ITZ 强度大于 BI 强度时裂缝向界面靠近。总体来看，ITZ 强度的增加有助于提高拉伸峰值强度，但当 ITZ 强度大于 BI 强度后再增加强度的作用不再明显。

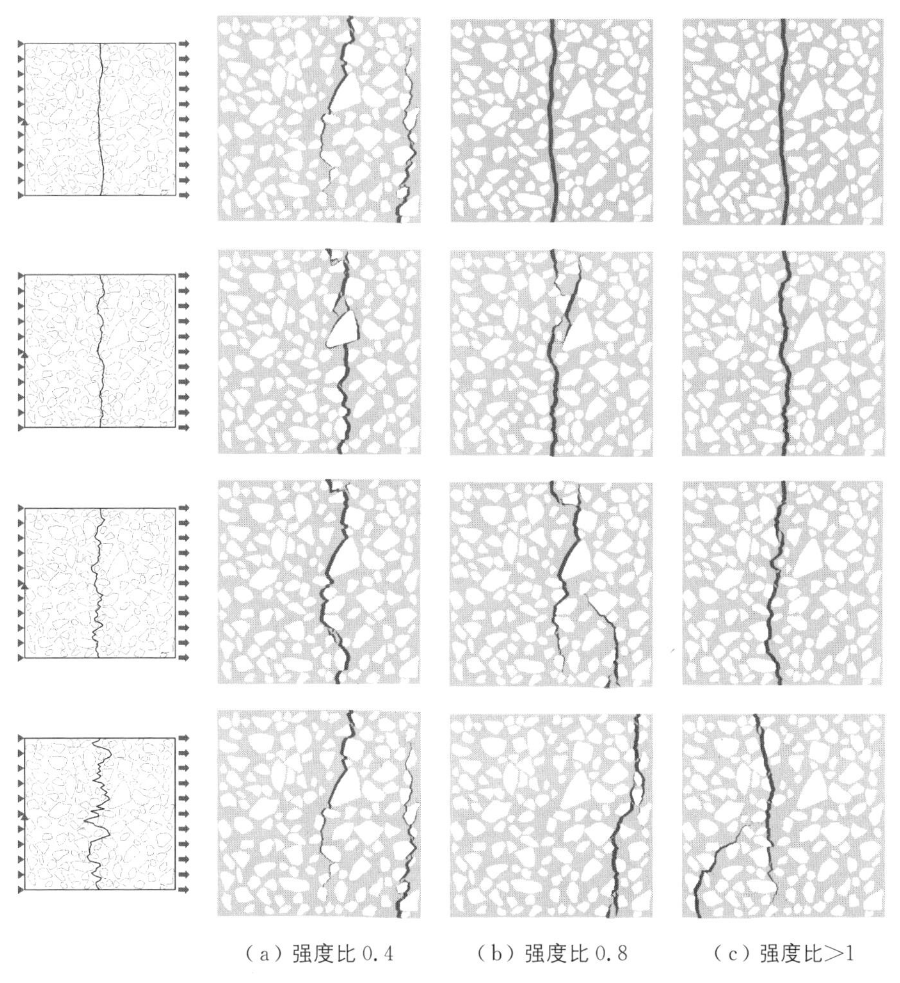

（a）强度比 0.4　（b）强度比 0.8　（c）强度比>1

图 7.42　新老混凝土 ITZ 不同拉伸强度比下拉伸断裂形态

图 7.43 所示为不同新老混凝土 ITZ 剪切强度比下剪切峰值强度的变化。可以看到 ITZ 剪切强度的增加对新老混凝土的抗剪强度没有明显影响。由上文推断可知，ITZ 的拉伸强度对新老混凝土的抗剪强度影响更大。

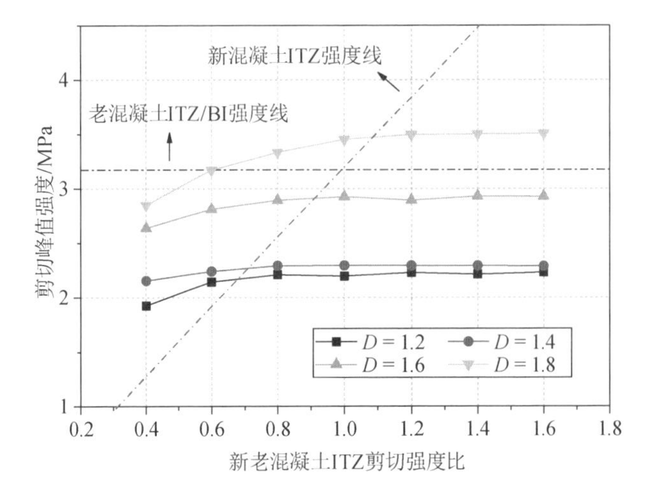

图 7.43 不同新老混凝土 ITZ 剪切强度比下剪切峰值强度的变化

参考文献

[1] ZHOU J. Performance of engineered cementitious composites for concrete repairs[D]. Tianjin: Hebei University of Technology, 2011.

[2] ZHANG G, LUO X, LIU Y, et al. Influence of aggregates on shrinkage-induced damage in concrete[J]. Journal of Materials in Civil Engineering, 2018,30(11): 04018281.

[3] TAYLOR R L, ARTIOLI E. VEM for inelastic solids[J]. Computational methods in applied sciences, 2018(46): 381 - 394.

[4] ZHU W C, TANG C A. Numerical simulation on shear fracture process of concrete using mesoscopic mechanical model[J]. Construction and Building Materials, 2002,16(8): 453 - 463.

[5] RUAN X, LI Y, JIN Z, et al. Modeling method of concrete material at mesoscale with refined aggregate shapes based on image recognition[J]. Construction and Building Materials, 2019(204): 562 - 575.

[6] EMMONS P H, VAYSBURD A M. Factors affecting the durability of concrete repair: The contractor's viewpoint[J]. Construction and Building Materials, 1994,8(1): 5 - 16.

[7] HE Y, ZHANG X, HOOTON R D, et al. Effects of interface roughness and interface adhesion on new-to-old concrete bonding[J]. Construction and Building Materials, 2017 (151): 582 - 590.

[8] LI G Y, XIE H C, XIONG G J. Transition zone studies of new-to-old concrete with

different binders[J]. Cement & Concrete Composites, 2001,23(4-5): 381 - 387.

[9] GARBACZ A, COURARD L, KOSTANA K. Characterization of concrete surface roughness and its relation to adhesion in repair systems[J]. Materials Characterization, 2006,56(4-5): 281 - 289.

[10] DIAB A M, ELMOATY A M A E, ELDIN M R T. Slant shear bond strength between self compacting concrete and old concrete[J]. Construction and Building Materials, 2017 (130): 73 - 82.

[11] ZHOU Y L, JIN H, WANG B L. Drying shrinkage crack simulation and meso-scale model of concrete repair systems [J]. Construction and Building Materials, 2020 (247): 118566.

[12] MANDELBROT B B, NESS J V. Fractional brownian motions fractional noises and applications[J]. Siam Review, 1968,10(4): 422.

[13] FOURNIER A, FUSSELL D, CARPENTER L. Computer rendering of stochastic models[J]. Communications of the ACM, 1982,25(6): 371 - 384.

[14] NORROS I, MANNERSALO P, WANG J L. Simulation of fractional brownian motion with conditionalized random midpoint displacement [J]. Advances in Performance Analysis, 2000,2.

[15] HUANG S, LI X X. Improved random midpoint-displacement method for natural terrain simulation[C]// Proceedings of the 2010 Third International Conference on Information and Computing, 2010: 255 - 258.

[16] SEO H, UM J. Generation of roughness using the random midpoint displacement method and its application to quantification of joint roughness[J]. Journal of Korean Society for Rock Mechanics, 2012(22): 196 - 204.

[17] DUGDALE D S. Yielding of steel sheets containing slits[J]. Journal of the Mechanics and Physics of Solids, 1960,8(2): 100 - 104.

[18] BARENBLATT G I. The mathematical theory of equilibrium cracks in brittle fracture [M]// Advances in Applied Mechanics. Elsevier, 1962:55 - 129.

[19] REN W, YANG Z, SHARMA R, et al. Two-dimensional X-ray CT image based meso-scale fracture modelling of concrete[J]. Engineering Fracture Mechanics, 2015(133): 24 - 39.

[20] 熊学玉，肖启晟. 基于内聚力模型的混凝土细观拉压统一数值模拟方法[J]. 水利学报，2019,50(4): 448 - 462.

[21] LA G M, WITTMANN F H. Application of fracture mechanics to optimize repair mortar

systems[J]. Fracture Mechanics of Concrete Structures, 1995.

[22] WITTMANN X, SADOUKI H, WITTMANN F H. Numerical evaluation of drying test data[J]. Iasmirt, 1989.

[23] SADOUKI H, VAN MIER J. Simulation of hygral crack growth in concrete repair systems[J]. Materials and Structures, 1997(30): 518 - 526.

[24] TANG S B, WANG S Y, MA T H, et al. Numerical study of shrinkage cracking in concrete and concrete repair systems[J]. International Journal of Fracture, 2016,199(2): 229 - 244.

[25] VOLOKH K Y. Comparison between cohesive zone models[J]. Communications in Numerical Methods in Engineering, 2004,20(11): 845 - 856.

[26] REINHARDT H W, XU S L. A practical testing approach to determine mode II fracture energy GIIF for concrete[J]. International Journal of Fracture, 2000,105(2): 107 - 125.

[27] KUMAR C N S, RAO T D G. Punching shear resistance of concrete slabs using mode-II fracture energy[J]. Engineering Fracture Mechanics, 2012(83): 75 - 85.

[28] REINHARDT H W, OZBOLT J, XU S L, et al. Shear of structural concrete members and pure mode II testing[J]. Advanced Cement Based Materials, 1997,5(3-4): 75 - 85.

[29] WANG X, ZHANG M, JIVKOV A P. Computational technology for analysis of 3D meso-structure effects on damage and failure of concrete[J]. International Journal of Solids and Structures, 2016(80): 310 - 333.

[30] 李曙光，李庆斌. 混凝土二维干缩开裂分析的改进弥散裂纹模型[J]. 工程力学，2011,28(12): 65 - 71.

[31] JIN H, ZHOU Y L, ZHAO C. Mesoscale analysis of dry shrinkage fractures in concrete repair systems using FEM and VEM[J]. International Journal of Pavement Engineering, 2022.

[32] 金浩，周瑜亮. 基于虚拟元-有限元耦合的隧道内道床干缩裂缝细观研究[J]. 土木工程学报，2022,55(4): 11.

[33] 赵志方，赵国藩，刘健，等. 新老混凝土粘结抗拉性能的试验研究[J]. 建筑结构学报，2001(2): 51 - 56.

[34] 姜浩. 双块式无砟轨道复合试件层间传力特性研究[D]. 成都：西南交通大学，2015.

[35] 杨贞军，黄宇劼，尧锋，等. 基于粘结单元的三维随机细观混凝土离散断裂模拟[J]. 工程力学，2020,37(8): 158 - 166.

[36] 董芸，杨华全，张亮，等. 骨料界面特性对混凝土力学性能的影响[J]. 建筑材料学报，2014,17(4): 598 - 605.

第 8 章　细观尺度下承轨台锈裂研究

在工程中，承轨台是用来保持钢轨的位置、方向的承重构件。氯化物等腐蚀介质可能通过微裂缝等到达承轨台内部钢筋表面，造成钢筋表面锈蚀[1]。钢筋锈蚀引起的锈胀压力将进一步引起承轨台混凝土开裂。另外，在长期列车动荷载作用下，承轨台还可能进一步动态开裂，如图 8.1 所示。本章基于几何本征骨料混凝土细观模型，建立了一种基于扩散与应力耦合的三维细观锈胀开裂计算模型，研究了在不同锈蚀周期下，列车动荷载对承轨台混凝土结构锈蚀开裂的破坏作用。

图 8.1　承轨台锈裂

8.1　承轨台锈裂细观模型

8.1.1　几何尺寸

承轨台模型尺寸参考图 8.2 所示短轨枕尺寸。短轨枕长 460 mm、宽 290 mm、高 150 mm。考虑到目前通用计算机硬件计算能力，为降低有限元网格数量，提升计算效率，仅模拟承轨台部分，具体尺寸为 460 mm×290 mm×50 mm。

文献［2］指出混凝土试件浇筑成型后，因模具振捣、骨料级配等多种原因，混凝土试件表层鲜有骨料存在，这种现象称为“边界效应”。因此，在几何建模时边界向内 2 mm 不设骨料。利用 MATLAB 进行建模，混凝土部分为骨料和砂浆两相，保证级配曲线和位置的随机性，最终投放骨料至体积分数为 15%时停止。

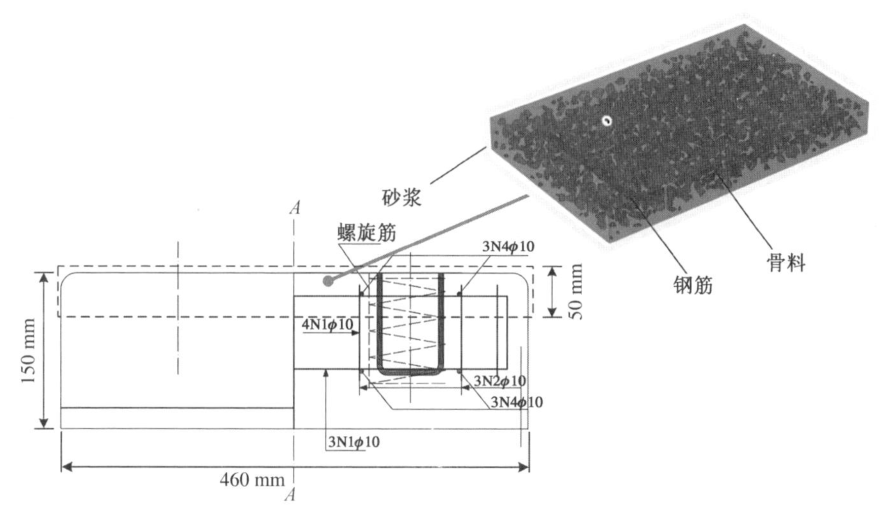

图8.2　承轨台细观模型尺寸

8.1.2　材料参数

为表征列车循环荷载作用下混凝土损伤、裂缝开展闭合以及刚度变化，对于砂浆及骨料采用标量损伤来解释开裂非线性物理机制。损伤演化符合基于能量的、指数应变软化的变化规律。

等效应变采用朗肯应力：

$$\varepsilon_{eq}=\frac{\langle\sigma_{pl}\rangle}{E} \tag{8.1}$$

式中：$\langle\sigma_{pl}\rangle$——第一主应力。

损伤演化方程遵循指数应变软化规律：

$$d=\begin{cases}0 & \varepsilon<\varepsilon_0\\ 1-\dfrac{\varepsilon_0}{\varepsilon}\exp\left(\dfrac{\varepsilon-\varepsilon_0}{\varepsilon_f-\varepsilon_0}\right) & \varepsilon\geqslant\varepsilon_0\end{cases} \tag{8.2}$$

式中：d——损伤变量；

ε_0——混凝土发生损伤时的应变；

ε_f——极限拉伸应力对应的拉伸应变。

极限拉伸应力对应的拉伸应变 ε_f 可按下式计算：

$$\varepsilon_f=\frac{G_f}{\sigma_{ts}h_{cb}}+\frac{\varepsilon_0}{2} \tag{8.3}$$

式中：G_f——骨料、砂浆单位面积断裂能；

σ_{ts}——骨料、砂浆对应抗拉强度；

h_{cb}——裂缝带宽度。承轨台各组分参数如表 8.1 所示。

表 8.1 承轨台材料参数

材料	弹性模量 /MPa	泊松比	抗拉强度 /MPa	断裂能/(J/m²)
骨料	80 000	0.16	6	120
砂浆	26 000	0.22	3	65
界面过渡区	25 000	0.22	2	50

8.1.3 钢筋锈蚀膨胀模拟方法

8.1.3.1 钢筋锈蚀分析

对腐蚀产物分布进行研究时，主要在有限元软件 COMSOL 中构建电化学耦合物理场（电流-二次电流分布）。在求解电化学电流方面，二次电流分布接口基于欧姆定律对电化学电流进行建模，求解钢筋表面的电势、多孔电极中的电势和离子势。在多孔电极中，局部电流密度取决于离子势和电势，但也受水、氧气及氯离子局部浓度的影响。

当钢筋表面出现锈蚀产物时，钢筋的一部分将会成为阳极，即它将会流失电子成为正离子。在同一时间，一方面，腐蚀物中的氧化物将会接收这些电子并被还原成为氧气或水。这个过程会导致阳极区域的钢筋逐渐锈蚀，并且最终导致钢筋的损坏。另一方面，钢筋的其他部分将会成为阴极，即它将会吸收电子成为负离子。这个过程会导致阴极区域周围的混凝土电势升高，从而进一步促进钢筋的锈蚀。承轨台的锈蚀电路模型如图 8.3 所示。

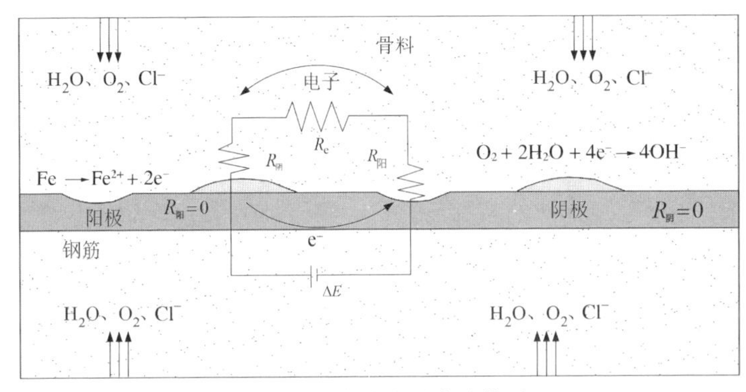

图 8.3 承轨台锈蚀电路模型

随离子浓度变化的线性 Butler-Volmer 表达式可用于局部电流密度的计算：

$$i_{\mathrm{loc,expr}}=i_0\left[\exp\left(\frac{\alpha_a F\eta}{RT}\right)-\exp\left(\frac{-\alpha_c F\eta}{RT}\right)\right] \tag{8.4}$$

$$\eta=E-E_{\mathrm{eq}} \tag{8.5}$$

式中：i_0——交换电流密度（$i_0=1.5\ A/m^2$）；

α_a——阳极传递系数（$\alpha_a=0.7$）；

α_c——阴极传递系数（$\alpha_c=0.3$）；

F——法拉第常数（$F=96\ 485\ C/mol$）；

R——气体常数［$R=8.314\ J/(mol\cdot K)$］；

T——热力学温度（$T=293.15\ K$ 表示）；

η——活化过电势。

由式(8.5)计算所得，其中 E 表示电极电势，$E_{eq}=0.44\ V$ 表示平衡电势。

模型上下侧分别设置电极，上侧为输入端，下侧为输出端，其电势分别设置为 0.3 V 和 0 V。承轨台材料电解质常数如表 8.2 所示。

表 8.2　承轨台材料电解质常数表

材料	电导率	相对介电常数	电解质电导率
骨料	0.05	0.05	0.05
砂浆	1	1	1
钢筋	3	3	3

经过计算所得钢筋表面腐蚀电流密度分布如图 8.4 所示，不同年份下的腐蚀电流密度数值变化规律基本保持一致，即由钢筋中部向两侧逐渐递减，具体表现为钢筋表面锈蚀产物逐渐由两侧向中间位置堆积，与文献［3］的实验结果相一致。需要特别指出的是，锈蚀 50 年的钢筋表面腐蚀电流密度由中部向两侧递减后又有递增的趋势。其原因也是显著的，随着锈蚀时间的增加，两侧形成的以氧化铁、氢氧化铁为代表的锈蚀产物已大量堆积，钢筋表面的锈蚀反应逐渐向中间位置靠拢。同时，钢筋中间位置锈蚀宽度增长较为缓慢，锈蚀深度随着锈蚀时间的增加而不断加深。

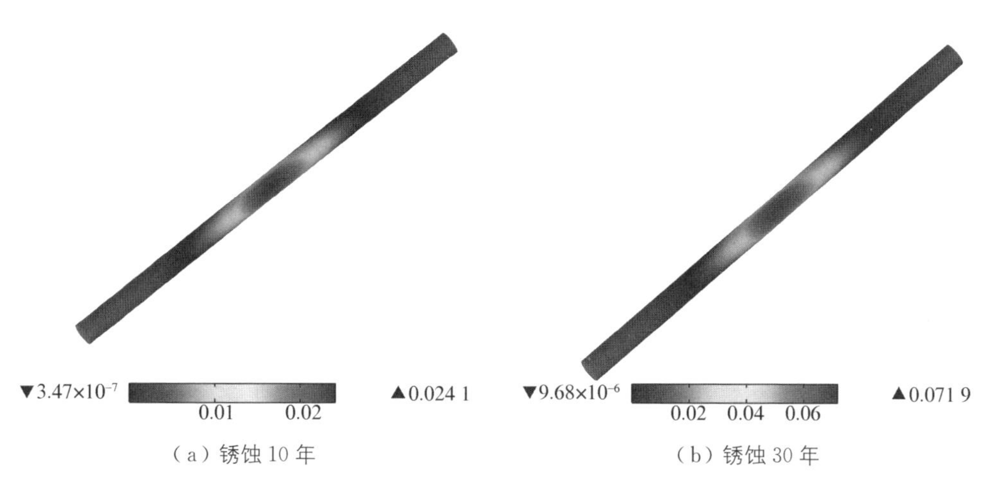

（a）锈蚀 10 年　　（b）锈蚀 30 年

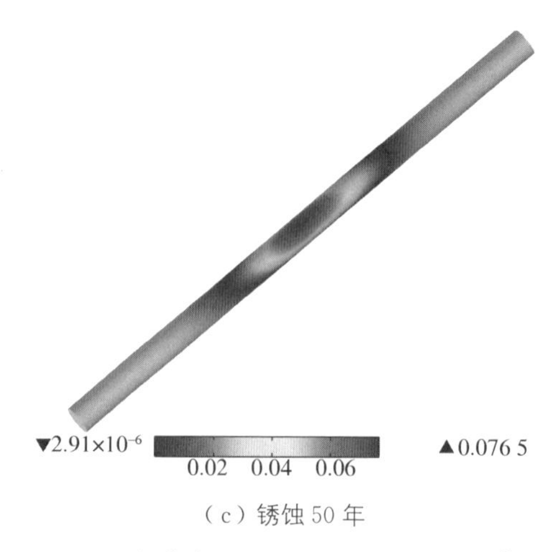

（c）锈蚀 50 年

图 8.4　钢筋表面腐蚀电流密度(单位:A/m²)

就钢筋表面腐蚀电流密度区间而言，随着腐蚀时间的增加，区间的最大值、最小值都呈现出增长的趋势。锈蚀 10 年的钢筋表面腐蚀电流密度区间为 3.47×10^{-7}～0.024 1 A/m^2，到锈蚀 30 年时，该区间变为 9.68×10^{-6}～0.071 9 A/m^2，再到锈蚀 50 年时，该区间为 2.91×10^{-6}～0.076 5 A/m^2。钢筋锈蚀时间由 10 年到 50 年，锈蚀区间最大值和最小值分别增长了 2 倍及 73 倍，其表面腐蚀电流密度的变化趋势是指数级别的。同时也可以看出，腐蚀电流密度的变化速度逐渐减慢。锈蚀 10 年和锈蚀 30 年的区间呈现出较大的增长趋势，增长倍数为 20；锈蚀 30 年和锈蚀 50 年的变化率仅有 6.1%。

8.1.3.2　钢筋锈胀模拟

目前，在模拟钢筋腐蚀膨胀过程中探索了多种方法，其中包括温度膨胀法、径向压力法和径向位移法。然而，前两种方法的参数十分复杂，很难得到准确的确定。相比之下，径向位移法更具直观性，因为其参数——钢筋锈蚀的径向膨胀量与钢筋锈蚀量相关，更易于理解和控制。轴向、径向锈胀位移示意图如图 8.5、图 8.6 所示。本书中主要采用径向位移法，根据锈蚀模型中获得的锈层计算出相应径向位移，其表达式如下：

$$u_r(\theta,t)=(r_v-1)\cdot X_p(\theta,t) \tag{8.6}$$

式中：r_v——锈蚀的体积膨胀率，在整个腐蚀过程中假定为 2.96[4]。在确定腐蚀电流密度后，钢筋圆周周围的腐蚀侵蚀渗透（钢筋半径减少）X_p 可近似表达为

$$X_p(\theta,t)=\frac{\int_{ti}^{t} i_{corr}(\theta,t)\mathrm{d}t \cdot A}{Z_{Fe}\cdot F\cdot \rho_s} \tag{8.7}$$

其中：θ——钢筋周长上的圆周角 θ($0^\circ \leqslant \theta \leqslant 360^\circ$)；

A——铁原子质量（A=55.85 g/mol）；

t_i——开始腐蚀的时刻（假设总腐蚀时长为 10 年，即 315 360 000 s）；

Z_{Fe}——阳极的化学价态；

F——法拉第常数（F=96 485 C/mol）；

ρ_s——钢筋的密度（ρ_s=7 800 kg/m^2）。

开裂模型仍采用骨料和砂浆的复合材料模型，将其中的钢筋替换为相同体积的圆孔，并将计算所得的径向锈胀位移函数添加至圆孔内表面。通过这种方法，可以更加准确地模拟承轨台在钢筋锈蚀作用下的开裂行为。

图 8.5　轴向锈胀位移示意图

图 8.6　径向锈胀位移示意图

8.2　承轨台锈裂分析

8.2.1　钢筋表面锈层厚度

根据计算结果，钢筋表面的锈层分布情况存在明显差异。具体而言，钢筋左右两端沿圆周方向的锈层呈现较为完整的堆积状态，而中间部分则出现了较为严重的锈蚀现象，与文献［5］中锈蚀堆积实验结果相一致。为了深入探究钢筋表面锈层厚度的分布情况，钢筋左右端点处以及距离端点 0～60 mm 的位置上每隔 15 mm 选取一处截面，在中间部分则每隔 10 mm 选取一处截面，分析这些截面在圆周方向上的锈蚀情况。分析截面如图 8.7 所示。

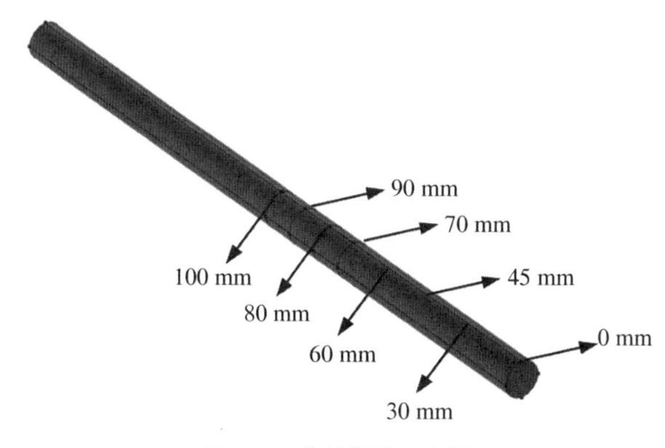

图 8.7　分析截面示意图

由图 8.8 可知，在 0～45 mm 范围内，可以观察到在三个不同年份下钢筋的锈蚀呈现出相对均匀的分布，锈蚀产物沿着钢筋径向分布，且随着时间的推移，钢筋的锈蚀厚度逐渐增加。然而，当观察范围扩大至 45～60 mm 时，钢筋的锈蚀产物分布呈现出不均匀性，随着锈蚀时间的增加，钢筋顶部的锈蚀厚度逐渐降低。在钢筋下部分，锈蚀产物仍然沿着径向分布，表明钢筋朝向保护层一侧的锈蚀程度更为严重，而背离保护层一侧的锈蚀程度则相对较轻。

由图 8.9 分析可知，钢筋中部 80～100 mm 范围内上半部分锈蚀严重，上部钢筋在锈蚀 50 年后几近锈蚀殆尽；下半部分钢筋锈蚀后呈椭圆形。随着锈蚀时间的增加，钢筋下部锈层呈现出轴向扩张的趋势，径向宽度逐渐减小。

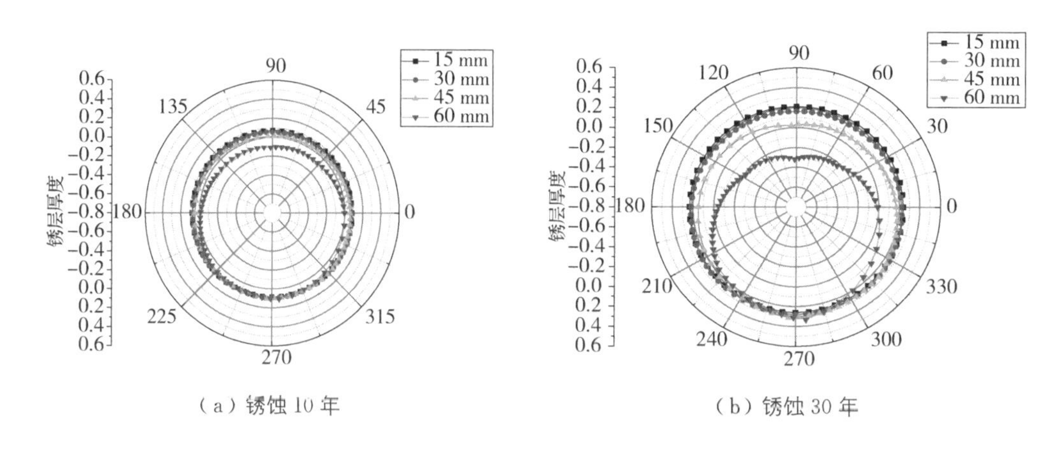

（a）锈蚀 10 年　　（b）锈蚀 30 年

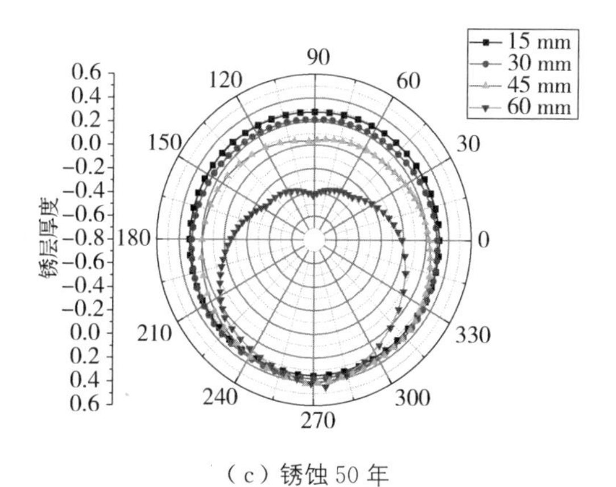

（c）锈蚀 50 年

图 8.8　不同锈蚀时间 0～60 mm 锈蚀堆积曲线(单位:mm)

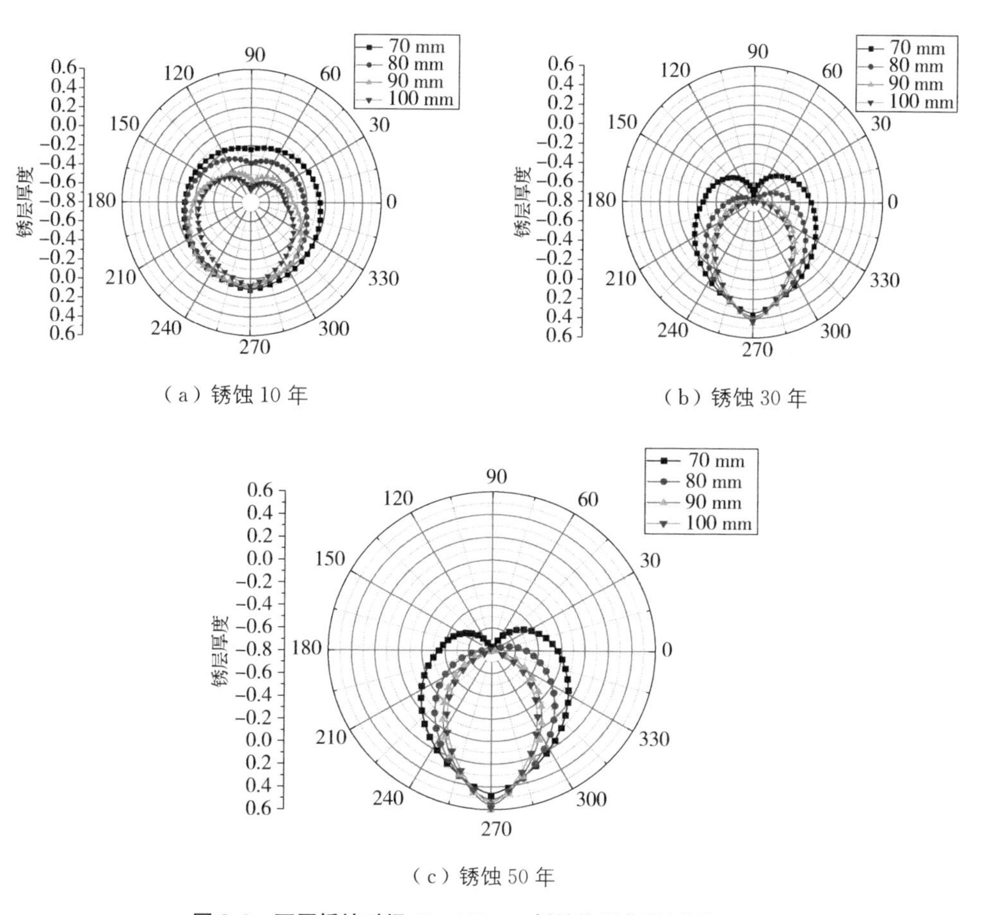

（a）锈蚀 10 年

（b）锈蚀 30 年

（c）锈蚀 50 年

图 8.9　不同锈蚀时间 60～100 mm 锈蚀堆积曲线(单位:mm)

为研究不同锈蚀年限下锈层厚度的差异，仍在 0～60 mm 间每隔 15 mm、60～

100 mm 间每隔 10 mm 选取各位置最大的锈层厚度，并与工况中的其他情况相比较，其结果如图 8.10 所示。钢筋腐蚀 50 年后，最大腐蚀产物厚度可达到 0.6 mm。图 8.11 为钢筋部分截面的锈层圆周极角，锈蚀年限为 30 年。图 8.11 进一步说明了钢筋腐蚀产物沿钢筋周向呈椭圆形分布这一重要规律。同时随着锈蚀年限的增加，钢筋有效横截面减小，而腐蚀产物层厚度不断增加。

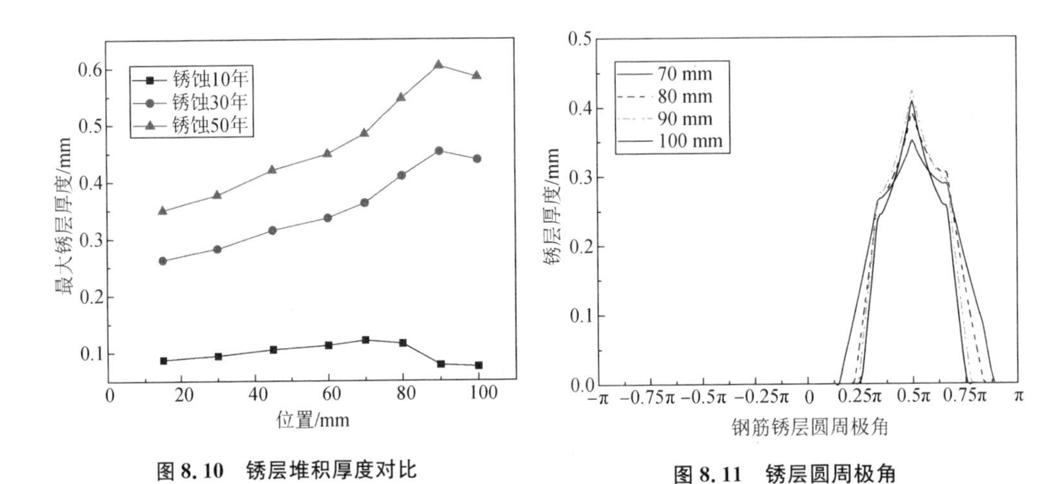

图 8.10　锈层堆积厚度对比

图 8.11　锈层圆周极角

8.2.2　承轨台损伤分析

由于混凝土的抗拉极限强度远小于抗压极限强度，故在钢筋锈胀力作用下优先分析其拉伸破坏情况，因此本节损伤类型均为拉伸损伤。

损伤因子为 0 时，表示混凝土无损伤；损伤因子为 1 时，表示混凝土完全损伤（图 8.12）。一般认为当损伤因子大于 0.75 时混凝土结构会出现宏观裂缝，此时混凝土结构的严重损伤会导致整体断裂能的流失。在混凝土单轴拉伸与压缩的应力与应变关系中，当应变大于 2 倍峰值应变时，混凝土由于受拉与受压损伤而产生可见的裂缝。因此，本次计算中取 2 倍峰值拉应变对应的损伤因子（0.78）为损伤临界值。图 8.13 为截面损伤占比。

以钢筋轴向 0～100 mm 进行分析。承轨台经过 10 年的锈蚀没有发生损伤开裂，钢筋锈胀力未产生承轨台混凝土开裂所需应变。钢筋表面损伤因子均低于临界值。锈蚀 30 年的模型中仅有一处截面损伤因子小于 0.78，对应的承轨台开裂区域位于钢筋轴向 40～60 mm 之间。锈蚀 50 年的模型中所有截面损伤因子大于 0.78，相应的承轨台裂缝区间较锈蚀 30 年有所增长。

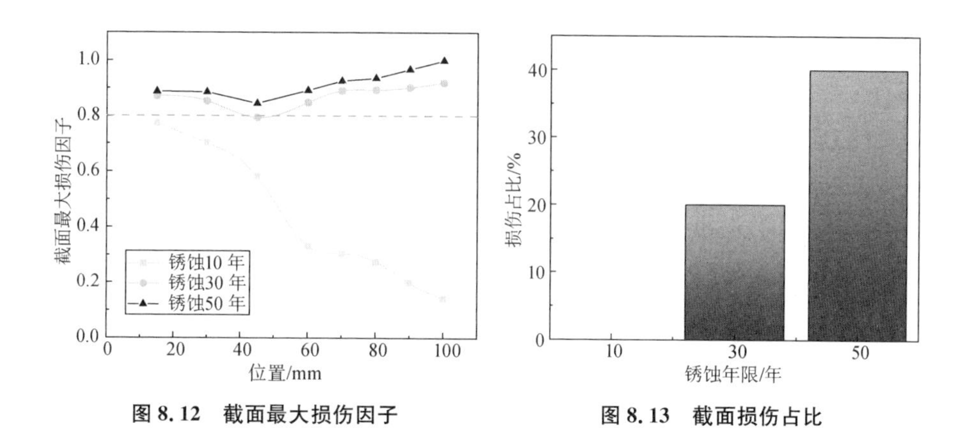

图 8.12　截面最大损伤因子

图 8.13　截面损伤占比

图 8.14 给出了承轨台混凝土不同锈蚀周期的应力分布。对于钢筋的非均匀锈蚀情况，研究钢筋不同截面的应力分布情况。应力在钢筋中心正上方位置达到最大，并随中点位置向两端逐渐减小。由此可见，混凝土开裂最先在钢筋正上方出现。

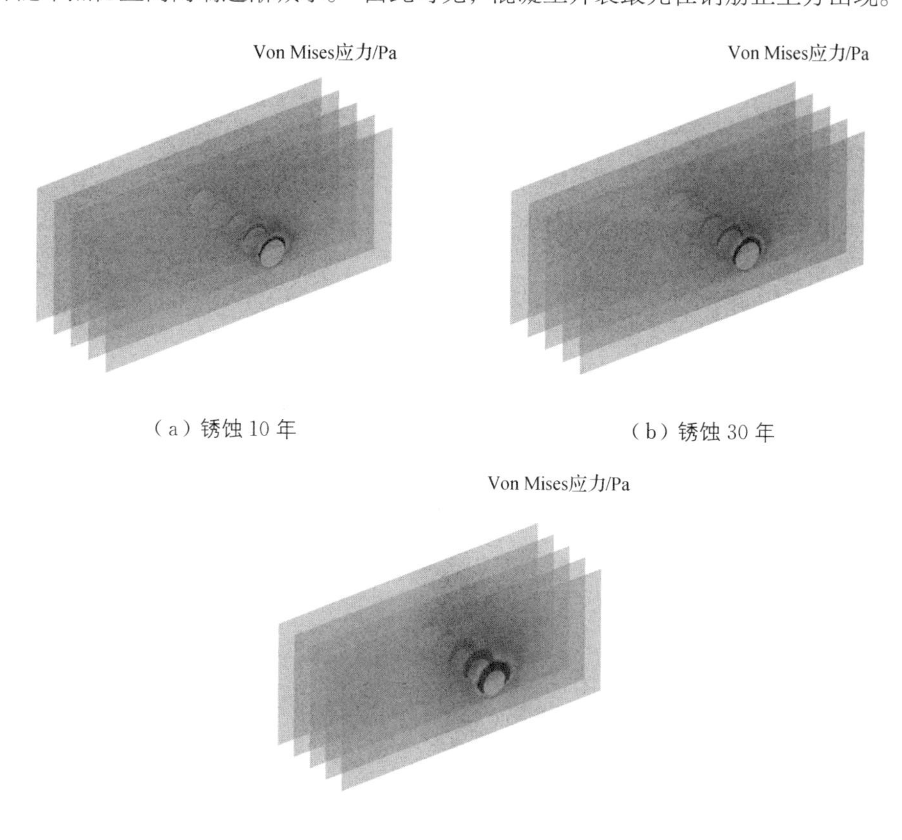

（a）锈蚀 10 年

（b）锈蚀 30 年

（c）锈蚀 50 年

图 8.14　钢筋轴向应力分布云图

图 8.15 给出了钢筋轴向 60 mm 处截面的损伤情况。可以看出，经过 10 年的锈蚀，损伤（裂纹）最先出现在钢筋上半周（靠近保护层一侧），开裂路径基本沿与水平方向成 0°和 90°的对称方向扩展。随着钢筋不断腐蚀，位于 0°和 90°处的损伤进一步发展，损伤因子达到 0.78，该处开裂。同时，沿着钢筋下半周 0°和 45°两个方向的损伤水平也进一步提升。最终，当锈蚀 50 年后，钢筋上下半周 0°、45°及 90°处裂纹由钢筋表面延伸至承轨台上部，并不断扩展和延伸，截面整体损伤严重。

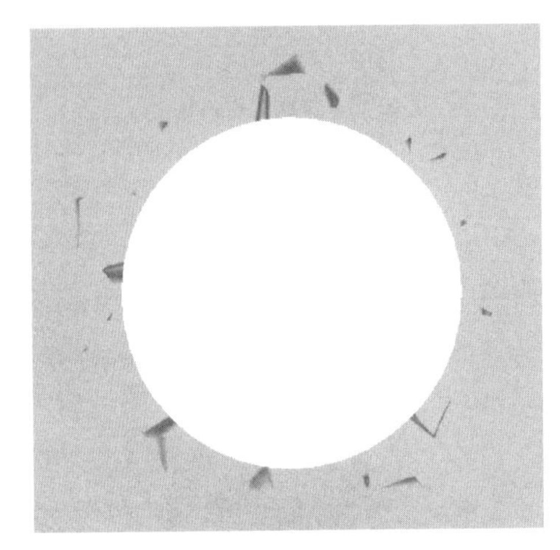

（a）锈蚀 10 年

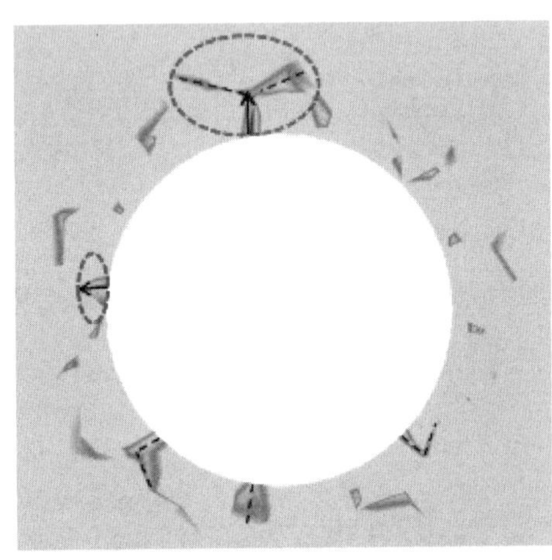

（b）锈蚀 30 年

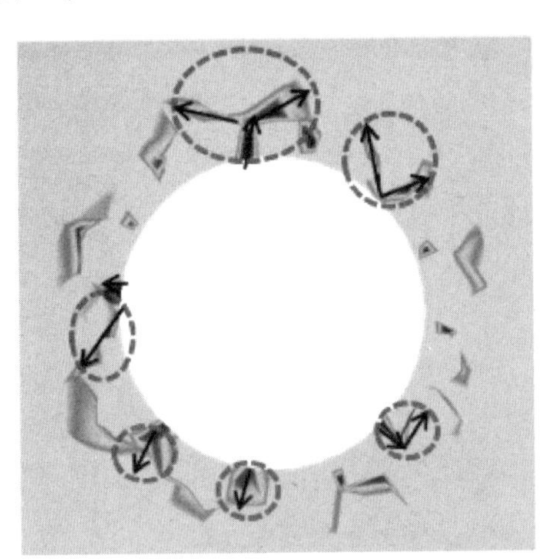

（c）锈蚀 50 年

图 8.15　钢筋轴向 60 mm 处截面损伤发展云图

图 8.16 给出了钢筋轴向 80 mm 处截面的损伤情况。可以看出，损伤（裂纹）最先出现在钢筋上半周右侧，开裂路径基本沿与水平方向成 0°、45°和 90°的方向扩展。

经过 30 年的锈蚀，0°、45°处的损伤发展成为裂缝，损伤因子达到 0.78。同时，钢筋上半周左侧 90°方向的损伤水平也进一步提升。最终，当锈蚀 50 年后，钢筋上半周右侧 0°、45°及 90°处裂缝由钢筋表面延伸至承轨台上部，下半周左侧 45°方向也形成裂缝并不断扩展和延伸，截面整体损伤严重。

图 8.17 给出了钢筋轴向 100 mm 处截面的损伤情况。可以发现，损伤（裂纹）最先出现在钢筋上下半周 45°及 90°处。锈蚀 30 年后，开裂路径基本沿这两个方向向外扩展。同时，钢筋上半周顶部也出现损伤开裂的迹象。锈蚀 50 年后，钢筋上半周开裂严重，损伤呈现带状分布，从表面圆孔（钢筋）处以一定的角度偏斜向下、向上穿过保护层混凝土蔓延至模型顶面，呈现出连续开裂的趋势。

（a）锈蚀 10 年

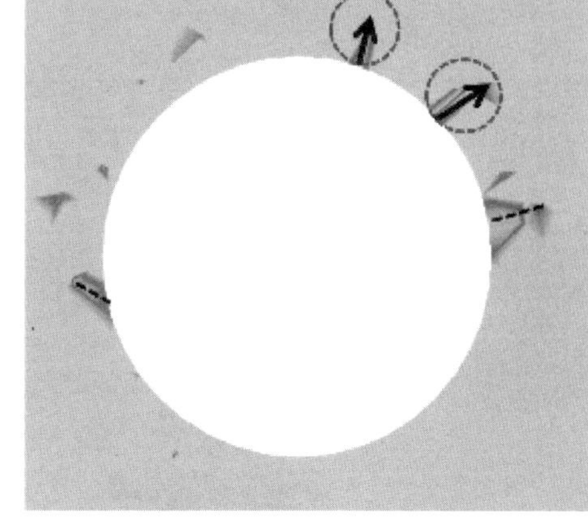

（b）锈蚀 30 年

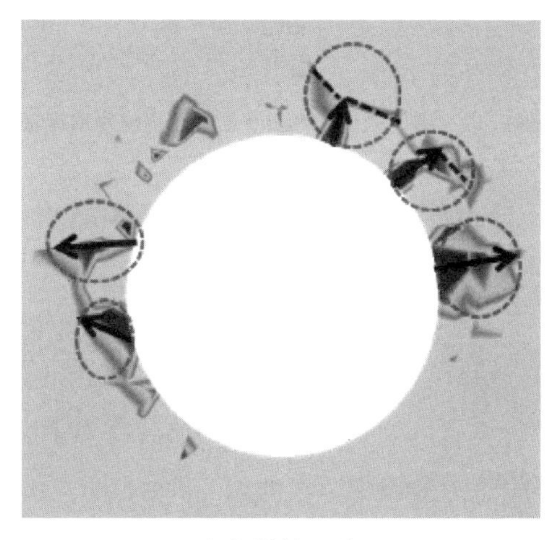

（c）锈蚀 50 年

图 8.16　钢筋轴向 80 mm 处截面损伤发展云图

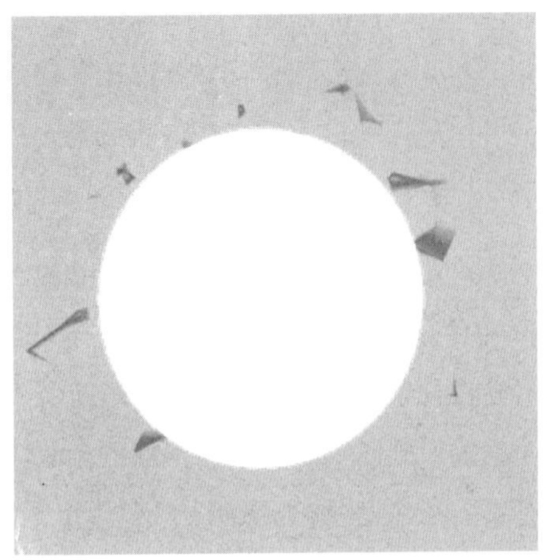

（a）锈蚀 10 年

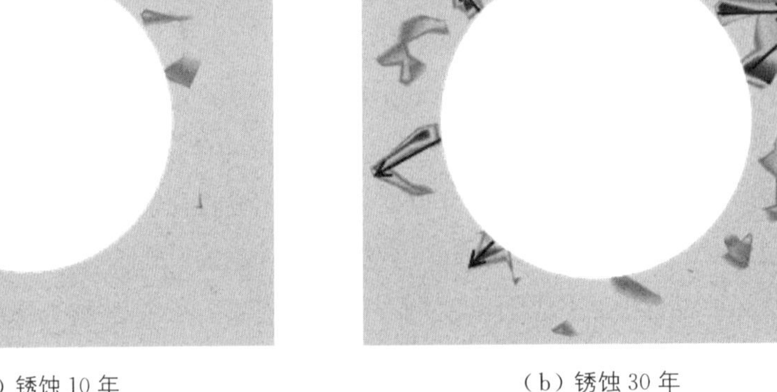

（b）锈蚀 30 年

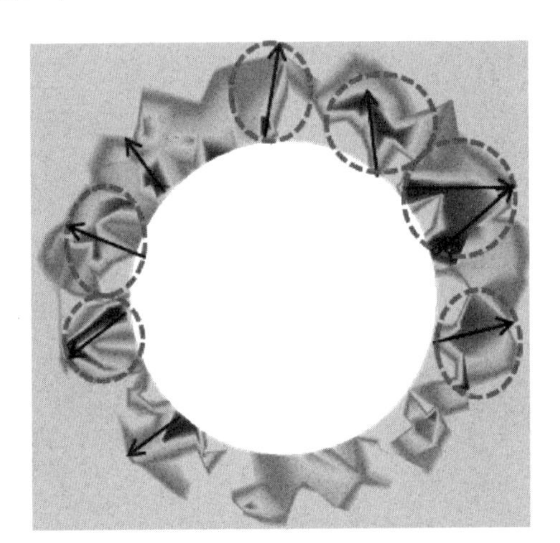

（c）锈蚀 50 年

图 8.17　钢筋轴向 100 mm 处截面损伤发展云图

8.3　列车动荷载对承轨台锈裂的影响

经过 50 年的锈蚀，钢筋表面锈蚀产物堆积较多，承轨台所受锈胀力较大，仅靠单一的锈胀力作用便产生了较大的损伤，在列车荷载作用下内部开裂很快向上部延伸发展，无法体现列车荷载对锈蚀损伤发展的加速作用。锈蚀 10 年的情况恰恰相反，此时锈蚀产物堆积较少，因钢筋锈蚀造成的初期损伤还不足以造成承轨台混凝土结构开裂，列车动荷载对锈蚀的加速影响同样无法得到较好的体现。因此，本小节中，对于锈胀力的模拟来源于锈蚀 30 年下钢筋表面产生的锈蚀产物。

在实际工况中，轨道交通荷载引起的轨道竖向荷载对承轨台结构来说是一种主要荷载，对其稳定性和变形有控制性的影响。 所以本书中所研究的动荷载处理与模拟方法均针对竖向动荷载而言。 为了进一步提高计算精度并简化计算过程，承轨台上的列车荷载采用面荷载加载，加载位置为扣件下胶垫，将竖向荷载以均布的方式传递到承轨台面，如图 8.18 所示。

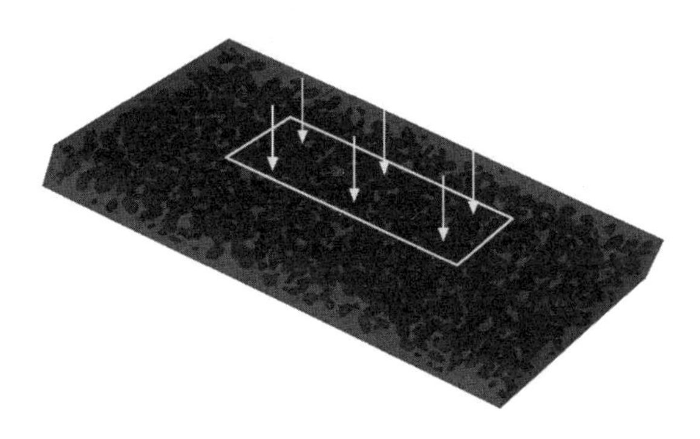

图 8.18　承轨台面荷载加载示意图

瞬态分析中采用的列车动荷载如图 8.19 所示[6]。 为了提高计算效率及计算精度，承轨台模型施加荷载时长为 0.8 s，即一个轮对在承轨台上的作用时长。

为了研究锈蚀与列车荷载共同作用下承轨台的锈蚀开裂过程，锈蚀产生的锈胀位移在 0～0.2 s 内均匀沿钢筋径向施加，列车荷载从 0.2 s 后开始加载，加载区间如图 8.20 所示，所以 0.2 s 后承轨台同时受到内部钢筋锈胀力和外部列车荷载的共同作用，如图 8.21 所示。

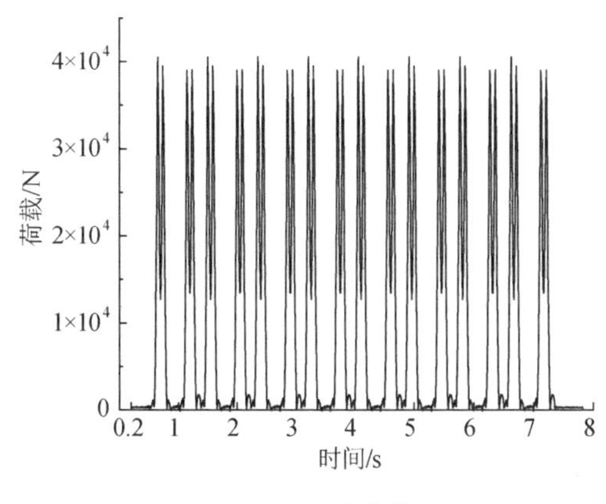

图 8.19　列车荷载

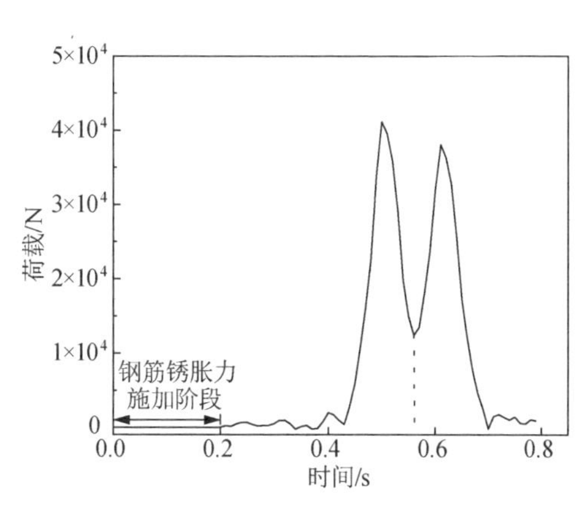

图 8.20　模拟荷载

经过前几小节的讨论，钢筋表面的腐蚀电流密度由中间向两边递减，则产生的锈蚀产物堆积厚度也从中间向两边递减。所以，在钢筋中部顶端分别设置四个分析点，通过该处的损伤变化情况来研究列车动荷载对钢筋锈蚀的加强作用。分析点的位置如图 8.22 所示。

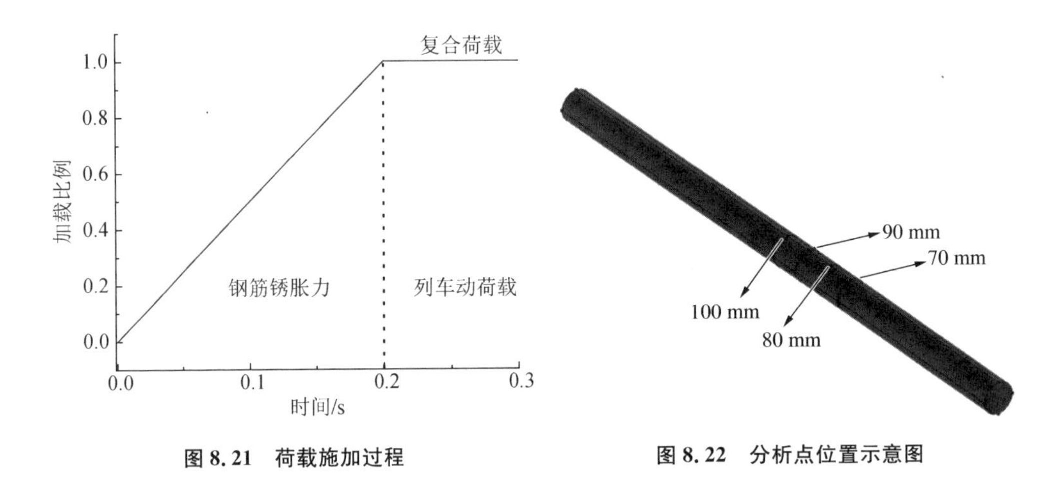

图 8.21　荷载施加过程

图 8.22　分析点位置示意图

根据图 8.23 对列车动荷载下钢筋的纵向应力和纵向位移随时间的变化曲线进行深入分析。从图 8.23(a)中可知，分析点处的应力整体呈现出先增大后减小的趋势。在整个轮对作用周期内，分析点处的 Von Mises 应力出现了几次快速上升和下降，这种快速变化的应力本身会加剧内部结构可能产生的疲劳损伤，从而影响承轨台的使用寿命和安全性。此外，钢筋表面分析点处的纵向位移发展趋势与纵向应力类似，

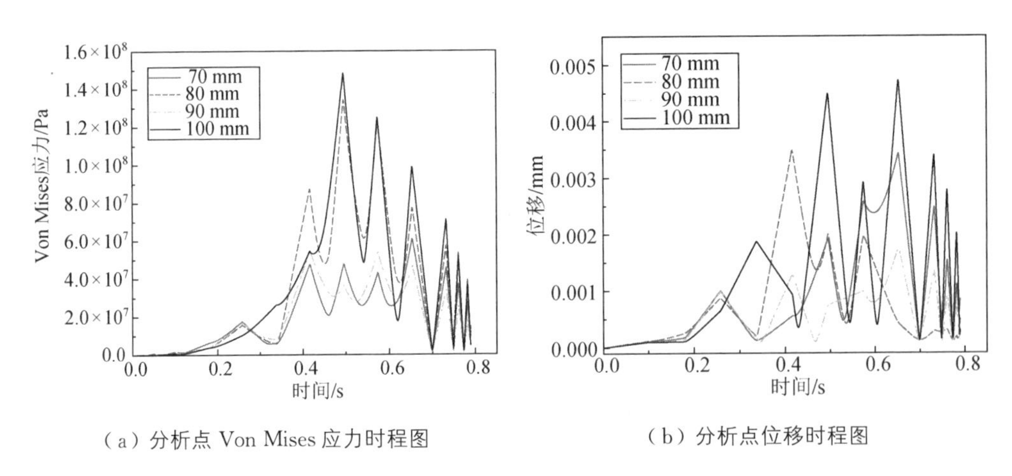

（a）分析点 Von Mises 应力时程图

（b）分析点位移时程图

图 8.23　列车动荷载下分析点纵向位移和应力分布图

分析点处的最大位移出现在钢筋中部 100 mm，约为 0.004 74 mm。这一结果表明，列车动荷载作用下钢筋的应力和位移变化具有明显的周期性和局部性，需要引起足够的重视。为了确保承轨台的可靠性和安全性，需要深入研究列车动荷载作用下锈蚀承轨台的应力和位移变化规律，并制定相应的预防和控制措施。

根据图 8.24 所示列车荷载作用下锈蚀承轨台损伤的变化规律进行深入分析。随着荷载的施加，承轨台损伤逐渐增大。在部分区间内，损伤呈现先增大后减小的趋势。0.2 s 时承轨台开始受到上方施加的列车荷载，损伤在短时间内迅速增长，0.25 s 时出现了第一个小的拐点，之后随着列车动荷载的减小，损伤也出现了下降。对于轴向 70 mm 的分析点，损伤先随荷载的增长迅速增加，在第一个荷载区间内损伤增量为 0.022%；0.55 s 左右为第二个荷载区间的峰值点，荷载相较于之前增加较少，损伤增量为 0.004%左右。与之相反，对于轴向 80 mm 的分析点，在荷载增加

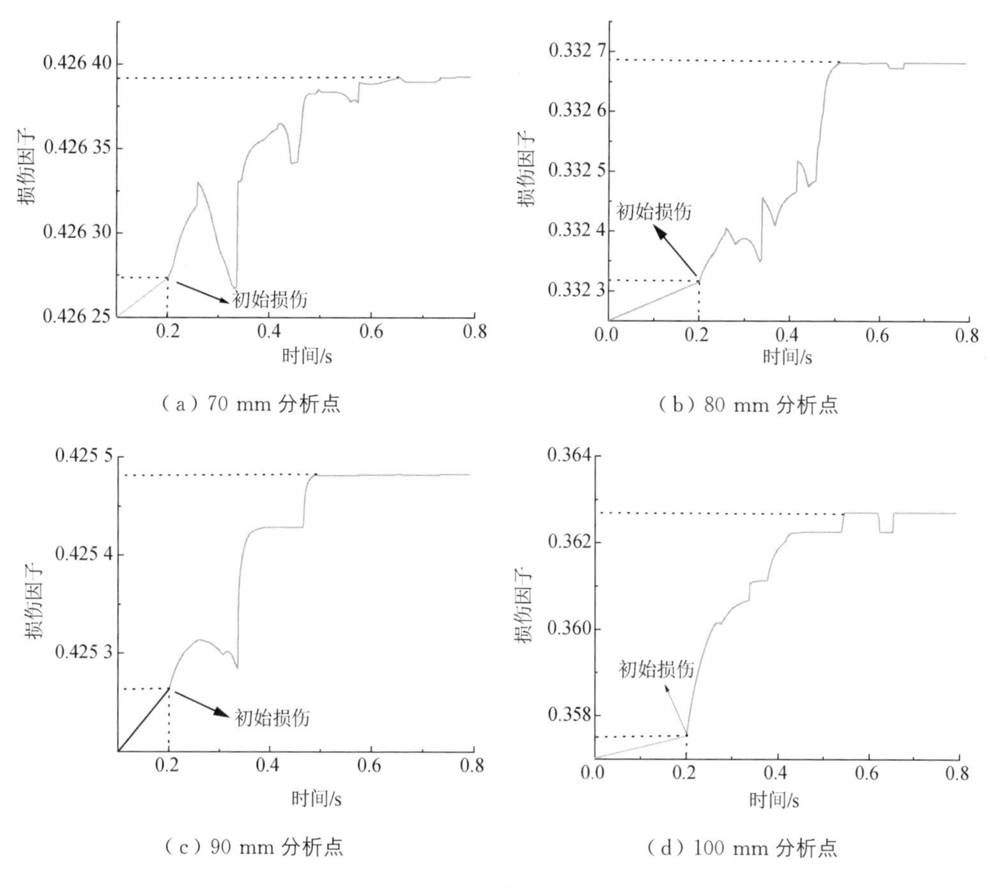

（a）70 mm 分析点　（b）80 mm 分析点

（c）90 mm 分析点　（d）100 mm 分析点

图 8.24　分析点损伤时程图

到最大处时，损伤增量为 0.05%；在第二个荷载峰值时，损伤增量为 0.06%。轴向 90 mm 处的分析点与 70 mm 处的分析点的损伤增长类似，损伤增量较小，第一个荷载区间内损伤增量为 0.034%，第二个荷载区间内损伤增量为 0.013%。轴向 100 mm 的分析点呈现线性增长的趋势，损伤增长迅速，受列车荷载的冲击影响较大。结果表明，列车荷载对轨道的损伤影响同样具有明显的周期性和局部性，在反复列车荷载的作用下损伤增长迅速。

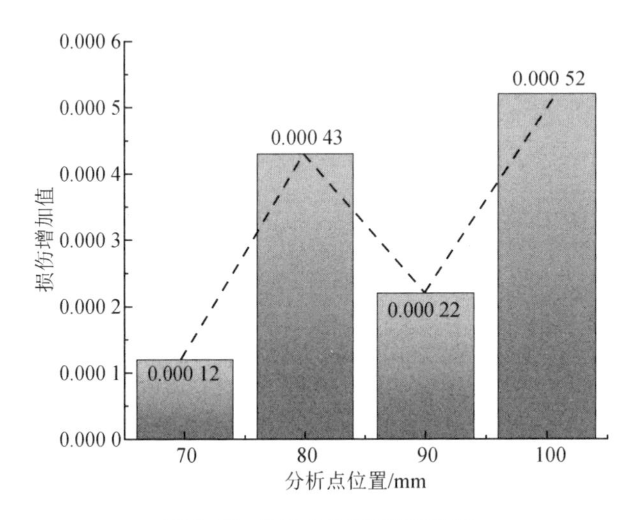

图 8.25　分析点处损伤增加值图

瞬态分析中，不同截面上施加的锈胀力造成的初始损伤依次为 0.426、0.332、0.424 以及 0.357。在经过一个轮对作用周期后，损伤增加值分别为 0.000 12、0.000 43、0.000 22 以及 0.000 52，如图 8.25 所示。相较于由锈胀力造成的初始损伤，由列车荷载和锈胀力共同作用产生的损伤增量分别为 0.028%、0.134%、0.052%以及 0.146%。

参考文献

[1] CAO C, CHEUNG M M S, CHAN B Y B. Modelling of interaction between corrosion-induced concrete cover crack and steel corrosion rate[J]. Corrosion Science, 2013(69): 97-109.

[2] KREIJGER P C. The skin of concrete composition and properties[J]. Matériaux et Construction, 1984,17(4): 275 - 283.

[3] YU S, JIN H. Modeling of the corrosion-induced crack in concrete contained transverse crack subject to chloride ion penetration[J]. Construction and Building Materials, 2020 (258): 119645.

[4] SUDA K, MISRA S, MOTOHASHI K. Corrosion products of reinforcing bars embedded in concrete[J]. Corrosion Science, 1993,35(5-8): 1543 - 1549.

[5] JIN L, ZHANG R, DU X L, et al. Investigation on cracking behavior of concrete cover induced by corner located rebar corrosion[J]. Journal of Building Materials, 2016,19(2): 255 - 261.

[6] JIN H, LI Z, WANG Z, et al. Vibration energy harvesting from tunnel invert-filling using rubberized concrete[J]. Environmental Science and Pollution Research, 2023, 30(11): 30167 - 30182.

第 9 章　细观尺度下橡胶混凝土浮置板减振性能研究

目前，浮置板轨道是轨道交通最为常用的轨道减振措施之一。按照浮置板下部支撑形式，可以分为面支撑浮置板轨道、条支撑浮置板轨道、点支撑浮置板轨道。条支撑浮置板轨道在国内轨道工程中并无实际应用，仅在实验室进行了测试分析。点支撑浮置板轨道主要为钢弹簧浮置板轨道与橡胶弹簧浮置板轨道，与面支撑浮置板轨道一样，在工程中应用较多。本章研究的橡胶混凝土浮置板轨道属于金浩提出的橡胶混凝土道床的衍生，主要考虑将既有面支撑浮置板与点支撑浮置板所用混凝土替换为橡胶混凝土。

为研究面支撑橡胶混凝土浮置板轨道与点支撑橡胶混凝土浮置板轨道的减振性能，本章采用几何本征骨料混凝土细观模型构建宏细观尺度下面支撑橡胶混凝土浮置板轨道模型和点支撑橡胶混凝土浮置板轨道模型。基于该模型，从宏观和细观两个尺度对面支撑橡胶混凝土浮置板轨道和点支撑橡胶混凝土浮置板轨道的动力性能进行分析。

9.1　面支撑橡胶混凝土浮置板减振性能研究

9.1.1　面支撑浮置板轨道宏细观耦合模型

本书研究的面支撑浮置板长 7 m、宽 3.5 m、高 0.4 m，如图 9.1 所示。浮置板内浇筑 11 根轨枕，纵向间距 0.65 m，组合使用 22 套扣件用于固定两根长 7 m 的 60 kg/m 钢轨。面支撑浮置板所用减振垫采用 Getzner 的 Sylomer © SR11，长 7 m、宽 3.5 m、厚 0.025 m。

如果整块浮置板采用细观尺度进行构建，将产生数亿个单元。采用通用计算机，无法完成这么大体量的计算任务。因此，本书采用宏观尺度与细观尺度相结合的方法。选择荷载施加位置正下方（轨枕下部）区域为细观区域，尺寸为 150 mm×150 mm×300 mm，如图 9.2 所示。除此区域外，采用宏观尺度进行建模。这里要特别注意，虽然细观区域由多相材料组成，但是必须保证细观区域宏观材料力学指标与宏观区域材料力学指标相同。

细观区域由砂浆、橡胶颗粒、骨料组成。按照《混凝土物理力学性能试验方法标准》(GB/T 50081—2019)，针对截面尺寸 150 mm×150 mm 的试件，骨料最大粒径可以采用 37.5 mm。因此，细观区域的骨料选择两个级配，分别为 5～20 mm 和 20～37.5 mm。其中，5～20 mm 骨料占 35%，20～37.5 mm 骨料占 65%。由此，细观区域中骨料共有 1 436 块，占细观区域体积的 22.2%。

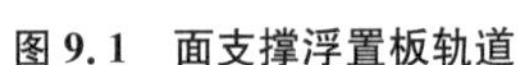
图 9.1　面支撑浮置板轨道

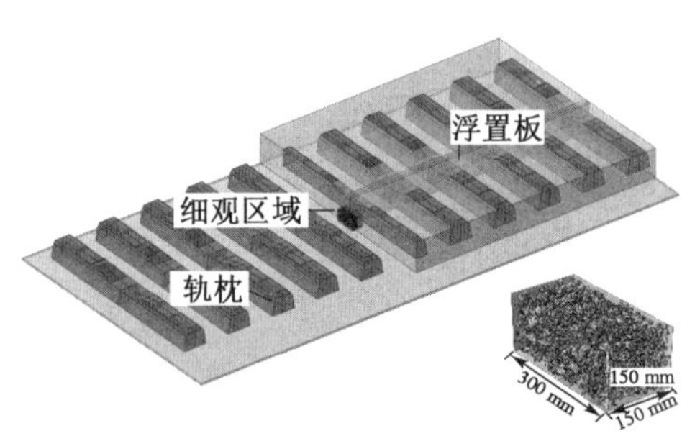

图 9.2　面支撑浮置板轨道宏细观耦合模型

采用几何本征骨料混凝土细观建模方法，对细观区域进行模型构建。 砂浆密度 2 100 kg/m^3，弹性模量 2.6×10^{10} Pa，泊松比 0.2，不考虑阻尼。 骨料弹性模量 5×10^{10} Pa，泊松比 0.2，不考虑阻尼。 橡胶颗粒密度 1 120 kg/m^3，弹性模量 7.8×10^{6} Pa，泊松比 0.49，阻尼比 0.1。

轨枕采用 C50 混凝土，密度 2 500 kg/m^3，弹性模量 3.45×10^{10} Pa，泊松比 0.2。减振垫密度 1 200 kg/m^3，弹性模量 0.05×10^{6} Pa，泊松比 0.49。 采用瑞利阻尼来模拟阻尼效应，轨枕的阻尼比为 0.02，减振垫的阻尼比为 0.1。

9.1.2　振动测试及模型验证

采用自动落锤激励装置锤击浮置板中部，如图 9.3 所示。 在轨枕附近设置采样点，如图 9.3 与图 9.4 所示。 采样点所用振动加速度传感器均为 20 g ICP 振动加速

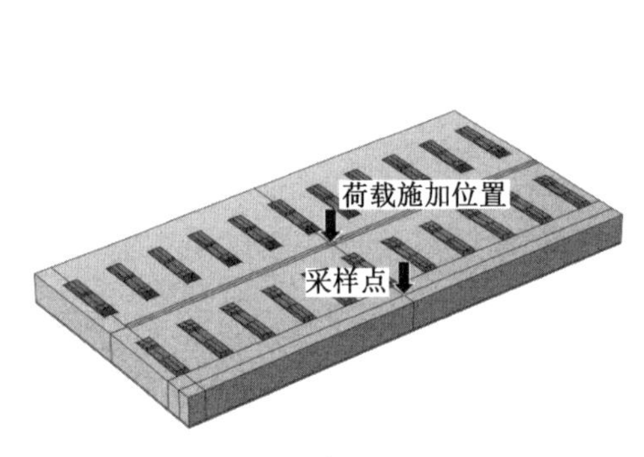

图 9.3　振动测点示意图

图 9.4　浮置板上传感器

度传感器。采集仪选用北京东方振动和噪声技术研究所的 INV3018C，力信号采样频率设置为 12.8 kHz，振动加速度信号采样频率设置为 1 600 Hz。

依据 9.1.1 节方法构建面支撑浮置板轨道宏细观耦合模型，并将自动落锤激励装置冲击浮置板产生的荷载施加于模型中，要求荷载施加位置与试验相同。采样点位置与试验采样点相同，采样频率设置为 2 000 Hz。

通过振动测试和数值计算，分别得到浮置板采样点的竖向振动加速度，如图 9.5 所示。从图 9.5 中可以看到，试验结果与数值计算结果的趋势基本一致。

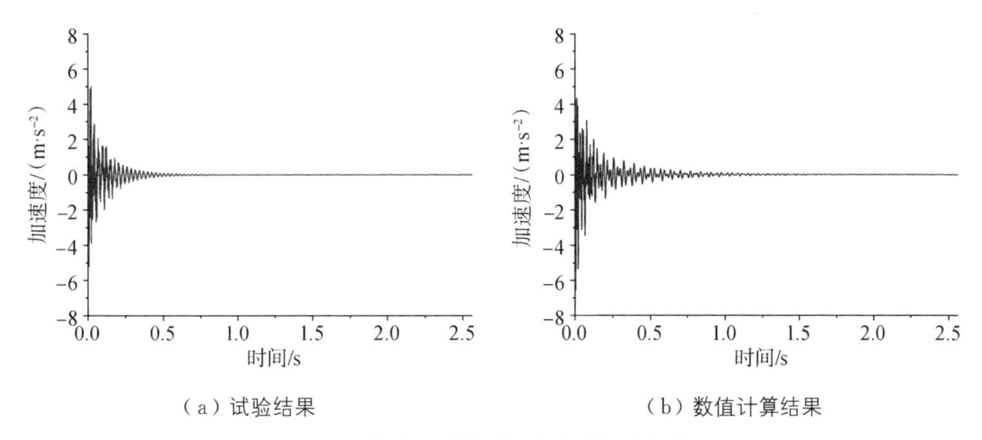

（a）试验结果　　（b）数值计算结果

图 9.5　浮置板采样点的竖向振动加速度对比

9.1.3　分析工况

对 4 种橡胶含量的橡胶混凝土进行分析，橡胶含量分别为 0%、2.5%、5%、7.5%。设定橡胶颗粒粒径为 5 mm，因此，2.5%含量的橡胶为 1 350 颗，5%含量的橡胶为 2 700 颗，7.5%含量的橡胶为 4 050 颗。另外，将不同橡胶含量的橡胶混凝土密度与 0%橡胶含量的混凝土密度保持相同。已知 0%橡胶含量的混凝土密度为 2 200 kg/m³，则不同橡胶含量下的骨料密度如表 9.1 所示。

表 9.1　不同橡胶含量下的骨料密度

橡胶含量/%	骨料密度/(kg·m⁻³)
0	2 600.0
2.5	2 722.5
5	2 845.0
7.5	2 967.5

不同橡胶含量下橡胶混凝土的弹性模量和泊松比如表 9.2 所示。

表 9.2　不同橡胶含量下混凝土的弹性模量与泊松比

橡胶含量/%	弹性模量/Pa	泊松比
0	2.85×10^{10}	0.199
2.5	2.82×10^{10}	0.218
5	2.80×10^{10}	0.236
7.5	2.77×10^{10}	0.252

不同橡胶含量下橡胶混凝土阻尼比如表 9.3 所示。

表 9.3　不同橡胶含量下混凝土的阻尼比

橡胶含量/%	阻尼比
0	0.011
2.5	0.012
5	0.013
7.5	0.014

9.1.4　结果分析

9.1.4.1　宏观尺度振动加速度分析

浮置板测点竖向振动加速度时程如图 9.6 所示。4 种橡胶含量下，时程最大正值分别为 8.40 m/s^2、8.05 m/s^2、7.68 m/s^2、7.21 m/s^2，下降 14.2%；时程最大负值分别为−9.95 m/s^2、−9.94 m/s^2、−9.83 m/s^2、−9.79 m/s^2，决对值下降 2%。可以发现，随着浮置板中橡胶含量的增加，浮置板测点竖向振动加速度逐渐减小，最大正值下降比较快。

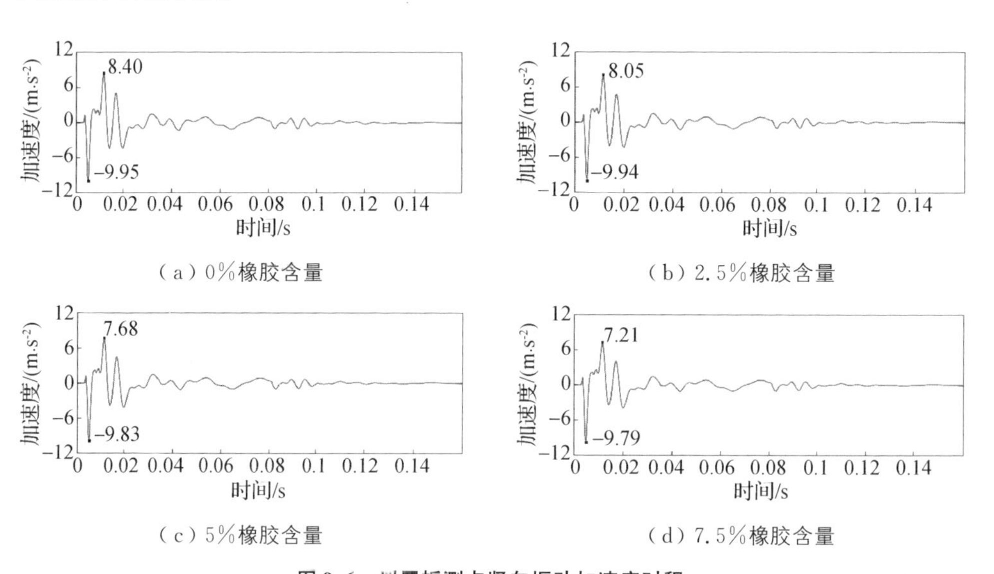

(a) 0%橡胶含量　(b) 2.5%橡胶含量

(c) 5%橡胶含量　(d) 7.5%橡胶含量

图 9.6　浮置板测点竖向振动加速度时程

基础测点竖向振动加速度时程如图 9.7 所示。四种橡胶含量下，时程最大正值分别为 7.45×10^{-5} m/s²、6.92×10^{-5} m/s²、6.37×10^{-5} m/s²、6.06×10^{-5} m/s²，下降 18.7%；时程最大负值分别为 -1.81×10^{-4} m/s²、-1.77×10^{-4} m/s²、-1.65×10^{-4} m/s²、-1.64×10^{-4} m/s²，决对值下降 9.4%。基础竖向振动加速度和浮置板竖向振动加速度的发展趋势相同。同样，随着浮置板中橡胶含量的增加，基础测点竖向振动加速度逐渐减小，最大正值下降比较快。

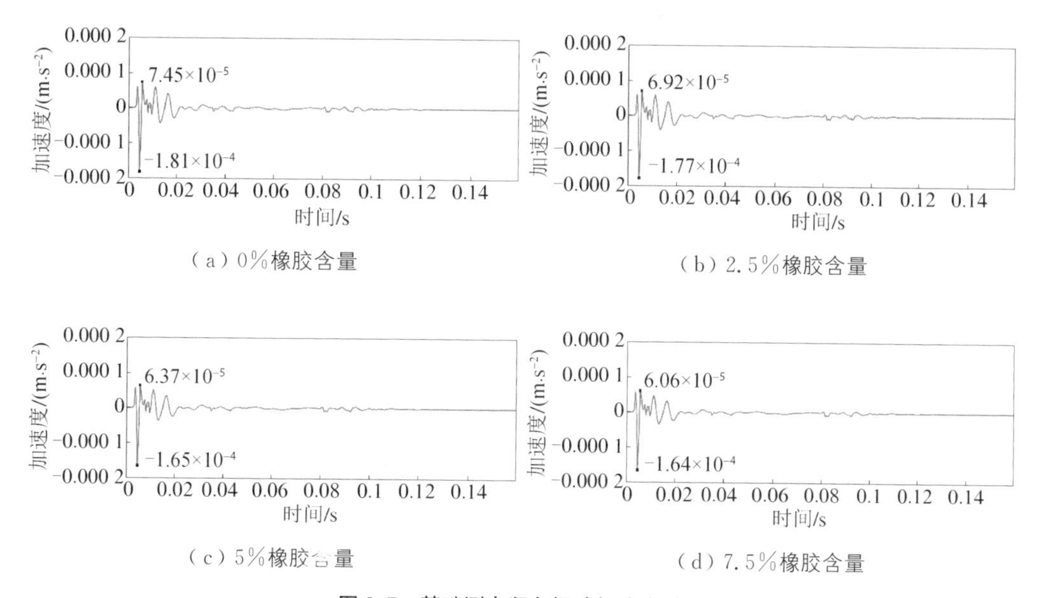

（a）0%橡胶含量　（b）2.5%橡胶含量

（c）5%橡胶含量　（d）7.5%橡胶含量

图 9.7　基础测点竖向振动加速度时程

9.1.4.2　细观区域振动加速度分析

依据 9.1.4.1 节的分析，浮置板振动加速度的最大正值发生在 0.011 5 s。因此，对取 0.011 5 s 细观区域振动加速度进行分析。0.011 5 s 时，细观区域振动加速度如图 9.8 所示。从图 9.8 中可以看到：① 橡胶含量从 0%增加到 5%时，细观区域周边振动加速度小于中心振动加速度。橡胶含量为 7.5%时，细观区域周边振动加速度大于中心振动加速度。② 橡胶含量为 0%、2.5%和 5%时，细观区域振动加速度以竖向向下为主。随着橡胶含量的增加，竖向分量逐渐减少，横向分量逐渐增加，总振动加速度逐渐减小。③ 7.5%橡胶含量的振动加速度转变为以竖向向上为主，说明此时竖向振动加速度发生了相位变化。

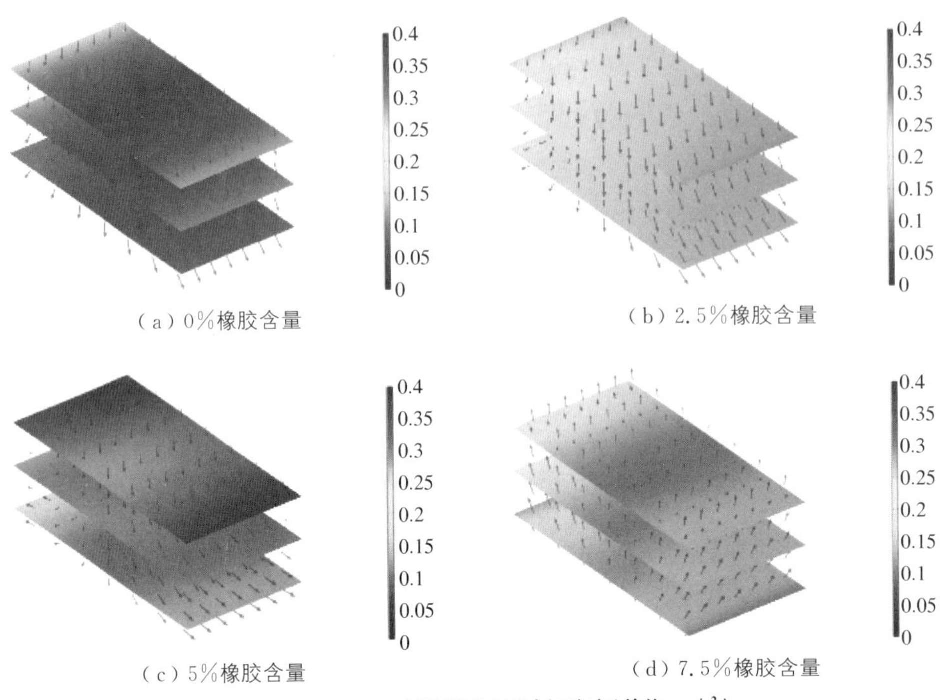

（a）0%橡胶含量　（b）2.5%橡胶含量

（c）5%橡胶含量　（d）7.5%橡胶含量

图 9.8　0.011 5 s 时细观区域振动加速度(单位:m/s²)

分别对细观尺度下骨料振动加速度和橡胶振动加速度进行分析。图 9.9 为 0.011 5 s 时细观尺度骨料振动加速度。从图 9.9 中可以看到：① 随着橡胶含量的增加，骨料振动加速度方向逐渐从竖向向下转变为竖向向上。② 橡胶含量 0%时最大振动加速度为 0.37 m/s²，橡胶含量 2.5%时最大振动加速度为 0.25 m/s²，橡胶含量 5%时最大振动加速度为 0.22 m/s²，可知橡胶含量从 0%增加到 5%，骨料的最大振动加速度逐渐减小。③ 橡胶含量 0%时最小振动加速度为 0.24 m/s²，橡胶含量 2.5%时最小振动加速度为 0.13 m/s²，橡胶含量 5%时最小振动加速度为 0.036 m/s²，可知橡胶含量从 0%增加到 5%，骨料的最小振动加速度也逐渐减小。

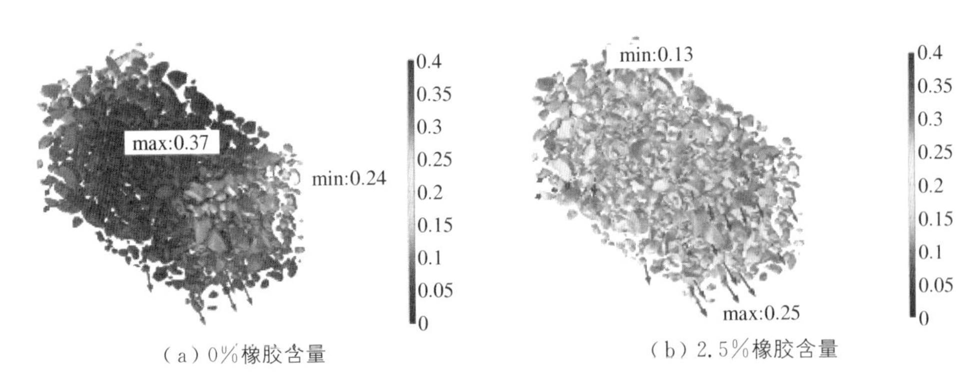

（a）0%橡胶含量　（b）2.5%橡胶含量

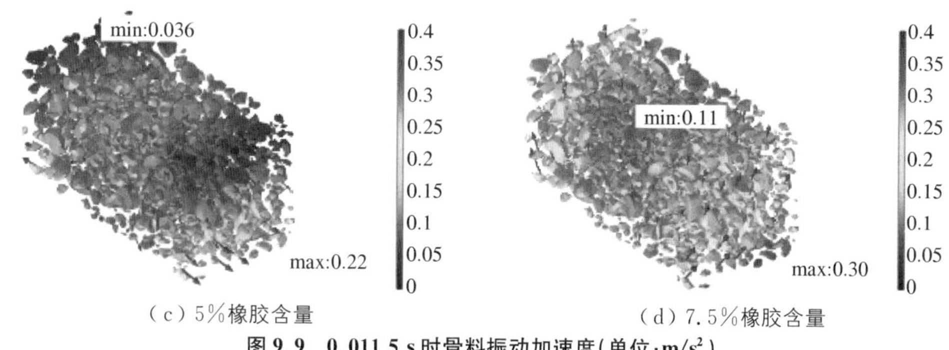

（c）5％橡胶含量　（d）7.5％橡胶含量

图 9.9　0.011 5 s 时骨料振动加速度（单位：m/s^2）

图 9.10 为 0.011 5 s 时细观尺度橡胶振动加速度。 从图 9.9～图 9.10 中可以看到：① 随着橡胶含量的增加，橡胶振动加速度方向逐渐从竖向向下转变为竖向向上。② 橡胶含量 2.5％时，骨料最大振动加速度与最小振动加速度的差值为 0.12 m/s^2，橡胶最大振动加速度与最小振动加速度的差值为 0.13 m/s^2。 橡胶含量 5％时，骨料最大振动加速度与最小振动加速度的差值为 0.184 m/s^2，橡胶最大振动加速度与最小振动加速度的差值为 0.185 m/s^2。 橡胶含量 7.5％时，骨料最大振动加速度与最小振动加速度的差值为 0.19 m/s^2，橡胶最大振动加速度与最小振动加速度的差值为 0.2 m/s^2。 在相同范围内，橡胶的最大与最小振动加速度的差值比骨料大，说明在砂浆介质中，振动波传递一定距离后，橡胶相较于骨料的振动衰减速率更快，体现出橡胶的阻尼效应。

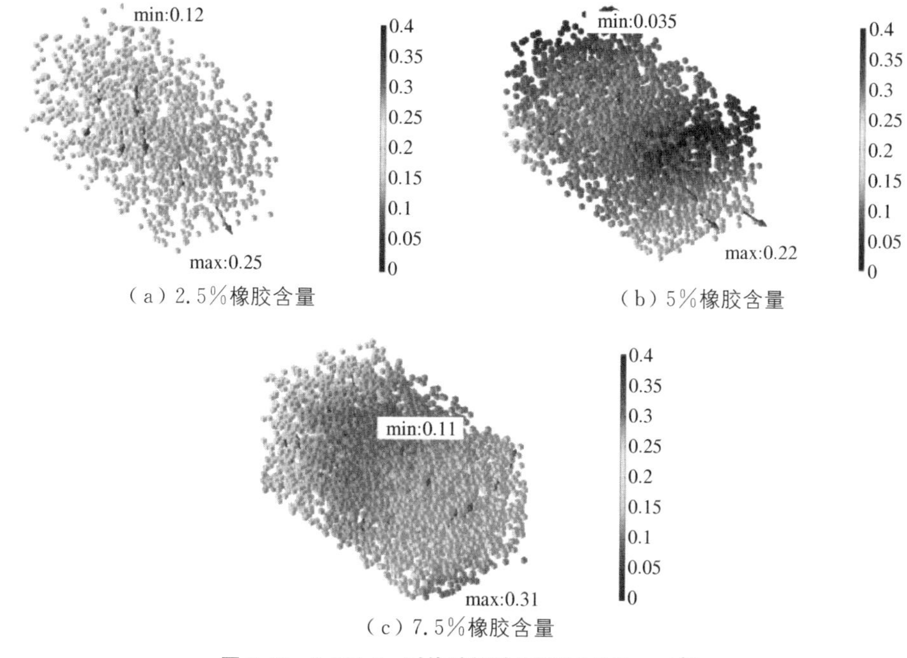

（a）2.5％橡胶含量　（b）5％橡胶含量

（c）7.5％橡胶含量

图 9.10　0.011 5 s 时橡胶振动加速度（单位：m/s^2）

9.1.4.3 细观区域应力分析

同样，对 0.011 5 s时细观区域进行 Von Mises 应力分析，如图 9.11 所示。从图 9.11 中可以看到：① 应力的传递，骨料起到主要作用，其次是砂浆。相较于骨料和砂浆，橡胶基本不受力。② 三种橡胶含量下，细观区域的应力都是从上往下逐渐增大。③ 随着橡胶含量的增大，砂浆应力增大，砂浆的承载功能得到加强。

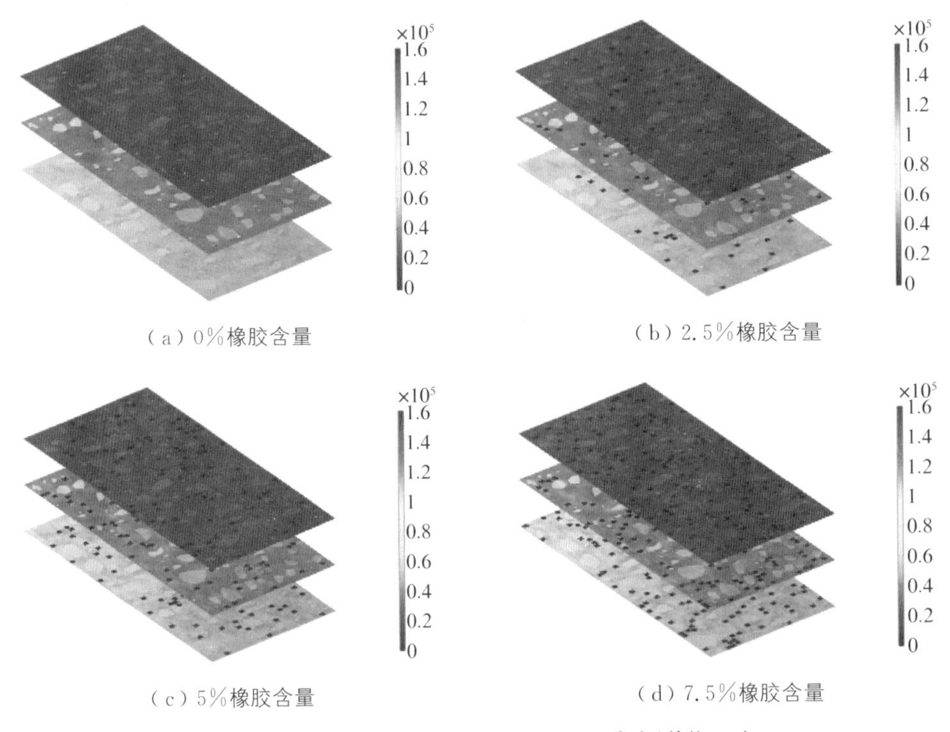

（a）0%橡胶含量　（b）2.5%橡胶含量

（c）5%橡胶含量　（d）7.5%橡胶含量

图 9.11　0.011 5 s时细观区域 Von Mises 应力(单位:Pa)

图 9.12 为 0.011 5 s时骨料的 Von Mises 应力。可以看到：① 与细观区域应力的基本规律相同，应力也是从上到下逐渐增大。② 0%橡胶含量下骨料应力最大值为 1.3×10^5 Pa，2.5%橡胶含量下骨料应力最大值为 1.8×10^5 Pa，5%橡胶含量下骨料应力最大值为 1.5×10^5 Pa，7.5%橡胶含量下骨料应力最大值为 1.4×10^5 Pa。可见橡胶含量从 2.5%增加到 7.5%时，骨料应力最大值逐渐减小。

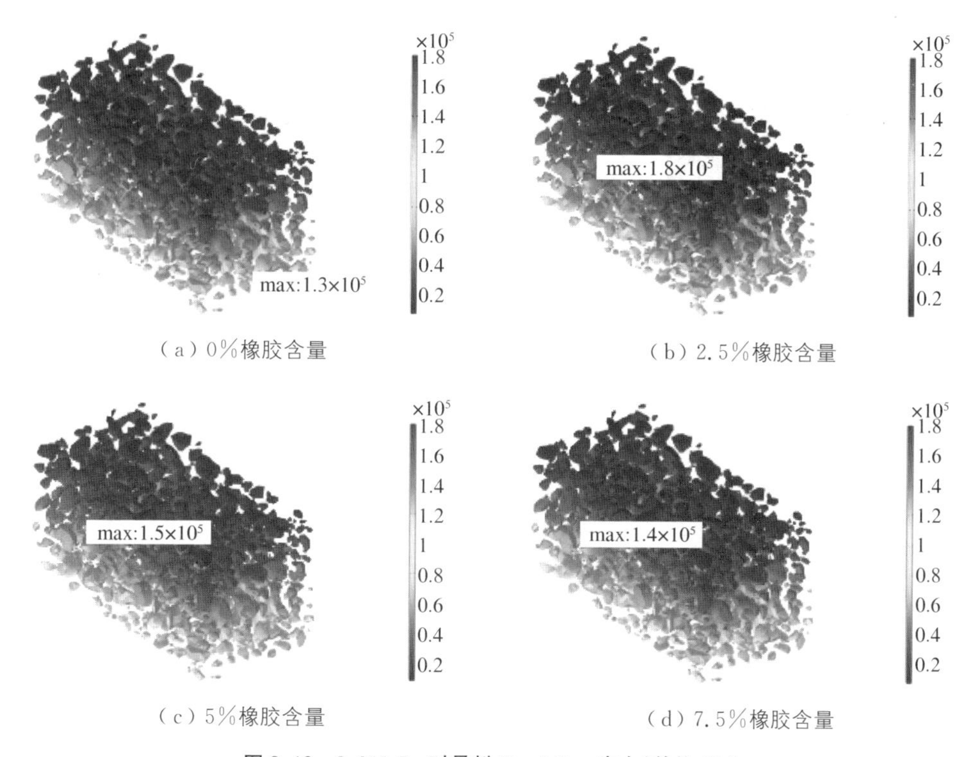

（a）0%橡胶含量　（b）2.5%橡胶含量

（c）5%橡胶含量　（d）7.5%橡胶含量

图9.12　0.011 5 s时骨料Von Mises应力(单位:Pa)

图9.13为0.011 5 s时砂浆的Von Mises应力。0%橡胶含量下砂浆应力最大值为1.1×10^5 Pa，2.5%橡胶含量下砂浆应力最大值为1.3×10^5 Pa，5%橡胶含量下砂浆应力最大值为3.3×10^5 Pa，7.5%橡胶含量下砂浆应力最大值为2.6×10^6 Pa。可见橡胶含量从0%增加到7.5%时，砂浆应力最大值逐渐增大，说明随着橡胶含量的增加，砂浆承担更多的力。

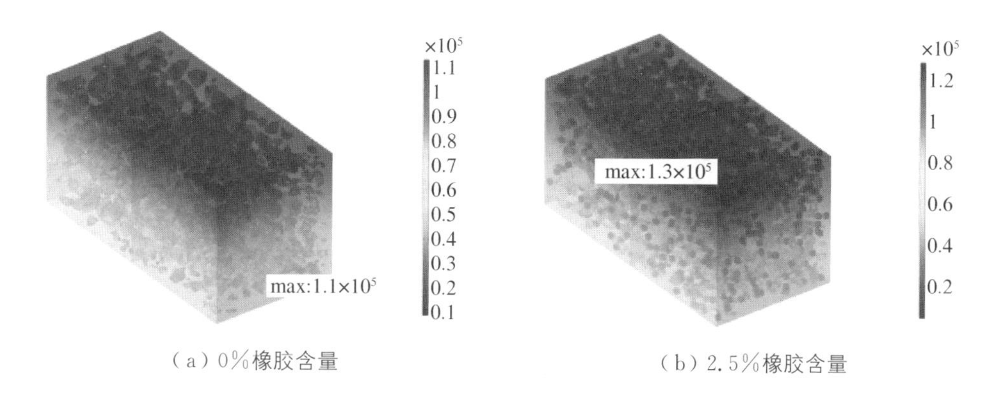

（a）0%橡胶含量　（b）2.5%橡胶含量

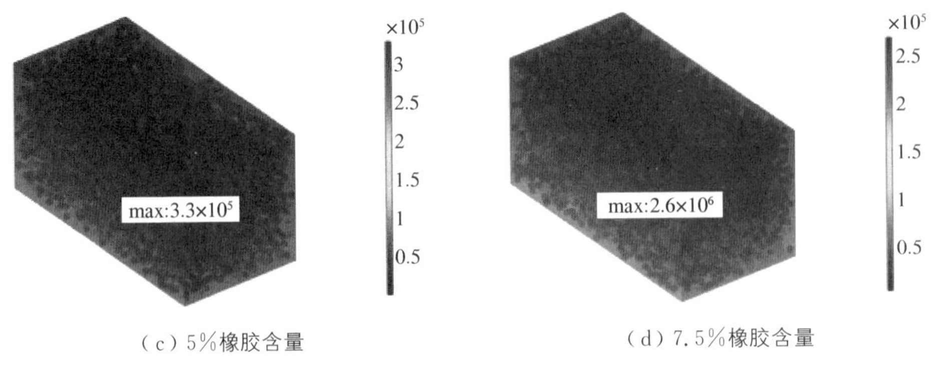

（c）5%橡胶含量　　（d）7.5%橡胶含量

图 9.13　0.011 5 s 时砂浆的 Von Mises 应力(单位:Pa)

9.2　点支撑橡胶混凝土浮置板减振性能研究

9.2.1　点支撑浮置板轨道宏细观耦合模型

本书研究的点支撑浮置板高 325 mm、宽 2 700 mm、长 3 576 mm，如图 9.14 所示。每侧使用 6 组扣件，纵向间距为 600 mm。浮置板纵向端面与邻近扣件之间的距离为 288 mm。每侧使用 3 组局域共振型支承结构，纵向间距为 1 200 mm，横向间距为 1 960 mm。

图 9.14　点支撑浮置板轨道

点支撑橡胶混凝土浮置板轨道的宏细观模型构建方法与面支撑橡胶混凝土浮置板轨道宏细观模型构建方法相同，在橡胶混凝土浮置板上施加荷载的区域进行细观尺度建模，如图 9.15 所示。

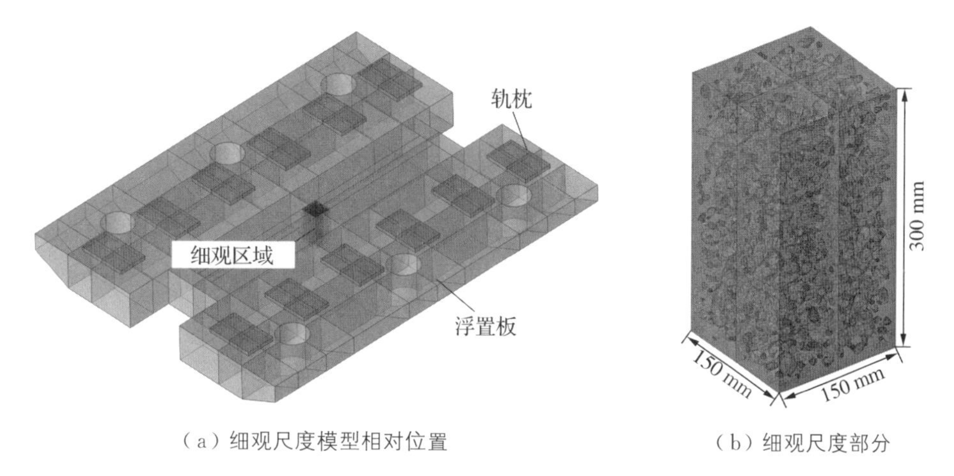

（a）细观尺度模型相对位置　　（b）细观尺度部分

图 9.15　点支撑浮置板轨道宏细观耦合模型

荷载施加位置和采样点位置如图 9.16 所示。采样点选用 20 g ICP 振动加速度传感器测量竖向振动加速度。采集仪选用 INV3018C，采样频率设定为 1 600 Hz，采样时长 0.16 s。

图 9.16　荷载施加位置及采样点位置

9.2.2　分析工况

对 4 种橡胶含量的橡胶混凝土进行分析，橡胶含量分别为 0%、2.5%、5%、7.5%。具体参数见 9.1.3 节。

9.2.3 结果分析

9.2.3.1 宏观尺度振动加速度分析

浮置板（采样点）最大竖向振动加速度（细观部分除外）如图 9.17 所示。对于 4 种橡胶含量，竖向振动加速度的最大正值分别为 9.92 m/s^2、9.49 m/s^2、8.79 m/s^2、8.21 m/s^2，最大负值分别为−8.55 m/s^2、−8.34 m/s^2、−8.12 m/s^2、−7.84 m/s^2。可以发现，随着橡胶含量的增加，浮置板竖向振动加速度的最大值逐渐减小。在 0.30 s 之前，0%橡胶含量浮置板的最大振动加速度曲线基本包络其他三种含量浮置板的最大振动加速度曲线。

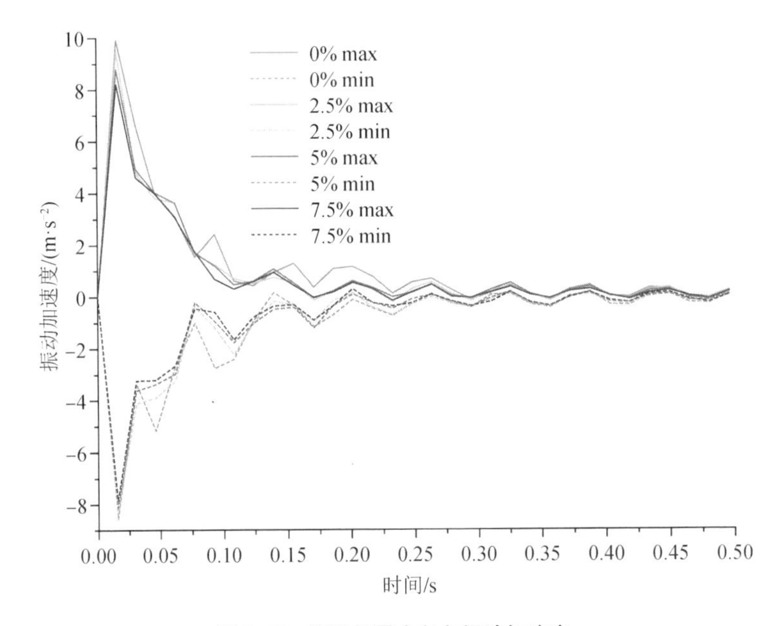

图 9.17 浮置板最大竖向振动加速度

图 9.18 描述了浮置板在 0.5 s 时的竖向振动加速度（细观部分除外）。可见橡胶含量越高，振动加速度越低，浮置板的减振能力越强。

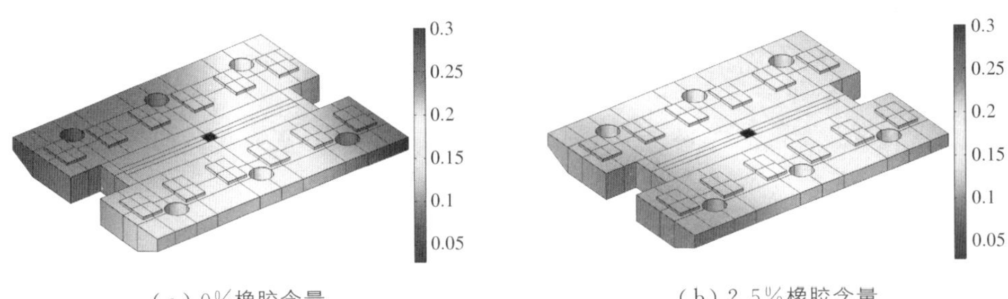

（a）0%橡胶含量　　（b）2.5%橡胶含量

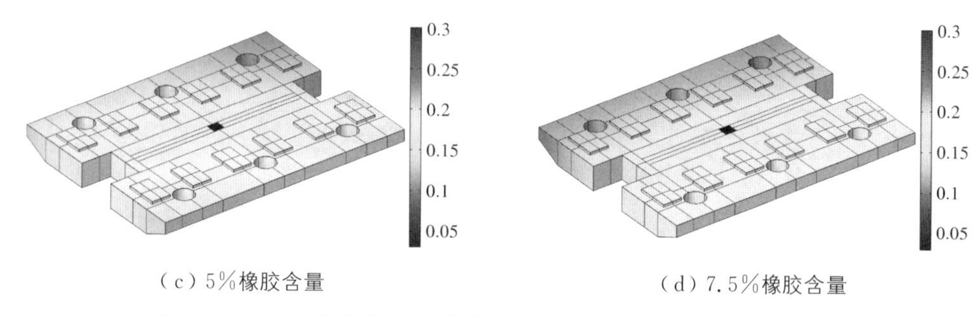

（c）5%橡胶含量　　（d）7.5%橡胶含量

图 9.18　0.5 s 时浮置板(细观部分除外)的竖向振动加速度(单位: m/s^2)

浮置板细观部分底面中心点的竖向振动加速度时程如图 9.19 所示。对于 4 种橡胶含量，竖向振动加速度的最大正值分别为 10.7 m/s^2、10.5 m/s^2、9.58 m/s^2、8.98 m/s^2，最大负值分别为 −9.83 m/s^2、−9.36 m/s^2、−9.02 m/s^2、−8.20 m/s^2。可以发现，随着浮置板中橡胶含量的增加，细观部分浮置板底部的竖向振动加速度逐渐减小。

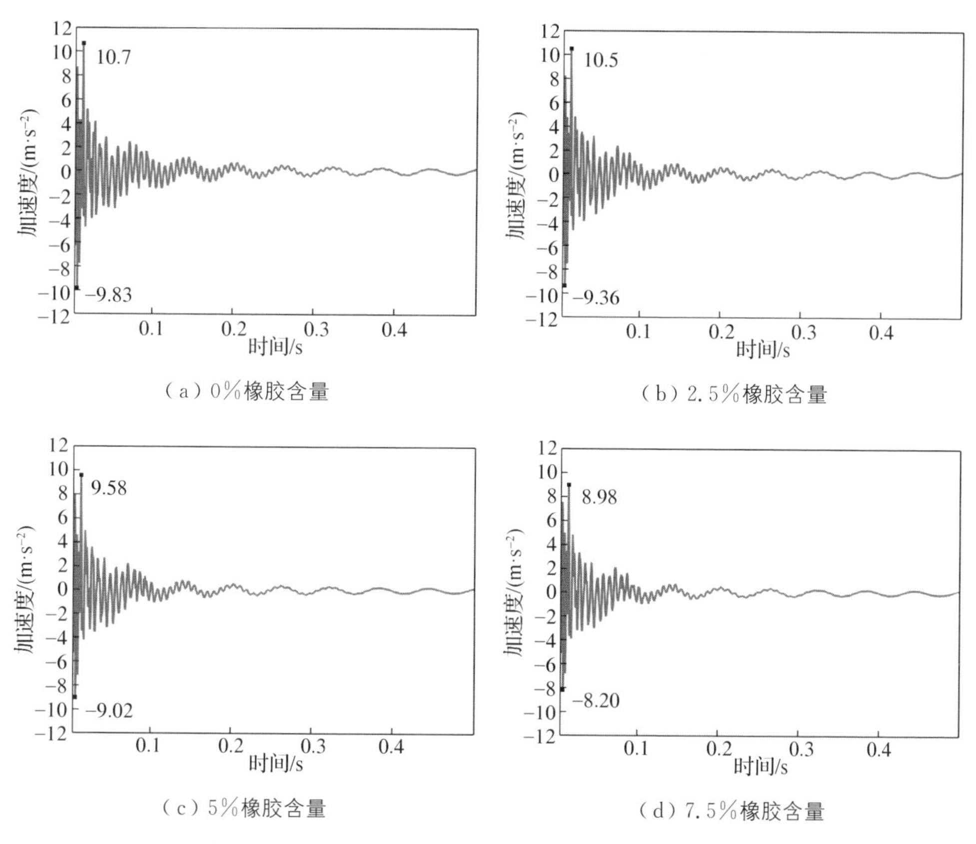

（a）0%橡胶含量　　（b）2.5%橡胶含量

（c）5%橡胶含量　　（d）7.5%橡胶含量

图 9.19　浮置板细观区域底面中心点的竖向振动加速度时程

图 9.20 显示了 4 种橡胶含量浮置板的竖向振动加速度频谱，4 种橡胶含量均有两个频谱波峰。橡胶含量越高，波峰频率越低，低频波峰约为 15 Hz，高频波峰约为 134～138 Hz。4 种橡胶含量下峰值振动加速度分别为 0.55 m/s^2、0.48 m/s^2、0.43 m/s^2 和 0.41 m/s^2。研究发现，随着浮置板中橡胶含量的增加，峰值振动加速度也有所下降，浮置板的减振效果更好。

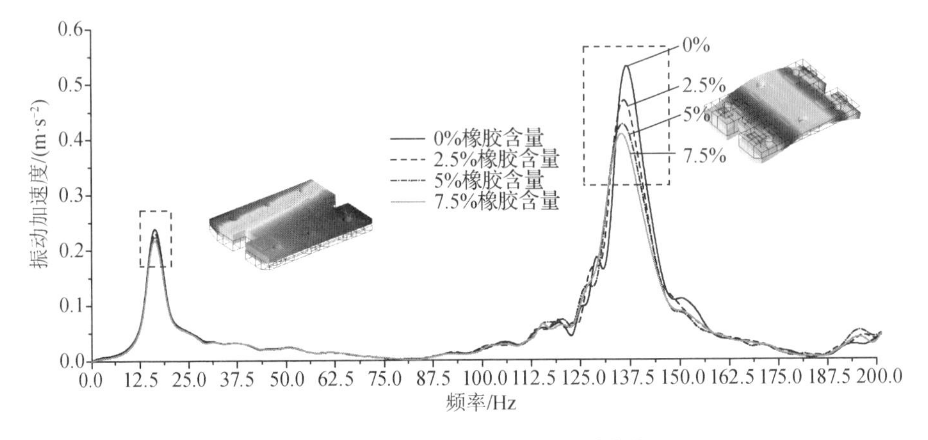

图 9.20　橡胶混凝土浮置板的频谱曲线

9.2.3.2　细观区域振动加速度分析

浮置板细观区域振动加速度的最大正值出现在 0.014 s。图 9.21 和图 9.22 描述了 0.014 s 时细观区域 *YZ* 截面（过中心）和 *XZ* 截面（过中心）的振动加速度等值线。可以看出：① 等值线没有明显的拐点，说明橡胶、骨料和砂浆都以相同的速率振动。② 细观区域振动加速度随着橡胶含量的增加而逐渐减小。

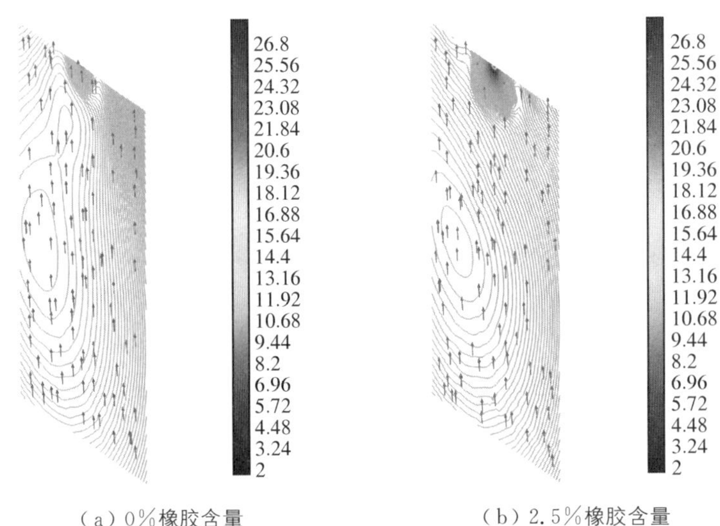

（a）0%橡胶含量　　（b）2.5%橡胶含量

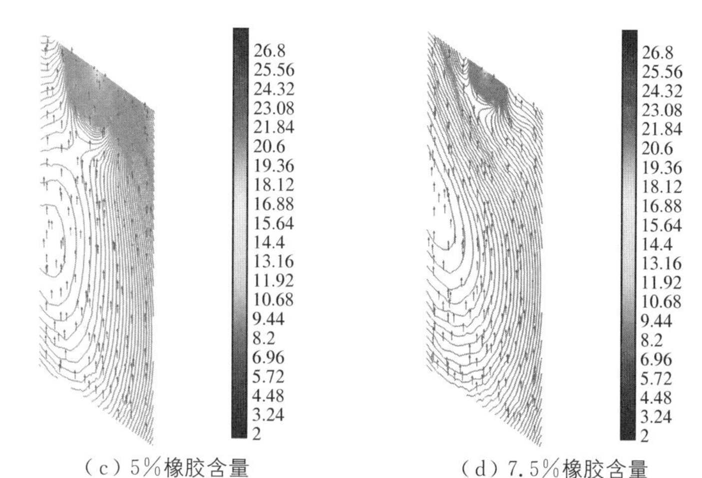

（c）5%橡胶含量　　（d）7.5%橡胶含量

图 9.21　0.014 s 时细观区域 *YZ* 截面(过中心)的振动加速度等值线(单位：m/s²)

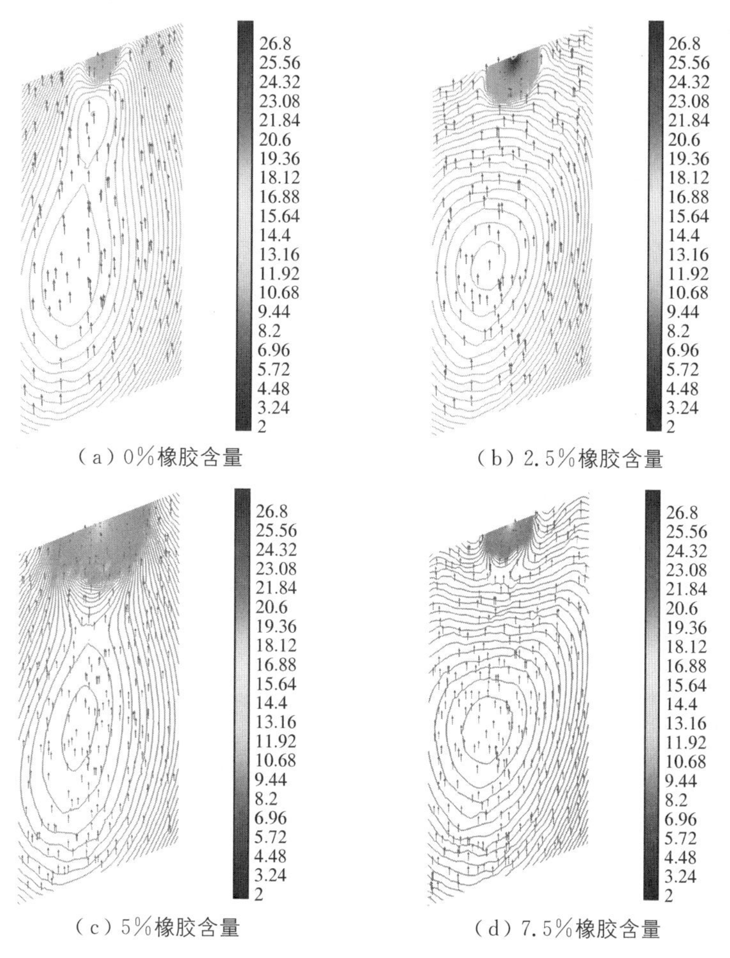

（a）0%橡胶含量　　（b）2.5%橡胶含量

（c）5%橡胶含量　　（d）7.5%橡胶含量

图 9.22　0.014 s 时细观区域 *XZ* 截面(过中心)的振动加速度等值线(单位：m/s²)

图 9.23 显示了 0.014 s 时细观区域骨料的振动加速度。从图 9.23 中可以看出：① 4 种橡胶含量下骨料最大振动加速度出现在靠近施加荷载的位置。② 随着橡胶含量从 0%增加到 7.5%，骨料振动加速度逐渐减小。

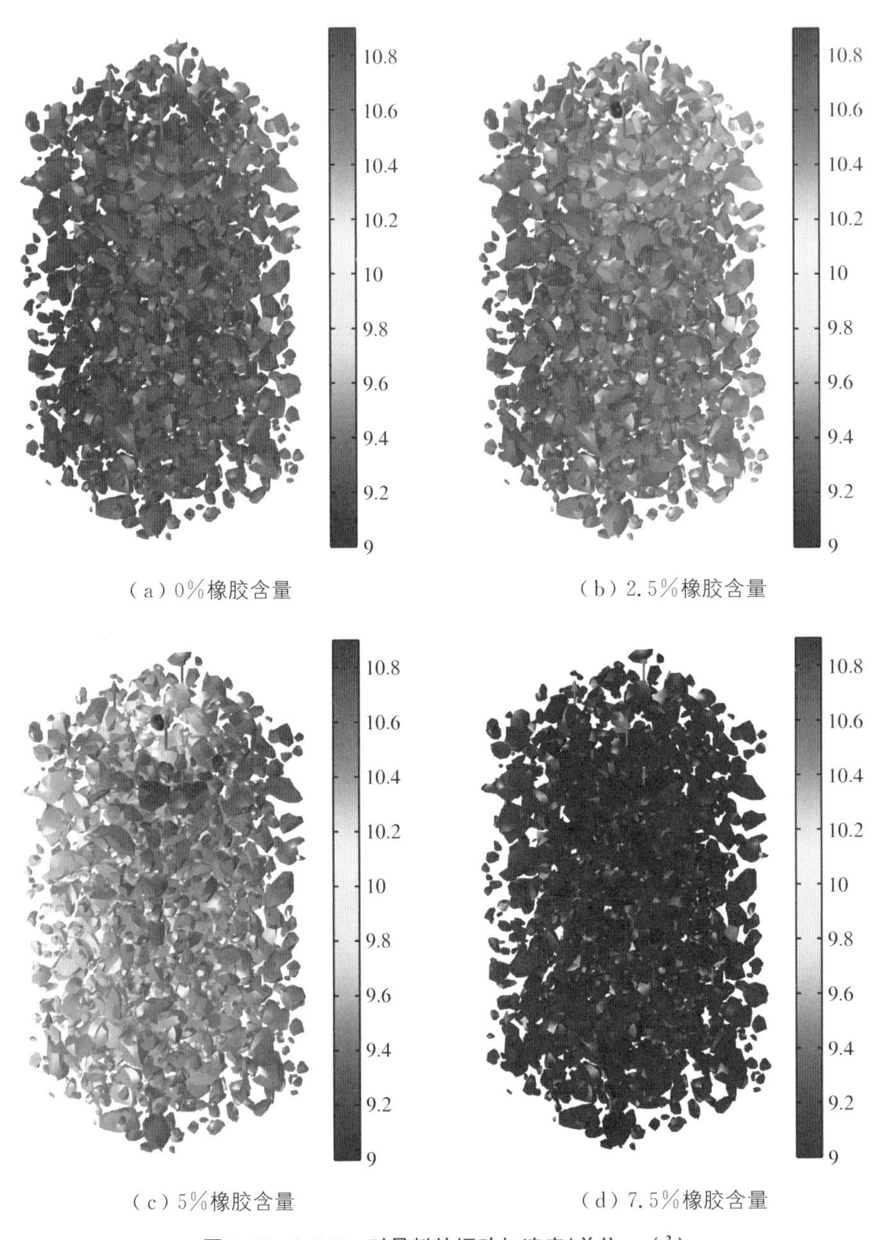

(a) 0%橡胶含量　(b) 2.5%橡胶含量

(c) 5%橡胶含量　(d) 7.5%橡胶含量

图 9.23　0.014 s 时骨料的振动加速度(单位:m/s^2)

图 9.24 显示了 0.014 s 时细观区域橡胶的振动加速度。从图 9.24 中可以看出：

① 对于三种橡胶含量，橡胶振动加速度的最大值出现在施加荷载位置附近，细观尺度下橡胶振动加速度基本相同。② 随着橡胶含量从 2.5%增加到 7.5%，橡胶振动加速度逐渐减小。

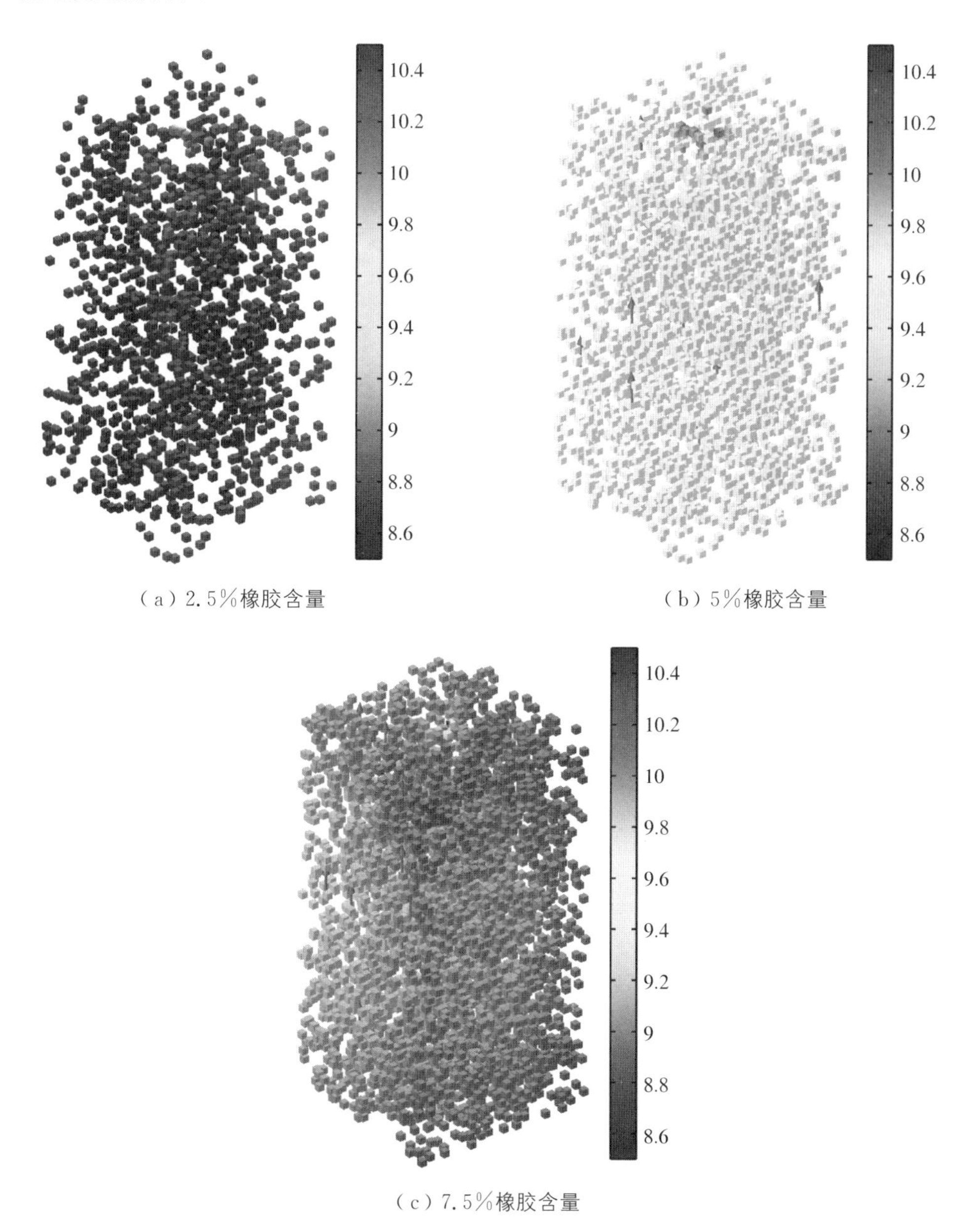

（a）2.5%橡胶含量

（b）5%橡胶含量

（c）7.5%橡胶含量

图 9.24　0.014 s 时橡胶的振动加速度(单位:m/s²)

9.2.3.3 细观区域应力分析

同样地，在 0.014 s 时对细观区域进行 Von Mises 应力分析，如图 9.25 所示。从图 9.25 中可以看到：① 4 种橡胶含量下 Von Mises 应力最大值同样出现在荷载施加位置，细观尺度下应力范围基本相同。② 细观区域上下部分的等值线密集无序，中间部分的等值线稀疏均匀。③ 等值线在橡胶周围有明显的拐点，表明骨料和砂浆在应力传递中起主要作用。

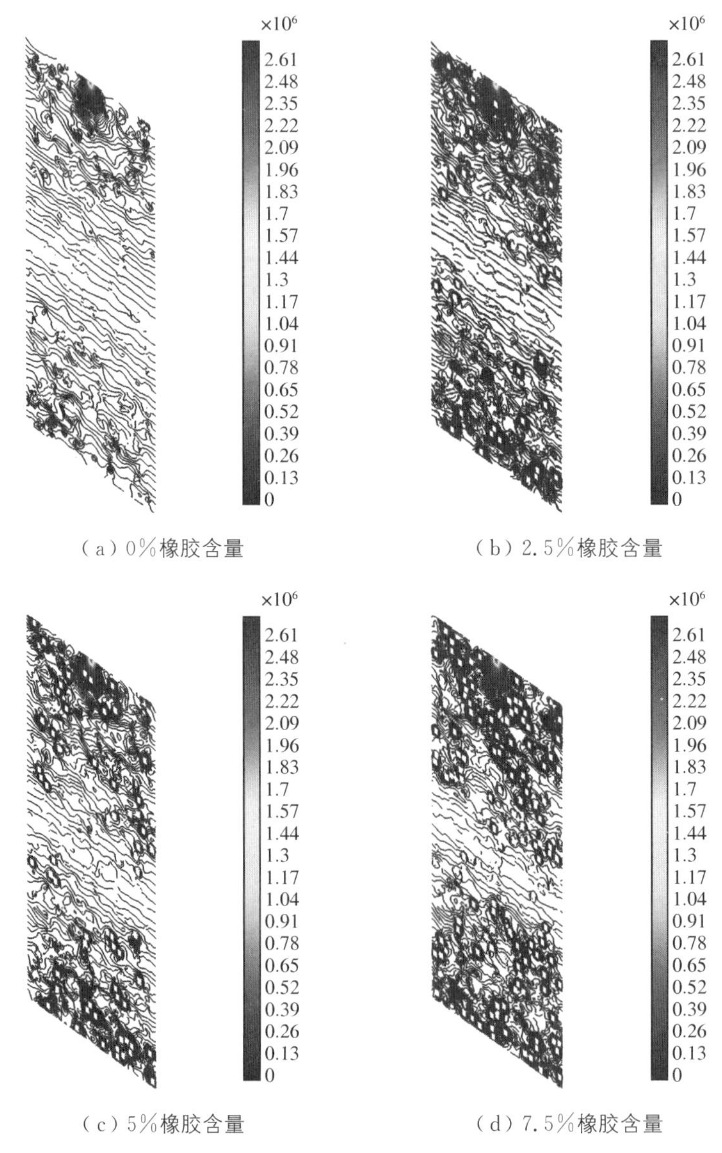

图 9.25　0.014 s 时细观区域 *YZ* 截面(过中心)的 Von Mises 应力等值线(单位:Pa)

图9.26显示了0.014 s时骨料的Von Mises应力，从中可以看到：① 4种橡胶含量下骨料最大应力出现在加载位置附近。中间部分的骨料应力较小，并向上下两端增大。② 橡胶含量不影响骨料应力，这表明橡胶基本不受力。

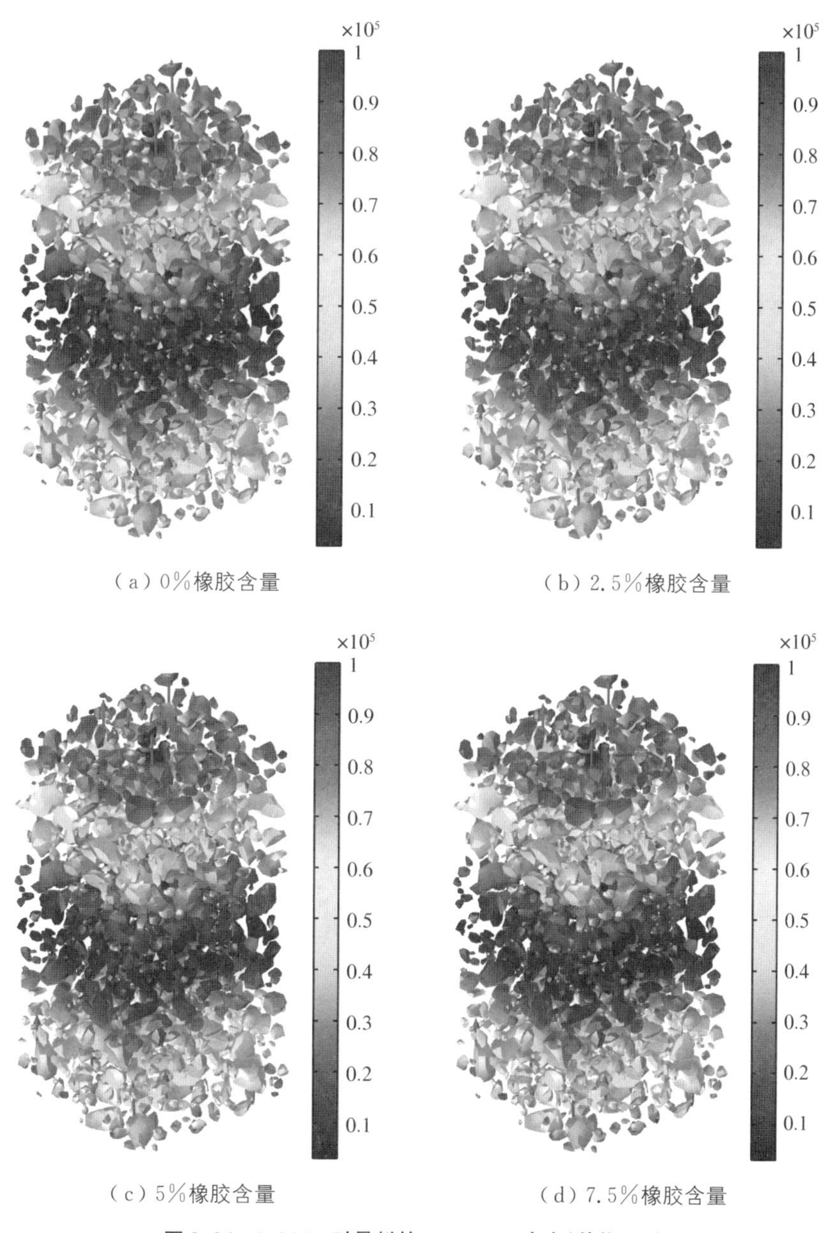

图9.26　0.014 s时骨料的Von Mises应力(单位:Pa)

图9.27显示了0.014 s时橡胶的Von Mises应力，可以看到：① 橡胶最大应力

出现在荷载施加位置附近。橡胶应力在细观区域中间最小，并向顶部和底部增加。②橡胶应力低于骨料应力，表明橡胶承受应力较小。

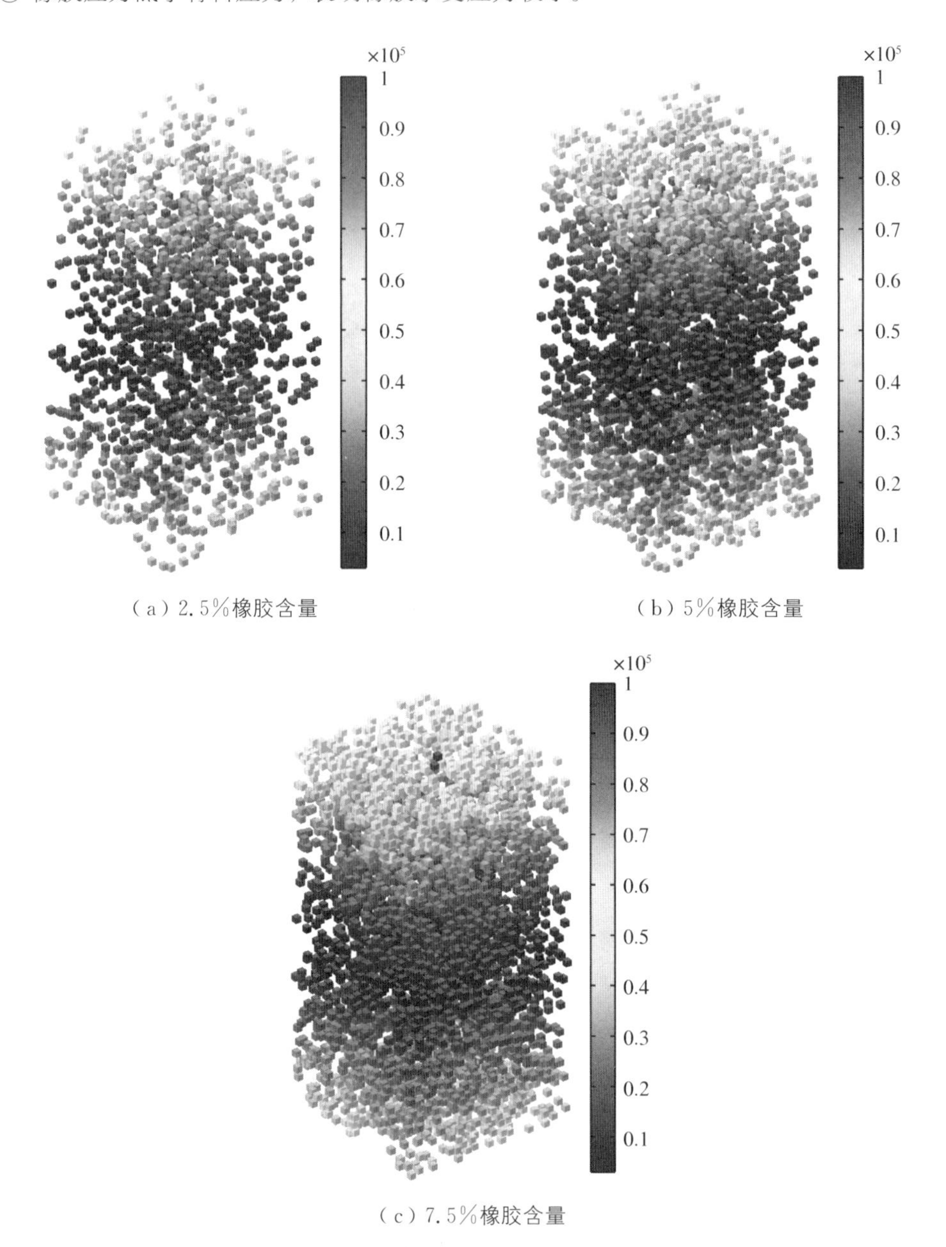

（a）2.5％橡胶含量

（b）5％橡胶含量

（c）7.5％橡胶含量

图 9.27　0.014 s 时橡胶的 Von Mises 应力（单位：Pa）

附录 A　二维零厚度粘结单元插设程序

```
clear
clc
allnode= importdata('C:\Users\ylzho\Desktopallnode.txt');
allelem= importdata('C:\Users\ylzho\Desktop\allelement.txt');
elem_ce= importdata('C:\Users\ylzho\Desktopelemcement.txt');
elem_agg= importdata('C:\Users\ylzho\Desktopelemaggregate.txt
');
elem_ce= elem_ce(:);
elem_agg= elem_agg(:);
elem_ce= elem_ce(~ isnan(elem_ce));
elem_agg= elem_agg(~ isnan(elem_agg));
for i= 1:length(elem_agg(:,1))
    elem_agg(i,2:4)= allelem(elem_agg(i,1),2:4);
end
for i= 1:length(elem_ce(:,1))
    elem_ce(i,2:4)= allelem(elem_ce(i,1),2:4);
end
jm_no= 1;
for i= 1:length(elem_agg(:,1))
    for j= 1:length(elem_ce(:,1))
        elemi_num= length(elem_agg(i,:))- 1;
        elemj_num= length(elem_ce(j,:))- 1;
        for k= 1:elemi_num
            for p= 1:elemj_num
                if k+ 2< = elemi_num+ 1
                    if p+ 2< = elemj_num+ 1
                         if elem_agg(i,k+ 1)= = elem_ce(j,p+ 2)
&&elem_agg(i,k+ 2)= = elem_ce(j,p+ 1)
                          panduan= 0;
                          jishu= 1;
                          while(jishu< = jm_no- 1)
                              if elem_agg(i,1)= = edge_jm(jishu).
elemno(2)&&elem_ce(j,1)= = edge_jm(jishu).elemno(1)
                                  panduan= 1;
                                  break
                              end
                              jishu= jishu+ 1;
                          end
                          if panduan= = 0
                              edge_jm(jm_no).nodeno= [k+ 2 k+ 1 p
```

```
+ 2 p+ 1];
                                edge_jm(jm_no).elemno= [elem_agg
(i,1) elem_ce(j,1)];
                                jm_no= jm_no+ 1;
                            end
                        end
                    else
                        if elem_agg(i,k+ 1)= = elem_ce(j,2)&&elem_
agg(i,k+ 2)= = elem_ce(j,p+ 1)
                            panduan= 0;
                            jishu= 1;
                            while(jishu< = jm_no- 1)
                                if elem_agg(i,1)= = edge_jm(jishu).
elemno(2)&&elem_ce(j,1)= = edge_jm(jishu).elemno(1)
                                    panduan= 1;
                                    break
                                end
                                jishu= jishu+ 1;
                            end
                            if panduan= = 0
                                edge_jm(jm_no).nodeno= [k+ 2 k+ 1 2
p+ 1];
                                edge_jm(jm_no).elemno= [elem_agg(i,
1) elem_ce(j,1)];
                                jm_no= jm_no+ 1;
                            end
                        end
                    end
                else
                    if p+ 2< = elemj_num+ 1
                        if elem_agg(i,k+ 1)= = elem_ce(j,p+ 2)
&&elem_agg(i,2)= = elem_ce(j,p+ 1)
                            panduan= 0;
                            jishu= 1;
                            while(jishu< = jm_no- 1)
                                if elem_agg(i,1)= = edge_jm(jishu).
elemno(2)&&elem_ce(j,1)= = edge_jm(jishu).elemno(1)
                                    panduan= 1;
                                    break
                                end
```

```
                                    jishu= jishu+ 1;
                                end
                                if panduan= = 0
                                    edge_jm(jm_no).nodeno= [2 k+ 1 p+ 2
p+ 1];
                                    edge_jm(jm_no).elemno= [elem_agg(i,
1) elem_ce(j,1)];
                                    jm_no= jm_no+ 1;
                                end
                            end
                        else
                            if elem_agg(i,k+ 1)= = elem_ce(j,2)&&elem_
agg(i,2)= = elem_ce(j,p+ 1)
                                panduan= 0;
                                jishu= 1;
                                while(jishu< = jm_no- 1)
                                    if elem_agg(i,1)= = edge_jm(jishu).
elemno(2)&&elem_ce(j,1)= = edge_jm(jishu).elemno(1)
                                        panduan= 1;
                                        break
                                    end
                                    jishu= jishu+ 1;
                                end
                                if panduan= = 0
                                    edge_jm(jm_no).nodeno= [2 k+ 1 2 p+
1];
                                    edge_jm(jm_no).elemno= [elem_agg(i,
1) elem_ce(j,1)];
                                    jm_no= jm_no+ 1;
                                end
                            end
                        end
                    end
                end
            end
        end
    end
end
ce_no= 1;
for i= 1:length(elem_ce(:,1))
    for j= 1:length(elem_ce(:,1))
```

```
        if i~ = j
            elemi_num= length(elem_ce(i,:))- 1;
            elemj_num= length(elem_ce(j,:))- 1;
            for k= 1:elemi_num
                for p= 1:elemj_num
                    if k+ 2< = elemi_num+ 1
                        if p+ 2< = elemj_num+ 1
                            if elem_ce(i,k+ 1)= = elem_ce(j,p+ 2)
&&elem_ce(i,k+ 2)= = elem_ce(j,p+ 1)
                                panduan= 0;
                                jishu= 1;
                                while(jishu< = ce_no- 1)
                                        if elem_ce(i,1)= = edge_ce
(jishu).elemno(2)&&elem_ce(j,1)= = edge_ce(jishu).elemno(1)
                                        panduan= 1;
                                        break
                                    end
                                    jishu= jishu+ 1;
                                end
                                if panduan= = 0
                                    edge_ce(ce_no).nodeno= [k+ 2 k+
1 p+ 2 p+ 1];

                                    edge_ce(ce_no).elemno= [elem_ce
(i,1) elem_ce(j,1)];

                                    ce_no= ce_no+ 1;
                                end
                            end
                        else
                            if elem_ce(i,k+ 1)= = elem_ce(j,2)
&&elem_ce(i,k+ 2)= = elem_ce(j,p+ 1)
                                panduan= 0;
                                jishu= 1;
                                while(jishu< = ce_no- 1)
                                        if elem_ce(i,1)= = edge_ce
(jishu).elemno(2)&&elem_ce(j,1)= = edge_ce(jishu).elemno(1)
                                        panduan= 1;
                                        break
                                    end
                                    jishu= jishu+ 1;
                                end
```

```
                        if panduan= = 0
                            edge_ce(ce_no).nodeno= [k+ 2 k+
1 2 p+ 1];
                            edge_ce(ce_no).elemno= [elem_ce
(i,1) elem_ce(j,1)];
                            ce_no= ce_no+ 1;
                        end
                    end
                end
            else
                if p+ 2< = elemj_num+ 1
                    if elem_ce(i,k+ 1)= = elem_ce(j,p+ 2)
&&elem_ce(i,2)= = elem_ce(j,p+ 1)
                        panduan= 0;
                        jishu= 1;
                        while(jishu< = ce_no- 1)
                                if elem_ce(i,1)= = edge_ce
(jishu).elemno(2)&&elem_ce(j,1)= = edge_ce(jishu).elemno(1)
                                panduan= 1;
                                break
                            end
                            jishu= jishu+ 1;
                        end
                        if panduan= = 0
                            edge_ce(ce_no).nodeno= [2 k+ 1 p
+ 2 p+ 1];
                            edge_ce(ce_no).elemno= [elem_ce
(i,1) elem_ce(j,1)];
                            ce_no= ce_no+ 1;
                        end
                    end
                else
                    if elem_ce(i,k+ 1)= = elem_ce(j,2)
&&elem_ce(i,2)= = elem_ce(j,p+ 1)
                        panduan= 0;
                        jishu= 1;
                        while(jishu< = ce_no- 1)
                                if elem_ce(i,1)= = edge_ce
(jishu).elemno(2)&&elem_ce(j,1)= = edge_ce(jishu).elemno(1)
                                panduan= 1;
```

```
                                        break
                                    end
                                    jishu= jishu+ 1;
                                end
                                if panduan= = 0
                                    edge_ce(ce_no).nodeno= [2 k+ 1 2
p+ 1];
                                    edge_ce(ce_no).elemno= [elem_ce
(i,1) elem_ce(j,1)];
                                    ce_no= ce_no+ 1;
                                end
                            end
                        end
                    end
                end
            end
        end
    end
end
allnodenum= length(allnode(:,1));
allelemnum= length(allelem(:,1));
addnodenum= 0;
for i= 1:allnodenum
    panduan= 0;
    connnum= 0;
    connelem= [];
    aggconn= 0;
    for j= 1:allelemnum
        for k= 2:4
            if i= = allelem(j,k)
                for q= 1:length(elem_agg(:,1))
                    if j= = elem_agg(q,1)
                        panduan= 1;
                        aggconn= aggconn+ 1;
                    end
                end
                connnum= connnum+ 1;
                connelem(connnum,:)= [j k];
            end
        end
```

```
    end
    if connnum> 1
        if panduan= = 0
            for p= 2:connnum
                addnodenum= addnodenum+ 1;
                allnode(allnodenum+ addnodenum,:) = [allnodenum+
addnodenum allnode(i,2:3)];
                allelem(connelem(p,1),connelem(p,2)) = allnodenum
+ addnodenum;
            end
        else
            for p= 1:connnum
                if aggconn~ = connnum
                    panduan1= 0;
                    for t= 1:length(elem_agg(:,1))
                        if connelem(p,1) = = elem_agg(t,1)
                            panduan1= 1;
                        end
                    end
                    if panduan1= = 0
                        addnodenum= addnodenum+ 1;
                        allnode(allnodenum+ addnodenum,:)= [allnodenum+
addnodenum allnode(i,2:3)];
                        allelem(connelem(p,1),connelem(p,2))= allnodenum+
addnodenum;
                    end
                end
            end
        end
    end
end
jm_no= jm_no- 1;
ce_no= ce_no- 1;
cohe_no= 1;
for i= 1:jm_no
    cohesive_jm(i,:) = [allelemnum+ cohe_no allelem(edge_jm(i).
elemno(1),edge_jm(i).nodeno(1)) allelem(edge_jm(i).elemno(1),
edge_jm(i).nodeno(2)) allelem(edge_jm(i).elemno(2),edge_jm(i).
nodeno(3)) allelem(edge_jm(i).elemno(2),edge_jm(i).nodeno(4))];
    cohe_no= cohe_no+ 1;
```

```
end
for i= 1:ce_no
    cohesive_ce(i,:) = [allelemnum+ cohe_no allelem(edge_ce(i).
elemno(1),edge_ce(i).nodeno(1)) allelem(edge_ce(i).elemno(1),
edge_ce(i).nodeno(2)) allelem(edge_ce(i).elemno(2),edge_ce(i).
nodeno(3)) allelem(edge_ce(i).elemno(2),edge_ce(i).nodeno(4))];
    cohe_no= cohe_no+ 1;
end
```

附录 B　UEL子程序

```
      SUBROUTINE UEL(RHS,AMATRX,SVARS,ENERGY,NDOFEL,NRHS,NSVARS,
     1     PROPS,NPROPS,COORDS,MCRD,NNODE,U,DU,V,A,JTYPE,TIME,DTIME,
     2     KSTEP,KINC,JELEM,PARAMS,NDLOAD,JDLTYP,ADLMAG,PREDEF,
     3     NPREDF,LFLAGS,MLVARX,DDLMAG,MDLOAD,PNEWDT,JPROPS,NJPROP,
     4     PERIOD)

      INCLUDE 'ABA_PARAM.INC'

      parameter(zero= 0.d0, half= 0.5, one= 1.d0, two= 2.d0)
      DIMENSION RHS(MLVARX,* ),AMATRX(NDOFEL,NDOFEL),
     1     SVARS(NSVARS),ENERGY(8),PROPS(* ),COORDS(MCRD,NNODE),
     2     U(NDOFEL),DU(MLVARX,* ),V(NDOFEL),A(NDOFEL),TIME(2),
     3     PARAMS(3),JDLTYP(MDLOAD,* ),ADLMAG(MDLOAD,* ),
     4     DDLMAG(MDLOAD,* ),PREDEF(2,NPREDF,NNODE),LFLAGS(* ),
     5     JPROPS(* )

      DIMENSION D(3,3)
      DIMENSION e(NNODE,1)
      DIMENSION fa(NNODE,2)
      DIMENSION B(3,NDOFEL)
      DIMENSION Kc(NDOFEL,NDOFEL)
      DIMENSION P(NDOFEL,6)
      DIMENSION I2N(NDOFEL,NDOFEL)
      DIMENSION Pp(NDOFEL,NDOFEL)
      DIMENSION Ks(NDOFEL,NDOFEL)
      DIMENSION Rtemp(NDOFEL)
      DIMENSION G(6,6)
      DIMENSION M(6,NDOFEL)
      DIMENSION S(6,NDOFEL)
      DIMENSION tr(NDOFEL,NDOFEL)
      real* 8 hE,dis,area,Ey,nu,xe,ye
      double precision D,e,fa,B,Kc,P,I2N,Pp,Ks,Rtemp,G,M,S,tr
      integer i,j

      Ey = PROPS(1)
      nu = PROPS(2)
      D(1,1)= one- nu
      D(1,2)= nu
      D(1,3)= zero
      D(2,1)= nu
```

```
        D(2,2)= one- nu
        D(2,3)= zero
        D(3,1)= zero
        D(3,2)= zero
        D(3,3)= (one- two* nu)/two
        D= Ey/(one+ nu)/(one- two* nu)* D
        hE= zero
        dis= zero
        do i= 1,NNODE
            do j= 1,NNODE
                dis= ((COORDS(1,i)- COORDS(1,j))* * 2+ (COORDS(2,i)
  - COORDS(2,j)
     +          )* * 2)* * 0.5
                if (dis.GT.hE)then
                    hE = dis
                end if
            end do
        end do
        area= zero
        do i= 1,NNODE- 1
            area= area+ (COORDS(1,i)* COORDS(2,i+ 1)
     +          - COORDS(1,i+ 1)* COORDS(2,i))
        end do
        area= area+ (COORDS(1,NNODE)* COORDS(2,1)
     +      - COORDS(1,1)* COORDS(2,NNODE))
        area= half* abs(area)
        do i= 1,NNODE- 1
            e(i,1)= ((COORDS(1,i)- COORDS(1,i+ 1))* * 2
     +          + (COORDS(2,i)- COORDS(2,i+ 1))* * 2)* * 0.5
        end do
        e(NNODE,1)= ((COORDS(1,NNODE)- COORDS(1,1))* * 2
     +          + (COORDS(2,NNODE)- COORDS(2,1))* * 2)* * 0.5
        do i= 1,NNODE- 1
            fa(i,1)= (COORDS(2,i+ 1)- COORDS(2,i))/e(i,1)
            fa(i,2)= (COORDS(1,i)- COORDS(1,i+ 1))/e(i,1)
        end do
        fa(NNODE,1)= (COORDS(2,1)- COORDS(2,NNODE))/e(NNODE,1)
        fa(NNODE,2)= (COORDS(1,NNODE)- COORDS(1,1))/e(NNODE,1)
        write(* ,* ) "fa"
        B(1,1)= e(NNODE,1)* fa(NNODE,1)+ e(1,1)* fa(1,1)
```

```
B(1,2)= zero
B(2,1)= zero
B(2,2)= e(NNODE,1)* fa(NNODE,2)+ e(1,1)* fa(1,2)
B(3,1)= e(NNODE,1)* fa(NNODE,2)+ e(1,1)* fa(1,2)
B(3,2)= e(NNODE,1)* fa(NNODE,1)+ e(1,1)* fa(1,1)
do i= 2,NNODE
    B(1,2* i- 1)= e(i- 1,1)* fa(i- 1,1)+ e(i,1)* fa(i,1)
    B(1,2* i)= zero
    B(2,2* i- 1)= zero
    B(2,2* i)= e(i- 1,1)* fa(i- 1,2)+ e(i,1)* fa(i,2)
    B(3,2* i- 1)= e(i- 1,1)* fa(i- 1,2)+ e(i,1)* fa(i,2)
    B(3,2* i)= e(i- 1,1)* fa(i- 1,1)+ e(i,1)* fa(i,1)
end do
B= B/two/area
Kc= area* matmul(matmul(transpose(B),D),B)
xe= zero
ye= zero
do i= 1,NNODE
    xe= xe+ (COORDS(1,i))
    ye= ye+ (COORDS(2,i))
end do
xe= xe/NNODE
ye= ye/NNODE
do i= 1,NNODE
    P(2* i- 1,1)= one
    P(2* i- 1,2)= zero
    P(2* i- 1,3)= (COORDS(1,i)- xe)/hE
    P(2* i- 1,4)= zero
    P(2* i- 1,5)= (COORDS(2,i)- ye)/hE
    P(2* i- 1,6)= zero
    !
    P(2* i,1)= zero
    P(2* i,2)= one
    P(2* i,3)= zero
    P(2* i,4)= (COORDS(1,i)- xe)/hE
    P(2* i,5)= zero
    P(2* i,6)= (COORDS(2,i)- ye)/hE
end do
do i= 1,6
    do j= 1,6
```

```
            G(i,j)= zero
        end do
    end do
    G(1,1)= one
    G(2,2)= one
    G(3,3)= area/(hE* * 2)
    G(4,4)= area/(hE* * 2)
    G(5,5)= area/(hE* * 2)
    G(6,6)= area/(hE* * 2)
    do i= 1,6
        do j= 1,NDOFEL
            M(i,j)= zero
        end do
    end do
    do i= 1,NNODE
        M(1,2* i- 1)= ONE/NNODE
        M(2,2* i)= ONE/NNODE
    END DO
    M(3,1)= (e(NNODE,1)* fa(NNODE,1)+ e(1,1)* fa(1,1))/two/hE
    M(4,2)= (e(NNODE,1)* fa(NNODE,1)+ e(1,1)* fa(1,1))/two/hE
    M(5,1)= (e(NNODE,1)* fa(NNODE,2)+ e(1,1)* fa(1,2))/two/hE
    M(6,2)= (e(NNODE,1)* fa(NNODE,2)+ e(1,1)* fa(1,2))/two/hE
    do i= 2,NNODE
        M(3,2* i- 1)= (e(i- 1,1)* fa(i- 1,1)+ e(i,1)* fa(i,1))/
two/hE
        M(4,2* i)= (e(i- 1,1)* fa(i- 1,1)+ e(i,1)* fa(i,1))/
two/hE
        M(5,2* i- 1)= (e(i- 1,1)* fa(i- 1,2)+ e(i,1)* fa(i,2))/
two/hE
        M(6,2* i)= (e(i- 1,1)* fa(i- 1,2)+ e(i,1)* fa(i,2))/
two/hE
    end do
    S= matmul(inv(G),M)
    do i= 1,NDOFEL
        do j= 1,NDOFEL
            I2N(i,j)= zero
        end do
    end do
    do i= 1,NDOFEL
        I2N(i,i)= one
```

```
end do
Pp= matmul(P,S)
write(* ,* ) "Pp"
do i= 1,NDOFEL
    do j= 1,NDOFEL
        tr(i,j)= zero
    end do
end do
do i= 1,NDOFEL
    tr(i,i)= Kc(i,i);
end do
Ks= 0.5d0* matmul(matmul(transpose(I2N- pP),tr),(I2N- pP))
do i= 1,NDOFEL
    do j= 1,NDOFEL
        AMATRX(i,j)= Kc(i,j)+ Ks(i,j)
    end do
end do
Rtemp =  - matmul(amatrx,u)
do i= 1,NDOFEL
    RHS(i,1)= RHS(i,1)+ Rtemp(i)
end do
RETURN
include 'matinvs.f'
END
```